홍원표의 지반공학 강좌 기초공학편 5

지하구조물

홍원표의 지반공학 강좌　기초공학편 5

지하구조물

산업의 발달과 더불어 인간이 활용하고자 하는 토지의 수요는 계속 증대하고 있으며, 이를 위해 지상공간의 고층화 및 토지의 평면적 확장을 해오고 있다. 이러한 토지 수요 증대에 대한 타개책으로 지상공간 이외에 다른 공간의 활용 방안이 제시되고 있다. 지상공간 이외에 활용할 수 있는 공간으로는 지하공간, 해양공간 및 우주공간 등이 있으며, 이들 중 가장 쉽게 먼저 개발할 수 있는 공간으로 지하공간을 들 수 있다. 이는 지하공간이 타 공간보다 인간에게 친밀감이 있으며, 현재 사용하고 있는 지상공간과의 연결성이 가장 용이하기 때문이다. 이러한 지표공간 활용 경험을 활성화시켜 보다 지하공간을 적극적으로 활용하고자 하는 연구가 추진되고 있다.

홍원표 저

중앙대학교 명예교수
홍원표지반연구소 소장

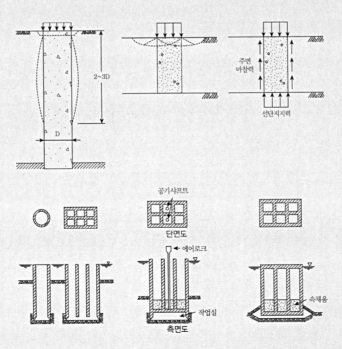

씨아이알

'홍원표의 지반공학 강좌'를 시작하면서

    2015년 8월 말 필자는 퇴임강연으로 퇴임식을 대신하면서 34년간의 대학교수직을 마감하였다. 이후 대학교수 시절의 연구업적과 강의노트를 서적으로 남겨놓는 작업을 시작하였다. 퇴임 당시 주변에서 이제부터는 편안히 시간을 보내면서 즐기라는 권유도 많이 받았고 새로운 직장을 권유받기도 하였다. 여러 가지로 부족한 필자의 여생을 편안하게 보내도록 진심어린 마음으로 해준 조언도 분에 넘치게 고마웠고 새로운 직장을 권하는 사람들도 더없이 고마웠다. 그분들의 고마운 권유에도 귀를 기울이지 않고 신림동에 마련한 자그마한 사무실에서 막상 집필 작업에 들어가니 황량한 벌판에 외롭게 홀로 내팽겨진 쓸쓸함과 정작 집필을 수행할 수 있을까 하는 두려운 마음이 들었다.

    그때 필자는 자신의 선택과 앞으로의 작업에 대하여 많은 생각을 하였다. '과연 나에게 허락된 남은 귀중한 시간을 무엇을 하는 데 써야 행복할까?' 하는 질문을 수없이 되새겨보았다. 이제 드디어 나에게 진정한 자유가 허락된 것인가? 자유란 무엇인가? 자신에게 반문하였다. 여기서 필자는 "진정한 자유란 자기가 좋아하는 것을 하는 것이며 행복이란 지금의 일을 좋아하는 것"이라고 한 어느 글에서 해답을 찾을 수 있었다. 그 결과 퇴임 후 계획하였던 집필작업을 차질 없이 진행해오고 있다. 지금 돌이켜보면 대학교수직을 퇴임한 것은 새로운 출발을 위한 아름다운 마무리에 해당한 것이라고 스스로에게 말할 수 있게 되었다. 지금도 힘들고 어려우면 초심을 돌아보면서 다짐을 새롭게 하고 마지막에 느낄 기쁨을 생각하면서 혼자 즐거워한다. 지금부터의 세상은 평생직장의 시대가 아니고 평생직업의 시대라고 한다. 필자에게 집필은 평생직업이 된 셈이다.

    이러한 평생직업을 가질 수 있는 준비작업은 교수 재직 중 만난 수많은 석·박사 제자들과의 연구에서부터 출발하였다고 생각한다. 그들의 성실하고 꾸준한 노력이 없었다면 오늘 이런 집필작업은 꿈도 꾸지 못하였을 것이다. 그 과정에서 때론 크게 격려하기도 하고 나무라기도 하였던 점이 모두 주마등처럼 지나가고 있다. 그러나 그들과의 동고동락하던 시기가 내 인생 최고의 시기였음을 이 지면에서 자신 있게 분명히 말할 수 있고 늦게나마 스승으로서보다는 연구동반자로 고마움을 표하는 바이다.

신이 허락한다는 전제 조건하에서 100세 시대의 내 인생 생애주기를 세 구간으로 나누면 제1구간은 탄생에서 30년까지로 성장과 활동의 시기였고, 제2구간인 30세에서 60세까지는 노후 집필의 준비 시기였으며, 제3구간인 60세 이상에서는 평생직업을 갖는 인생 마무리 주기로 정하고 싶다. 이 제3구간의 시기에 필자는 즐기면서 지나온 기록을 정리하고 있다. 프랑스 작가 시몬드 보부아르는 "노년에는 글쓰기가 가장 행복한 일"이라고 하였다. 이 또한 필자가 매일 느끼는 행복과 일치하는 말이다. 또한 김형석 연세대 명예교수도 "인생에서 60세부터 75세까지가 가장 황금시대"라고 언급하였다. 필자 또한 원고를 정리하다 보면 과거 연구가 잘못된 점도 발견할 수 있어 늦게나마 바로 잡을 수 있어 즐겁고 연구가 미흡하여 계속 연구를 더할 필요가 있는 사항을 종종 발견하기도 한다. 지금이라도 가능하다면 더 계속 진행하고 싶으나 사정이 여의치 않아 아쉬운 감이 들 때도 많다. 어찌하였든 지금까지 이렇게 한발 한발 자신의 생각을 정리할 수 있다는 것은 내 인생 생애주기 중 제3구간을 즐겁고 보람되게 누릴 수 있다는 것이 더없는 영광이다.

우리나라에서 지반공학 분야 연구를 수행하면서 참고할 서적이나 사례가 없어 힘든 경우도 있었지만 그럴 때마다 "길이 없으면 만들며 간다."라는 신용호 교보문고 창립자의 말을 생각하면서 묵묵히 연구를 계속하였다. 필자의 집필작업뿐만 아니라 세상의 모든 일을 성공적으로 달성하기 위해서는 불광불급(不狂不及)의 자세가 필요하다고 한다. 미치지(狂) 않으면 미치지(及) 못한다고 하니 필자도 이 집필작업에 여한이 없도록 미쳐보고 싶다. 비록 필자가 이 작업에 미쳐 완성한 서적이 독자들 눈에 차지 못할 지라도 그것은 필자에겐 더없이 소중한 성과일 것이다.

지반공학 분야의 서적을 기획집필하기에 앞서 이 서적의 성격을 우선 정하고자 한다. 우리 현실에서 이론 중심의 책보다는 강의 중심의 책이 기술자에게 필요할 것 같아 이름을 「지반공학 강좌」로 정하였고 일본에서 발간된 여러 시리즈 서적물과 구분하기 위해 필자의 이름을 넣어 「홍원표의 지반공학 강좌」로 정하였다.

강의의 목적은 단순한 정보전달이어서는 안 된다고 생각한다. 강의는 생각을 고취하고 자극해야 한다. 많은 지반공학도들이 본 강좌서적을 활용하여 새로운 아이디어, 연구테마 및 설계·시공 안을 마련하기를 바란다. 앞으로 이 강좌에서는 말뚝공학편, 기초공학편, 토질역학편, 건설사례편 등 여러 분야의 강좌가 계속될 것이다. 주로 필자의 강의노트, 연구논문, 연구프로젝트보고서, 현장자문기록 등을 정리하여 서적으로 구성하였고 지반공학도 및 설계·시공기술자에게 도움이 될 수 있는 상태로 구상하였다. 처음 시도하는 작업이다 보니 조심스러운 마음이 많다. 옛 선현의 말에 "눈길을 걸어갈 때 어지러이 걷지 마라. 오늘 남긴 내 발자국이 뒷사람의 길이 된다."라고 하였기에 조심 조심의 마음으로 눈 내린 벌판에 발자국을 남기는 자세로 진행할 예정이다. 부디 필자가 남긴 발자국이 많은 후학들의 길 찾기에 초석이 되길 바란다.

2015년 9월 '홍원표지반연구소'에서

저자 **홍원표**

「기초공학편」 강좌
서 문

    인생을 전반전, 후반전, 연장전의 세 번의 시대 구간으로 구분할 경우 전반전은 30세에서 50세까지로 구분하고 후반전은 51세에서 70세까지로 구분하며 연장전은 71세 이후로 구분한다. 이렇게 인생을 구분할 경우 필자는 이제 막 후반전을 끝마치고 연장전을 준비하는 선수에 해당한다. 인생 전반전과 같이 젊었을 때는 삶의 시간적 여유가 길어 20년, 30년의 계획을 세워보기도 한다. 그러다가 50 고개를 넘기게 되면 10여 년씩의 설계를 해보게 된다. 그러나 필자와 같이 연장전에 들어가야 할 시기에는 삶의 계획을 지금까지와 같이 여유 있게 정할 수는 없어 2년이나 3년으로 짧게 정한다.

    70세 이상의 고령자가 전체 인구의 20%가 되는 일본에서는 요즈음 70세가 되면 '슈카쓰(終活)연하장'을 쓰며 내년부터는 연하장을 못 보낸다는 인생정리단계에 진입하였음을 알리는 것이 유행이란다. 이런 인생정리단계에 저자는 70세가 되는 2019년 초에 「홍원표의 지반공학 강좌」의 첫 번째 강좌로 '수평하중말뚝', '산사태억지말뚝', '흙막이말뚝', '성토지지말뚝', '연직하중말뚝'의 다섯 권으로 구성된 「말뚝공학편」 강좌를 집필·인쇄를 완료하였다. 이는 저자가 정년퇴임하면서 결정하였던 첫 번째 작품이었기에 가장 뜻깊은 일이라 스스로 만족하고 있다.

    지금까지의 시리즈 서적은 대부분이 수 명 혹은 수십 명의 공동 집필로 되어 있다. 이는 개별 사안에 대한 전문성을 높인다는 점에서 장점이 있겠으나 서술의 일관성이 결여되어 있다는 단점도 있다. 비록 부족한 점이 있다 하더라도 한 사람이 일관된 생각에서 꿰뚫어보는 작업도 필요하다. 그런 의미에서 「홍원표의 지반공학 강좌」용 서적 집필은 저자가 평생 연구하고 느낀 바를 일관된 생각으로 집필하는 것이 목표이다. 즉, 저자가 모형실험, 현장실험, 현장자문 등으로 파악한 지식을 독자인 연구자 및 기술자 여러분과 공유하고자 빠짐없이 수록하려 노력하고 있다.

두 번째 강좌로는 「기초공학편」 강좌를 집필할 예정이다. 「기초공학편」 강좌에는 '얕은기초', '사면안정', '흙막이굴착', '지반보강', '지하구조물'의 내용을 다룰 것이다. 첫 번째 강좌인 「말뚝공학편」 강좌에서는 말뚝에 관련된 내용을 위주로 취급하였던 점과 비교하면 「기초공학편」 강좌에서는 말뚝 관련 내용뿐만 아니라 말뚝이외의 내용도 포괄적으로 다룰 것이다.

「말뚝공학편」 강좌를 집필하는 동안 느낀 바로는 노후에 어떤 결정을 하냐는 물론 중요하지만 결정 후 어떻게 실행하느냐가 더 중요하였던 것 같다. 늙는다는 것은 약해지는 것이고 약해지니 능률이 떨어짐은 당연한 이치이다. 그러나 우리가 사는 데 성실만 한 재능은 없다고 스스로 다짐하면서 지난 세월을 묵묵히 쉬지 않고 보냈다. 사실 동토아래에서 겨울을 지내지 않고 열매를 맺는 보리가 어디 있으며, 한여름의 따가운 햇볕을 즐기지 않고 영그는 열매들이 어디 있겠는가. 이와 같이 보람은 항상 대가를 필요로 한다.

인생의 나이는 길이보다 의미와 내용에서 평가되는 것이다. 누가 오래 살았는가를 묻기보다는 무엇을 남겨주었는가를 묻는 것이 더 중요하다. 법륜스님도 그동안의 인생이 사회로부터 은혜를 받아왔다면 이제부터는 베푸는 삶을 살아야 한다고 하였다. 이 나이가 들어 손해볼 줄 아는 사람이 진짜 멋진 사람이라는 사실을 느끼게 되어 다행이다. 활기찬 하루가 행복한 잠을 부르듯 잘 산 인생이 행복한 죽음을 가져다준다. 그때가 오기 전까지 시간의 빈 공간을 무엇으로 채울까? 이에 대한 대답으로 '내가 하고 싶은 일을 하고 그것도 내가 할 수 있는 일을 하자'를 정하고 싶다. 큰일을 하자는 것이 아니다 그저 할 수 있는 일을 하자는 것이다.

2019년 1월 '홍원표지반연구소'에서

저자 **홍원표**

『지하구조물』
머리말

얼마 전 생일이라 집 근처의 중식당을 갔다. 그런데 식당이 코로나19 바이러스 방역사태로 일주일 중 토요일, 일요일 및 월요일의 3일은 영업을 하지 않는다고 문에 공지된 글만 보고 돌아서야 했다.

요즈음 우리나라뿐만 아니라 온 세계가 코로나19 바이러스 방역 때문에 '사회적 거리두기' 및 '생활 속 거리두기'의 시민운동 속에서 불편한 생활로 매일 매일을 인내하면서 지내고 있다. 그럼에도 불구하고 코로나19 바이러스 감염 확진자 수와 사망자 수가 더 증가하지 않을까 하는 공포감 속에 살아야 하는 지경에 이르렀다.

더 중요한 것은 불경기로 인해 문을 닫는 식당이 적지 않고 '사회적 거리두기' 및 '생활 속 거리두기'의 시민운동으로 사람들이 서로 모이지 못하니 인간의 특권인 사회생활을 할 수 없는 실정이다. 이런 사회적 분위기 속에서 나는 사무실에서 집필에만 열중하면서 지낸다. 국내외로 어려운 시기에 나는 써야 할 책이 있고 집필에 전념할 수 있음에 무한히 감사할 수 있었다.

저자는 '홍원표의 지반공학 강좌'를 집필하겠다는 각오로 작년 초에 첫 번째 강좌로 다섯 권의 서적으로 구성된 「말뚝공학편」을 마치고 이후 지금까지 두 번째 강좌로 「기초공학편」의 완성에 도전하고 있다.

'홍원표의 지반공학 강좌'의 두 번째 강좌시리즈인 「기초공학편」 강좌에서 『얕은기초』, 『사면안정』, 『흙막이굴착』, 『지반보강』의 네 권의 서적 집필에 이어 「기초공학편」의 다섯 번째 서적인 『지하구조물』을 집필하게 되었다.

『지하구조물』에서 취급할 내용은, 먼저 인간이 장차 개발·활용하게 될 지하공간과 관련된 제반 사항을 정리하였다. 다음으로 대표적인 지하구조물인 '깊은기초'를 취급하기 위해 '깊은기초' 부분을 분류·설명한다.

막상 '깊은기초'를 집필하려고 하니 '깊은기초'의 상당 부분이 말뚝기초에 해당하였다. 이에 저자는 앞으로 저술할 『지하구조물』 속에서 취급할 '깊은기초' 부분의 범위를 결정해야 했다. 왜냐하면 앞으로 써야 할 '깊은기초'의 상당 부분을 첫 번째 강좌인 「말뚝공학편」의 『수평하중말뚝』과 『연직하중말뚝』에서 이미 자세히 취급하였기 때문이다.

이에 『지하구조물』에서 취급하는 '깊은기초' 중에 말뚝기초 부분에 관해서는 모두 이전 서적, 즉 첫 번째 강좌인 「말뚝공학편」의 『수평하중말뚝』과 『연직하중말뚝』을 참조하기로 하였다. 두 번째 강좌시리즈인 「기초공학편」인 이번 『지하구조물』에서는 취급하지 않기로 하였으며, 그 말뚝기초 이외의 '깊은기초' 내용에 대해서만 집필하도록 하였다.

따라서 『지하구조물』에서 설명할 '깊은기초' 부분은 말뚝기초 이외에 주로 토목공사에서 적용하는 기초공법으로 케이슨기초와 쇄석말뚝기초에 대하여 정리한다. 그 밖의 지하구조물로는 지하철, 초고층 건물의 지하공간 조성용 원형 지중연속벽에 대하여 설명하였다.

본 『지하구조물』은 전체가 11장으로 구성되어 있다. 우선 제1장 '지하공간'에서는 지하공간의 활용, 지하공간 개발상에서의 기술적·법적·문제점을 열거하고 대응방안을 제시한다. 다음으로 제2장에서는 깊은기초의 종류를 분류·설명하였다. 여기서 현재 가장 많이 적용하는 기초형식을 말뚝기초, 피어기초, 우물통기초 및 뉴매틱케이슨기초의 네 가지로 구분하였다. 그 이외의 깊은기초 형식으로는 복합기초와 쇄석말뚝기초를 열거하였다.

본격적인 본론 부분으로 먼저 제3장과 제4장에서는 케이슨기초에 관한 사항을 설명한다. 우선 제3장에서는 케이슨 공법의 분류와 특징을 설명하며, 제4장에서는 뉴매틱케이슨 기초의 설계 및 시공을 영종대교 기초로 적용한 뉴매틱케이슨 기초의 현장 사례를 중심으로 설명하였다.

다음으로 제5장에서 제7장까지는 쇄석말뚝기초에 대하여 설명하였다. 여기서도 현장의 사례와 모형실험 및 이론해석에 의거한 설명으로 독자에게 이해를 증대시키려고 노력하였다.

그리고 제8장에서는 초고층 건물의 지하공간 마련을 위한 깊은기초 설치 공간조성공법에 대하여 설명하였다. 즉, 요즈음 유행하는 공간활용기술 중 초고층 건물의 지하를 구축하기 위해 도입하는 원형 지중연속벽 현장을 예로 지중구조물에 관한 제반사항을 정리·설명하였다.

끝으로 제9장에서 제11장까지는 도심지 지하철 건설에 관련된 설계·시공상의 중요한 점에 대하여 설명하였다. 먼저 제9장에서는 지하철구와 같은 Box형 지하구조물에 작용하는 토압을 현장계측자료를 분석함으로써 파악하였다. 이어서 제10장과 제11장은 NATM 터널공법과 쉴드터널공법에 대하여 설명하였다.

'깊은기초'을 집필하는 데 대학원생들의 연구지도 결과를 많이 정리·수록하였다. 특히 뉴매틱케이슨 기초에 관하여는 영종대교 건설현장에 근무하면서 연구지도를 받았던 대학원생 박현구 군의 기여가 컸음을 밝히며 감사의 뜻을 표하는 바이다. 그 이외에도 뉴매틱케이슨에 관한 체계적인 정리는 대학원생 정광민 군과 여규권 군의 공헌이 컸음도 밝히는 바이다.

한편 쇄석말뚝기초에 관하여는 현장계측, 모형실험 및 이론해석 등의 수행에 공헌을 한 당시 대학원생이었던 김동민 군, 이동규 군 및 허세영 군의 기여가 컸다.

또한 초고층 건물의 기초공간 및 지하공간을 조성하는 원형 지중연속벽에 관하여는 당시 대학원생이었던 조재석 군의 연구 성과는 이 책의 대미를 장식할 수 있는 좋은 자료를 제공하였다.

지하철구에 작용하는 토압에 대하여는 지하철 현장에서 현장계측 이론 정리를 실시한 당시 대학원생이었던 최기출, 최정희 및 성명용 제군들의 연구 기여가 컸음을 밝히는 바이다.

특별히 NATM 공법에서의 지보패턴에 관한 사항은 당시 대학원생이었던 고인이 된 장귀환 군의 기여가 적지 않았음을 이 지면에 밝히며 동시에 고인에게 영광을 바치고 싶다.

끝으로 본 서적이 세상의 빛을 볼 수 있게 된 데는 도서출판 씨아이알의 김성배 사장의 도움이 가장 컸다. 이에 고마운 마음을 여기에 표하는 바이다. 그 밖에도 도서출판 씨아이알 박영지 편집장의 친절하고 성실한 도움은 무엇보다 큰 힘이 되었기에 깊이 감사드리는 바이다.

2020년 5월 '홍원표지반연구소'에서

저자 **홍원표**

목 차

CHAPTER 01 지하공간

CHAPTER 02 깊은기초

지하공간

01 지하공간

산업의 발달과 더불어 인간이 활용하고자 하는 토지의 수요는 계속 증대하고 있으며 이에 부응하기 위해 지상공간의 고층화 및 토지의 평면적 확장(산지개발, 해안매립)을 계속해오고 있다.[1-3]

특히 대도시권의 인구집중현상이 심하여 도시기능의 유지 및 향상을 위해서는 사회간접자본의 투자가 어느 때보다 절실히 요구되고 있으나 지가상승 등의 이유로 토지 수요 증대에 부응하기가 나날이 어려워지고 있는 실정이다.

이러한 토지 수요 증대에 대한 타개책으로 지상공간 이외에 다른 공간의 활용 방안이 제시되고 있다. 인간이 지구상에서 지상공간 이외에 활용할 수 있는 공간으로는 지하공간, 해양공간 및 우주공간을 생각할 수 있으며 현재 이들 공간에 대한 개발이 각각 활발히 진행되고 있다.[9]

이들 공간 중 가장 쉽게 먼저 개발할 수 있는 공간으로는 지하공간을 들 수 있다. 이는 지하공간이 타 공간보다 인간에게 친밀감이 있으며, 현재 사용하고 있는 지상공간과의 연결성이 가장 용이하기 때문이다. 특히 지하공간 중 비교적 지표 부분에 해당하는 지표공간은 오래전부터 인류에게 많은 유익한 공간을 제공해주고 있다.[4,5]

인간이 혈거생활을 할 때 자연적으로 생성된 동굴은 주거공간 기능을 제공해주었으며, 지상에 주거공간을 마련하게 된 후에도 인공적인 지하공간을 마련하여 음식물 및 각종 물자의 저장, 교통, 통신, 각종 도시공급시설, 상업, 군사, 폐기물처리 등의 기능공간으로 활용해왔다.

이러한 지표공간 활용경험을 활성화시켜 보다 지하공간을 적극적으로 활용하고자 하는 연구가 추진되고 있다. 이로 인하여 또 하나의 지구를 얻는 효과를 가질 수 있어 미래의 급증할 토지 수요에 부응한 공간공급의 효과를 가질 수 있게 되었다.

이와 같은 공간의 입체적 활용은 지상부분만 사용하던 반무한공간의 활용시대에서 지하공간을 활용하는 완전무한공간 활용시대로의 변천을 초래하게 될 것이다. 이 경우 지상과 지하의 공간을 체계화하여 기능적으로 잘 배치·활용함으로써 서로 조화를 이루게 하고 인간의 도시활동을 원활히 할 수 있게 해야 한다.

그러나 현재 이러한 지하공간을 개발하는 데 몇 가지 문제점이 대두되고 있다.[8]

첫째는 지하공간 개발의 기술적인 문제점이다. 이는 기술적으로 어떻게 안전하게 건설할 수 있는가 하는 건설기술(hard technique)상의 어려운 점과 건설 후 안전하게 활용할 수 있게 하는 운용관리기술(soft technique)상에서 경험이 그다지 많지 못한 점이다.

둘째는 지하공간 개발 시 지상토지소유권과의 마찰이 예상되는 법적·제도적 문제점이다. 즉, 지상토지는 이미 소유권자가 정해져 있으므로 지하공간의 소유권 인정상의 법·제도가 아직 부족한 점이다.

셋째는 지하공간 개발의 종합적 계획이 없는 점이다.[7] 현재 개별법에 의거 지하공간 개발이 여러 개발 주체별로 진행되고 있으나 이는 개발된 지하공간의 혼란을 초래하게 될 문제점을 내포하고 있다. 지하공간은 한번 개발하면 재개발이 대단히 어려운 점을 감안하여 종합적인 개발계획이 수립된 후 개발되어야 한다. 금후 점차 사회간접자본의 투자대상이 되고 있는 지하공간 개발에 장애요인으로 존재하는 요소를 분석하고 지하공간 개발을 활성화시킬 수 있는 방안을 모색할 필요가 있다.[6]

1.1 지하공간 활용

1.1.1 지하공간 활용 분야

최근 지하공간의 활용은 매우 다양해져서 장차 지상공간은 주택, 공원, 광장으로만 활용하고 그 나머지는 되도록 지하공간을 활용하고자 하는 OECD의 제언대로 노력에 따라서는 가능할 정도이다. 현재 지하공간의 활용 분야는 다음과 같이 여섯 가지로 대별할 수 있다.[1-3]

(1) 교통·수송시설

사회간접자본의 투자 대상이 되는 도로, 철도, 지하도, 지하하천, 지하상가 등으로 사람이나 물자 등의 수송에 관련된 모든 시설을 의미한다. 원래 이들 시설은 지상공간에 마련되었으나 도시가 팽창함과 더불어 이들 도시시설의 건설을 위해 마련되어야 할 용지의 확보가 지상공간에서는 점점 불가능하게 되므로 지하공간의 활용이 급속히 증대되고 있다. 그러나 지금까지 화재 등의 재해 때문에 지하도로건설은 기피해왔다. 도로터널을 건설한 경우일지라도 연장을 비교적 짧게 설정하였다. 그러나 최근에는 기술개발로 이런 문제를 해결하게 되므로 인하여 지하터널의 길이도 표 1.1에서 보는 바와 같이 매우 길어졌다.

표 1.1 세계의 주요 도로터널(1988년 현재)

터널명	소재지	연장(m)	공사기간
Gotthard	스위스	16,322	1968~1980
Ariberg	오스트리아	13,972	1974~1978
Frejus	프랑스, 이탈리아	12,868	~1980
Mont Blanc	프랑스, 이탈리아	11,600	1959~1965
인제양양터널	한국	10,965	2009~2017
關越	일본	10,926	1977~1985
Gran Sasso	이탈리아	10,715	~1977
Seelisberg	스위스	9,280	1971~1980
惠那山	일본	8,649	1968~1985
Gleinalm	오스트리아	8,320	1973~1978
新神戶	일본	6,910	1970~1976
Ste Marie aux Mines	프랑스	6,872	1974~1976
Pfander	오스트리아	6,718	1976~1980
Asan Bernardine	스위스	6,596	1962~1966
Tauern	오스트리아	6,401	1970~1975

(2) 도시공급시설

도시생활을 위해 필요한 각종 도시공급시설(urban utilities)로는 통신, 전력, 가스, 상하수도 등을 위한 시설을 들 수 있다. 과거에는 이들 시설 중 일부를 지상에 마련하기도 하였다. 그러나 최근에는 안전상·미관상 및 토지 확보상의 문제를 해결하기 위해 이들 시설을 지하에 마련하고 있다.

(3) 저장시설

유류, 액체가스, 식물, 농수산물의 저장장소로 지하가 활용될 때 필요한 시설이다. 이는 지하의 특성을 살려 활용함으로써 지상공간보다 물질보호에 유리한 점을 활용하는 장점도 있다. 즉, 에너지자원과 식품의 경우 시기적으로 비축을 해둘 필요가 있어 활용되는 시설이다.

(4) 폐기물처리시설

각종 산업폐기물과 핵폐기물 처리장으로 지상공간을 확보하기가 매우 어려워져 지하공간을 활용함으로써 자연환경과 경관을 보전할 수 있는 이점을 가질 수 있다.

(5) 기타시설

그 밖에 지하시설로는 발전소, 체육관을 지하에 마련한 경우도 있으며 군사전략상의 방어시설도 지하에 마련하는 것이 유리하여 지하공간이 활용되기도 한다.

또한 최근에는 홍수조절 목적의 우수저류시설을 지하공간에 마련하기도 한다.

1.1.2 사회적 배경

최근 급격히 지하공간 활용도가 증대되고 있는 사회적 배경 중 첫 번째 요인은 지상공간의 공급한계를 들 수 있다. 산업의 발달과 더불어 토지 수요는 계속 증대되고 있으나 지상공간의 공급은 한정되어 있다. 지상공간을 고층화하거나 산지 개발, 해안 매립 등으로 토지의 평면적 확장을 시도하고 있으나 이에 의한 공급효과는 그다지 크지 못하다. 특히 대도시권의 인구집중현상은 기존 도시기능의 유지 및 향상을 위한 교통, 통신시설, 도시공급시설(가스, 전력, 상하수도 등)을 위한 기능공간의 수요를 증대시키고 있다. 그 밖에도 시기적으로 저장, 저류를 필요로 하는 음식물이나 연료 등의 비축을 위해 필요하며, 각종 폐기물의 처분을 위한 공간도 계속 필요하게 되었다. 그러나 지가 상승 등에 의하여 지상공간을 순조롭게 공급하지 못하고 있다. 따라서 이에 대한 대안으로 지하공간에 새로운 역할을 부여하는 문제를 고려하게 되었다.

지하공간 개발이 가능하게 된 두 번째 요인으로는 지하공간 개발기술의 급속한 발달에 있다. 지하공간 개발기술은 건설기술과 운용관리기술의 두 가지로 크게 구분할 수 있다. 건설기술은 조사, 해석, 설계, 굴착시공상의 기술이며 운용관리기술은 개발된 지하공간 이용 시 방재 등의 안전성 확보와 심리적 부담을 해결할 수 있는 기술이다. 이와 같은 기술의 급격한 발달은 지하공간의 개발을 기술적으로 가능하게 해주고 있다.

마지막 요인으로는 지하공간 개발의 경제성 증대를 들 수 있다. 과거 지하를 굴착하여 지하 공간을 확보하는 것은 매우 비용이 많이 들었다. 따라서 아주 특수한 목적의 경우를 제외하고는 주로 지상공간을 활용하였고 지하공간 개발은 우선 경제적으로 타당성이 없는 것으로 취급하였다.

그러나 지상토지가격의 상승으로 인하여 지상공간의 확보 비용이 나날이 비싸지고 있는 반면, 지하공간개발비는 지하공간 개발기술의 발달과 더불어 싸지고 있어 점점 지하공간개발 부담금과 지상공간 확보비와 차이가 작아지고 있다. 이런 경향이 계속되면 지하공간 개발의 경우가 지상공간 개발의 경우보다 싸지게 될 것이다. 이러한 현상은 지하공간을 개발하게 될 수 있는 아주 큰 사회적 배경이라 할 수 있다. 특히 국토의 70%가 산지이고 총 인구의 80%가 도시에 집중되어 있는 우리나라와 같은 경우 지하공간의 활용은 토지의 효율성을 증대시킬 수 있는 가장 큰 해결책이라 할 수 있다. 아직 지상공간의 고층화와 토지의 평면적 확장 등의 여지가 남아 있어 적극적인 지하공간 개발이 경제적으로 반드시 유리하지만은 않지만 가까운 미래를 대비하여 지금부터 대책을 마련함이 현명할 것이다.

1.1.3 지하도시 구상 사례

최근 도시권에의 인구집중현상은 도시방재 기능의 악화를 초래하여 자연재해가 발생하게 되면 도시기능이 마비될 우려마저 있게 된다. 따라서 방재의 차원에서도 지하도시 구상은 선호되고 있는 경향이 있다. 즉, 도시기능을 지지하면서 상호기능이 보완되어 보다 좋은 도시가 되도록 구상할 필요가 있다. 몇몇 지하도시 구상을 살펴보면 다음과 같다.

(1) 파리 지하도시 구상

파리의 재개발지구인 레아르지구를 대상으로 구성된 지하도시로 1979년부터 3기에 걸쳐 개발되었다. 제1기에는 교외고속도로(REP)의 7차선을 지하에 설치하고 지하 25m 깊이에 길이 300m의 중앙역을 설치하여 지상까지의 3층 구조물에 쇼핑센터, 공공통로, 지하도로망, 주차장이 설치되었다. 제2기에는 1986년에 완성된 문화시설로 음악당, 극장, 도서관, 수영장, 체육관, 유도장 및 450m²의 열대식물원으로 되어 있으며 지상부는 녹지공원으로 되어 있다. 제3기에는 1989년 6,000m² 규모의 해양센터가 완성되었다.

(2) 동경 지하도시 구상

이는 1985년경부터 동경 수도권의 인구집중현상에 대한 해결책의 하나로 제시된 도시지하 격자망(urban geo-grid) 구상이다.[9] 과밀도시 동경을 모델로 한 도시지하격자망 구상은 '격자망 point' 및 '격자망 station'과 이들을 연결시키는 '지하 network'로 구성된 복합계획이다. 지하 network는 방재 시 피난뿐만 아니고 정보의 network, 물자 수송 시에 위력을 발휘하도록 하였다.

(3) 서울 지하도시 구상

삼성종합건설에서 제시된 지하도시 Geoness City 구상으로 서울의 도심지역 중 서울역에서 시청 앞에 이르는 구간을 대상으로 한 지하복합도시 구상이다. 이 지하도시 구상의 목적은 도심중추기능 회복과 가용토지의 활용 및 지역 간 연계기능 보완에 두고 있다. 총 84,000평 범위의 지하개발 구상 속에는 23,000평의 서울역 지구를 교통, 물류처리기능 지구로, 20,000평의 남대문 지구를 업무·금융·유통기능지구로, 16,000평의 시청 앞 지구를 정보, 문화기능지구로 지정하였고 이들 지구 간의 남대문로와 태평로에 각각 13,000평 및 12,000평의 물류, 상업 레저의 지원시설과 업무·금융·행정지원시설을 마련하고 있다.

(4) 아차산 지하도시 구상

본 구상은 선경건설 주식회사 지하비축 설비팀에서 마련한 구상으로 서울의 아차산 지하 145,000평을 다목적 공간으로 개발하고자 하는 구상이다. 본 구상에 의하면 지하공간을 4개 공간으로 구분하여 제1공간에는 호텔 보완기능 및 지원시설을 마련하고, 제2공간에는 문화기능, 정보기능 및 스포츠 기능시설을 마련하였다. 본 공간에는 폭 60m의 아이스링크장을 마련하며 Rib in Rock 혹은 Rope Bolting 굴착공법 등 신공법의 도입으로 국내기술 향상을 함께 도모하면서 개발을 시도하는 안이다. 한편 제3공간에는 상업, 위락 기능을 부여하고 제4공간에는 연수 및 연구 기능을 부여하고 있다.

(5) 남산 지하도시 구상

본 구상은 도시기능 활성화를 위한 목적으로 주식회사 삼림컨설턴트에서 남산공원의 지하공간을 대상으로 제시된 Geotopia 구상이다. 즉, 남산공원 부지 중 차량 및 보행 접근이 용이

한 해발 100m를 기준으로 남산순환도로 상부 약 80만 평 권역을 대상으로 하고 있다. 토지이용계획으로는 근린시설, 공익시설 및 스포츠 레저시설의 2개 시설이 계획되고 동선계획은 차량동선, 보행동선 및 내부순환동선을 마련하고 있다.

1.2 기술적 문제점 및 대응방안

현재 대심도 지하공간을 적극적으로 개발하는 데 대두되고 있는 문제점 중에 가장 큰 문제점으로 기술적 문제점을 들 수 있다. 즉, 기술적 문제점은 지하구조물 및 설비를 어떻게 안전하게 건설할 수 있는가 하는 건설기술(hard technique)상의 어려운 점과 지하공간 개발 후 안전하게 활용할 수 있게 하는 운용관리기술(soft technique)상에서 경험이 그다지 많지 못한 점의 두 가지로 구분할 수 있다.

건설기술은 사전조사에서 해석·설계·시공에 이르기까지의 기술이며, 운용관리기술은 개발된 지하공간이용 시의 방재·환경 등에 대한 안전성 확보와 지하공간의 폐쇄성에 대한 심리적 부담을 해결할 수 있는 기술이다.

이러한 기술적 문제점을 해결하기 위해서는 현재의 기술 수준을 충분히 파악·정비하고, 금후 기술개발사항을 열거한 후 개발 방향을 제시해야 한다. 고성능·고능률의 굴착기나 자동굴착 시스템을 도입하여 안전성과 신뢰성이 높은 설계시공법의 개발이 기대되고 있다. 이러한 기술개발상에서는 다음의 두 가지 점을 고려하면서 추진되어야 한다.

① 시공에서 운용까지의 일관된 안전성을 확보할 것
② 지하공간개발에 의한 환경 변화를 최소화시킬 것

1.2.1 건설기술

건설기술은 조사·설계단계와 시공단계의 두 단계로 구분될 수 있다. 조사·설계단계에 필요한 기술로는 지반정보의 평가기술, 설계정보관리기술 및 방재설계기술을 들 수 있으며, 시공단계에 필요한 기술로는 굴착기술, 복공기술 및 차수기술을 들 수 있다.

지반정보의 평가기술은 지반물성을 분석 평가하여 설계에 활용하는 기술을 의미하며 설계

정보관리기술은 건설 중 시공현장의 상황과 계측데이터를 파악, 현장에 맞는 정보화 시공과 설계의 수정이 가능하게 하는 기술이며 방재설계기술은 재해 발생 시 긴급피난배려가 우선이 되어 안전성에 방재기술의 역할이 크게 되도록 하는 설계기술이다.

한편 굴착기술은 굴착, 버럭운반, 공동의 안정화, 지보공 록볼트의 합리적 시공을 위하여 개발해야 하는 과제이고, 복공기술은 공간의 구조 규모 지반특성에 적합한 복공을 굴착진행에 맞춰 적절한 시기에 경제적으로 시행하는 기술을 말하며, 지하수가 높은 지층에서는 차수기술이 안전성 확보에 필요한 기술이다.

(1) 조사·설계 기술

대심도의 지반조사를 실시하기 위해서는 현재의 지반조사 기술을 대폭 개량 발전시켜야 한다.

① 대심도 보링기술 및 코어채취기술 개발

지표부근의 지반조사 시 사용하는 보링공을 통한 조사시험법을 발전시켜 대심도 지반조사 시 사용하려면 길이가 긴 연직보링 및 수평보링 기술과 코어채취기술의 개발이 필요하다.

② 보링공 내 3차원적 정보취득기술 개발

보링공을 이용한 조사시험기술 중에 고성능 기술개발이 요구된다. 고성능 기술에는 셀프보링조사, 보링공테레비, 공내재하시험, 공내지하수 샘플링 장치 등을 들 수 있다. 특히 보링공벽 전계화상작성장치에 의해서는 공내의 전계화상과 3차원 화상을 얻을 수 있고, 컴퓨터와 연계시켜 지중의 3차원 정보를 얻을 수 있어야 한다. 이 기술개발로 균열의 주향 경사 개구폭을 해석 통계 처리할 수 있으며 단층이나 파쇄대의 존재를 사전에 파악할 수 있게 된다.

③ 광범위 탐사 기술개발

무한한 지하공간 지반을 조사하기 위해서는 보링공에 의한 지반조사 이외에 광범위한 지질조사를 위하여 물리탐사와 매설물 조사 등의 기술이 개발되어야 한다.

④ 현장계측치의 feed back에 의한 평가기술개발

지반조사는 계획·설계시공의 각 단계에 필요한 항목, 정도에 대하여 계획적으로 실시하여 현장계측을 이용한 feed back으로 재평가할 수 있는 기술의 개발이 필요하다.

지하구조물의 설계 시에는 토압과 수압이 상당히 높아질 것이 예상되나 그 정확한 예측이 가능하여야 한다. 또한 지하구조물은 내구연한이 반영구적이며 대규모의 공간을 이용하므로 이러한 특성에 맞는 설계법이 개발되어야 한다. 이에 부응하는 기술혁신으로 신공법 혹은 신재료를 사용한 구조물의 설계도 가능하도록 연구해야 한다. 또한 지하는 특성상 ① 내진성, ② 단열성, 항온성, 항습성, ③ 방음성, 차음성, ④, 방화성, 불연성, ⑤ 방폭성, 내압성, ⑥ 기밀성, 방진성, ⑦ 차광성, ⑧ 전자파 차단성, ⑨ 방사능 차단성의 특성을 가지고 있으므로 설비 설계 시 이러한 점을 고려 혹은 활용하여야 한다. 금후 개발해야 할 기술항목으로는 ① 방재대책기술, ② 공간의 환경유지기술, ③ 모니터링기술, ④ 구조물의 유지기술을 들 수 있다.

(2) 시공기술

토사지반 및 암반에서의 굴착기술은 지하공간개발의 성공 여부를 판가름하는 기본적 기술이 된다. 대심도 굴착의 경우는 대개 터널공법이 많이 사용되는데, 주로 쉴드공법, 도시형 NATM 공법, TBM 공법이 많이 적용될 것이다.

쉴드공법을 사용할 경우는 현재의 쉴드공법을 발전시켜 대심도 굴착에도 활용할 수 있게 하여야 한다. 지하공간개발을 위한 쉴드터널 굴착 시공 시 개발되어야 할 기술로는 쉴드의 대심도에 적용 기술, 대단면 굴착, 장거리 굴착, 무인 자동화 및 특수단면의 기술이 연구되어야 한다.

도시형 NATM 시공을 대심도 지하공간개발 시 실시할 경우 연구 개발되어야 할 기술은 높은 지하수압에 대한 대응기술, 기계화 시공기술, 막장 전방 지반조사기술 및 대단면 시공기술을 들 수 있다. 또한 굴착버럭처리, 지하수대책, 쇼크리트 및 지보공에 대한 검토가 실시되어야 한다. 그 밖에도 굴착토사의 수송 및 잔토처분기술과 시공관리기술도 빠뜨릴 수 없는 사항으로 여겨진다.

1.2.2 운용관리기술

(1) 방재기술

지하공간은 폐쇄적 인공환경으로 계획되기 때문에 화재, 지진 등의 재해 발생 시에 대비한 대책을 마련해야 한다. 특히 화재가 발생하게 되면 공조설비의 닥트가 연기확산을 조장하게 되며 신선한 공기를 얻기 힘들다. 최종 피난 장소인 지상까지의 피난 방향과 연기의 상승 방향이 동일하여 피난이 용이하지 않으므로 심층부로부터의 탈출이 매우 곤란하다. 또한 소방대의 진입도 용이치 않아 인명의 위험이 크게 된다.

따라서 필요한 피난유도설비 및 각종 소화시스템을 마련해두는 이외에 화재 대책의 기본적 방침을 설정해둘 필요가 있다. 화재에 대해서는 ① 화재의 미연 방지, ② 화재의 조기 발견, ③ 화재의 초기소화 및 구획화, ④ 안전 장소로의 대피 유도에 대한 대책이 필요하다.

즉, 지하공간의 내장재를 불연화시키고 독성 가스 방출 재료 사용 금지, 가연물을 삭감하여 화재 발생 확률을 되도록 줄여야 하며, 화재감지장치나 감시모니터로 화재를 조기 발견하도록 하여야 한다.

일단 화재가 발생되면 소화기, 실내 소화전 등을 활용한 소화는 물론 자동소화시스템에 의한 스프링쿨러 등을 사용하여 초기 소화시키도록 해야 하고, 구획의 상황을 파악하여 지하공간을 구획화시키고 안전 장소로 대피 유도시켜야 한다. 이러한 직접적인 대책을 포함한 감시·통보 설비를 충실하게 하고 화재 발생 시의 안전한 피난 경로의 확보, 피난유도방법, 지하공간의 연기제어 등의 종합적인 대책을 마련해야 한다.

(2) 환경제어기술

환경은 내부환경과 외부환경으로 구분하여 취급할 수 있다. 우선 내부환경문제를 취급하면 지하공간의 공기 중에는 일산화탄소, 질소산화물, 포름알데히드, 라돈, 석면, 부유분진 등의 유해물질이 많아 환기시스템을 갖추어 항상 신선한 공기를 공급할 수 있도록 하여야 한다. 또한 지하공간은 고온 다습한 환경이 되기 쉬우므로 온도와 습도도 잘 조절하여야 한다.

지하공간에 장시간 근무할 경우 자연광의 부족, 공조설비의 불충분성, 외부경관의 부족, 밀실에 대한 공포감, 방향감각의 상실 등으로 인하여 정신적·심리적 부담을 갖게 된다. 이러한 정신적·심리적 부담을 감소시켜주는 대책으로 다음의 네 가지를 들 수 있다.

① 환기·방음 등의 환경제어기술로 지하공간이라는 느낌 없이 지상에서의 생활과 동일한 생활을 영위할 수 있도록 한다.
② 지하공간의 폐쇄감, 압박감 등을 경감시켜주어야 한다. 천정을 높게 하고 넓은 공간이나 공기유통실 등을 배치하여 지하라는 압박감을 경감시켜줄 필요가 있다. 이는 광섬유 등에 의한 자연채광의 채택, 공기유통실, 지상모니터의 도입 등으로 어느 정도 해결할 수

있을 것이다. 반사경이나 광섬유를 이용한 햇빛유도 시스템이 이제 실용화 단계에 있다.

③ 지하공간의 안전성을 확보하도록 한다.

④ 지상에의 접근성이 좋게 한다.

한편 외부환경에 대하여는 지하공간개발에 따라 발생될 수 있는 지반변형, 지하수위변동에 관한 사항과 대기오염, 수질오염, 지반오염을 들 수 있다.

1.3 법적·제도적 문제점 및 대응방안

1.3.1 토지소유권과의 마찰

헌법 제23조에 의거 국민의 재산권은 보장을 받고 있으며 공공의 필요에 의하여 재산권을 제한하고자 할 경우는 정당한 보상을 전제로 하고 있다. 한편 지하공간개발 대상이 되는 위치에서의 지상토지소유권이 효력을 발휘할 수 있는 범위에 대하여서는 민법 제212조에 의거하여 정당한 이익이 있다고 판단되는 지하심도까지 소유권을 인정하고 있다. 이들 법에 의거 지하공간개발 시 법률로 정할 보상의 결정을 두고 항상 많은 분쟁이 발생되고 있다.

현재 지하공간개발에 필요한 일반적인 보상제도는 없는 상태이며 도시철도법으로 약간의 지하보상을 규정하고 있을 뿐이다. 이 보상제도는 지하철도 건설을 위하여 필요한 토지 확보의 지하이용 저해율을 감안하여 보상하며 지하이용 저해율은 지자체 조례로 정하도록 규정하고 있다.

토지소유권의 범위는 민법 제212조와 같이 지하심도와 관계없이 경제성에 근거를 두고 있어 역시 지하공간개발상에 지상토지소유권과 마찰의 여지가 많다. 그러나 민법 제289조 2항에서는 구분지상권을 규정하여 건물 기타 공작물의 지상권을 따로 인정하고 있어 지하공간개발의 가능성을 마련하고 있다. 그러나 이 구분지상권은 토지소유권자의 승낙을 전제로 하고 있기 때문에 그다지 용이한 것만은 아니다.

따라서 토지소유권과 지하이용권을 구분할 수 있는 법제화가 조속히 이루어져야 한다. 공공사업을 위한 토지수용법, 특정사업법 등에 근거한 수용특권, 공기업특권을 부여하는 반면 헌법에 의거한 사유재산권의 보호 관점으로부터의 조정이 이루어지도록 하는 일정한 사회적

합의 형성이 성립되도록 하여야 한다.

1.3.2 관련 법규의 통일성 부족

1970년 중엽 서울의 지하철 1호선 건설이 시작되면서부터 우리나라도 지하공간의 활용도가 증대되기 시작하여 현재는 지하철, 지하상가, 지하도 등 지표공간이기는 하나 지하공간의 활용이 크게 증가하고 있는 추세이다.

그러나 이러한 지금까지의 지하공간의 활용도 종합적인 계획 하에서 체계적으로 개발되지 못하고 개발 주체별로 개별법에 의거하여 단편적이고 부분적으로 개발되었기 때문에 각종의 도시기능간의 상호 연계나 지하시설의 이용 또는 지하공간의 관리측면에서 보완하여야 할 점이 많이 나타나고 있다.

현재 지하공간개발 관련 법규로는「도시계획법」,「도로법」,「철도법」,「국토개발법」,「소방법」,「건축법」,「토지수용법」,「공공용지의 취득 및 손실보상에 관한 특별법」등을 들 수 있다. 이들은 개발 주체와 개발 목적에 따라 적합하게 마련된 법규이므로 보상규정 등의 적용상에 형평의 원칙이 지켜지지 않는 경우도 발생하게 된다.

따라서 지하공간을 활용한 공공시설 건설시 토지소유권과의 마찰을 조정할 수 있는 통일된 단일법의 설정이 필요하다. 1992년 5월4일부터 건설부 국토계획국, 국토개발연구원 및 한국 건설기술연구원이 함께 참여하여 지하공간개발법(가칭)을 연구하고 있음은 다행스러운 일이다.

지상과 지하의 도시공간이 체계적이고 효율적으로 기능을 발휘할 수 있도록 하면서 지하공간을 공공용지의 지하에만 국한시키지 않고 사유지의 지하공간도 공공 또는 공익시설용으로 활용될 수 있게 하여 한정된 토지의 고도이용을 도모하고 쾌적한 도시를 구축하기 위하여 지하공간개발제도를 정립시킬 필요가 있다.

1.3.3 각종 기준의 미비

토지소유권과 지하이용권을 구분할 수 있게 하기 위해서는 토지소유권의 한계심도 설정 기준이 마련되어야 한다. 현재 민법상 토지소유권의 한계는 심도기준에 의거하지 않고 경제성에 의거하고 있으므로 각 지역사회의 여러 가지 특성에 맞게 한계심도를 결정해야 한다.

지하공간에 대한 설계·시공기준, 환경기준, 안전기준, 소방법 및 건축법도 지하개념에 맞게 보완이 필요하다.

또한 지하구조물의 설계·시공기준 및 시설기준의 확립과 운용유지관리에 관한 규정화도 마련되어야 한다. 특히 화재에 대한 안전기준, 소방법, 내장재 선택기준이 엄격한 규정이 마련되어 방재로부터 지하공간을 이용하는 인간을 보호해야 한다.

1.4 지하공간개발 활성화 방안

우리나라와 같은 장·노년기의 지질구조를 가진 국가에서는 지하공간개발을 적극적으로 추진하게 될 것이 예상된다.

금후에 지하공간개발을 활성화시키기 위해서는 관·산·학이 협력하여 토지소유권과의 마찰을 해결할 수 있는 체계적 법률의 정비와 인허가 절차상의 제도적 보완을 마련함과 동시에 기술개발연구에 투자를 적극적으로 실시하여야 한다.

끝으로 지하공간을 개발하는 데 다음의 두 가지 활성화 방안을 제안하고자 한다.

(1) 종합적 국토개발계획 수립

개발 주체별로 단편적으로 실시된 지금까지의 지하공간개발 방식을 지양하고 지상의 도시계획이나 국토개발계획과 조화를 이룰 수 있는 종합적인 지하공간개발계획을 수립할 필요가 있다. 일단 개발하고 나면 회복이나 변경이 어려운 지하공간의 특수성을 감안하여 시작 전에 치밀한 검토를 거쳐 종합계획을 마련하며 이 계획 아래 모든 지하공간개발사업이 진행되도록 한다. 이 계획상에는 이용 심도도 구분해둠으로써 지하공간을 효율적이고 체계적으로 이용하여 혼란을 방지할 수 있다. 즉, 지표면으로부터 지상건물, 도로, 지하상가, 가스 등 공급시설, 지하철 및 지하고속도로를 깊이 순으로 활용깊이를 결정하면 개발 후에도 관리하기 편리할 것이다.

(2) 지하공간의 정보관리센터 설립

지금까지 지표공간에 대한 개발이 많이 이루어졌으나 지하이용정보 미비로 인하여 현재 기존 지하시설물의 위치가 충분히 파악되지 못하고 있는 실정이다. 이는 금후에 지하공간을 개발하는 데 큰 장애요인이 될 수 있고 유지관리측면에서도 큰 문제가 된다.

지하공간의 효율적 이용 및 효과적 개발계획을 작성하기 위해서는 지하공간이용 상태를 파악할 수 있는 정보가 축적되고 사용하기 편리하게 제시되어야 한다. 따라서 금후의 지하공간 개발을 활성화시키기 위해서는 지하공간개발 시마다 각 분야의 지하이용정보가 수록된 지층정보를 축적 보관 관리할 필요가 있으며 이를 위한 종합적인 정보관리센터가 마련되어야 한다. 이 지하공간이용 실태에 대한 정보를 이 센터에서 종합적으로 관리함으로써 지하공간이용에 대한 혼란을 방지할 수 있고 효과적인 지하공간의 활용이 가능할 것이다.

참고문헌

1. 대한토목학회(1991), 국제심포지엄 '도시발전과 지하공간', 제39권, 제36호, pp.73~112.

2. 대한토목학회(1992), 제40권, 제1호, pp.88~113.

3. 대한토목학회(1992), 제40권, 제2호, pp.110~123.

4. 한국자원연구소(1992), 지하공간 활용기술개발계획 수립연구.

5. 한국지하공간협회(1992), 국제 Seninar '지하공간 발달의 방향과 활동구상'.

6. 홍원표(1993), "지하공간 개발에 따른 장애요인 및 대응방안", 토지개발기술, 제22호, pp.22~31.

7. エンジニアリング 振興協會マスタープラン專門委員會(1992), 地下空間利用マスタープラン.

8. 日本土質工學會(1993), フォーラム '大深度 地下利用に關する地盤工學上の課題' 開催報告, 土と基礎, Vol.41-5, pp.99~104.

9. 日本土木學會(1990), Geo Front ニユプロンティア地下空間, 日本土木學會編, 技報堂.

C·H·A·P·T·E·R

02

깊은기초

02 깊은기초

2.1 개 설

　모든 구조물은 지반 위에 구축하기 때문에 기초는 안전해야 된다. 그리스나 로마시대 기술자들은 많은 구조물들이 수세기 동안 무너지지 않고 유지되기 위해서는 견고한 기초가 필요하였음을 분명히 알았다. 예를 들어, 로마시대 송수로는 물을 장거리로 흐르게 하였고 오늘날까지 그 일부가 남아 있다. 로마사람들은 이 수로를 침하하지 않고 오래도록 지지할 수 있게 수 미터 높이의 아치 구조물을 축조하기 위해 암반 기초를 사용하였다. 그 외에 여러 로마시대 건축물들이 인위적인 파손이나 지진에 의한 피해를 제외하면 오늘날까지 건재한 것은 이미 잘 알려진 바다. 가장 대표적인 유명한 역사적 기초는 로마 도로 기초일 것이다. 이 도로 축조에는 이미 현대적 기초기술이 적용되었다.

　이와 같이 건축물이나 구조물이 견고하게 오랜 기간 지속적으로 보존되기 위해서는 든든하고 안전한 기초를 지반특성에 맞게 축조해야 한다. 이러한 목적으로 과거부터 여러 가지 형태의 기초가 개발 적용되었다.

　기초는 크게 얕은기초(shallow foundation)와 깊은기초(deep foundation)의 두 가지로 구분된다. 먼저 얕은기초는 견고한 지층이 지표 부근에 존재할 때 구조물의 하중을 지표 지반에 직접 전달할 수 있게 설치하는 기초형식으로 가장 보편적이고 오래 적용된 기초이다. 후팅기초와 매트기초가 대표적인 얕은기초에 속한다. 얕은기초에 대하여는 두 권의 참고문헌(홍원표, 1999; 2019)[4,7]에서 이미 자세히 설명한 바 있다.

　그러나 만약 지표부에 견고한 지층이 존재하지 않고 연약한 지층이 존재하고 그 하부 깊은 곳에 견고한 지층이 존재하여 구조물의 하중을 지중 깊이 존재하는 견고한 지층에 전달할 수 있게 말뚝이나 케이슨 등의 여러 가지의 매개체를 연약층을 관통하여 단단한 지층에 도달하도록 삽입하는 기초형식이 적용되었다면 이런 기초는 깊은기초라고 한다. 말뚝기초, 피어기초, 케이슨기초가 대표적인 깊은기초에 속한다.

지반의 전단강도 특성이 양호한 순서로 기초의 적용 순서를 정하면 가장 양호한 지반에서는 주로 후팅기초를 적용하고 이보다 지반의 전단강도가 낮으면 매트기초를 적용한다. 더욱이 기초지반이 매트기초를 적용할 지반보다 연약할 경우는 말뚝기초와 같은 깊은기초를 적용한다.

이러한 얕은기초와 깊은기초를 설계 및 시공하기 위한 학문을 기초공학(foundation engineering)이라 한다. 즉, 기초공학이란 구조물과 지반 사이 경계면에서의 문제를 해결하기 위해 토질역학(soil mechanics)과 구조역학(structural engineering)의 원리를 경험에 의거한 공학적 판단을 가지고 적용시키는 학문이다.

본 『지하구조물』 서적에서는 깊은기초, 초고층 건물의 지하공간, 지하철구에 대하여 설명한다. 먼저 깊은기초는 말뚝기초와 케이슨기초의 두 가지로 크게 분류된다. 이 중 말뚝기초에 관해서는 이미 홍원표 지반공학 강좌의 첫 번째 주제인 말뚝공학편에서 수평하중말뚝(홍원표, 2017)[5]과 연직하중말뚝(홍원표, 2019)[6]으로 분류하여 자세히 설명한 바 있다. 따라서 본 서적에서는 중복을 피하기 위하여 말뚝기초에 관하여는 이들 두 권의 참고문헌(홍원표, 2017; 2019)[5,6]을 참조하기로 하고 케이슨기초에 대하여만 설명하기로 한다. 다시 말하면 관입말뚝, 현장타설말뚝, 매입말뚝, 그라우트말뚝 및 마이크로말뚝과 같은 말뚝기초에 관하여는 참고문헌 『연직하중말뚝』을 참조하기로 한다. 『연직하중말뚝』에서는 말뚝의 지지력 및 말뚝재하시험에 관하여도 자세히 설명하였다.

이와 같이 '지하구조물' 서적에서는 깊은기초로는 케이슨기초에 관한 사항만을 제3장과 제4장에서 중점적으로 설명하며, 추가적으로 제5장부터 제7장까지는 쇄석말뚝기초에 대하여 설명한다. 쇄석말뚝은 연약지반 개량 부분과 중복될 수 있으나 현재 말뚝기초의 한 형태로 해안지역에 설치하는 구조물의 기초로 많이 활용되기 시작하고 있다는 점을 감안하여 추가하였다.

그 밖에도 최근에는 건물의 높이를 경쟁적으로 높게 축조하는 초고층 건물 축조 경향에 맞춰 초고층 건물의 지하공간을 확보하기 위해 주로 채택되는 원형 지중연속벽공법에 대하여 제8장에서 현장사례에 대한 계측 결과로 설명한다.

끝으로 제9장에서부터 제11장까지는 '지하철구' 관련 사항을 추가하였다. 최근 도심지 대중교통수단으로 많이 건설되는 지하철 설계 시 가장 중요한 지하철구에 작용하는 토압을 제9장에서 실제현장에서 측정한 결과로 분석 설명한다.

한편 제10장과 제11장에서는 터널식 지하철 축조공법에 관하여 설명한다. 터널식 지하철구 축조공법으로는 NATM 공법과 쉴드공법이 적용되는 경우가 많으므로 이들 공법에 대하여 자세히 정리 설명한다. 먼저 제10장에서는 NATM 터널에 대하여 RMR 값으로 지보형식을 결정하는 방법을 설명하고 제11장에서는 쉴드터널공법을 전체적으로 자세히 정리 설명한다.

2.2 깊은기초의 종류

구조물의 상부하중은 단단한 지층에 전달함이 바람직하다. 이를 위해 구조물의 하부가 지반과 접하는 위치에 얕은기초를 마련함이 일반적인 상식이다. 그런데 만약 지표부에 연약하거나 부적합한 토층이 존재하면 얕은기초를 적용할 수 없으므로 기초구조물을 보다 깊은 곳에 있는 견고한 지층까지 이르게 하는 깊은기초를 적용해야 한다.

대표적인 깊은기초는 그림 2.1에 분류한 바와 같이 말뚝기초와 케이슨기초의 두 가지로 크게 분류할 수 있다. 이 중 말뚝기초가 가장 많이 사용되고 있는데, 기성말뚝을 항타로 관입 설치하는 관입말뚝과 현장에서 직접 타설하는 현장타설말뚝이 있다. 현장타설말뚝은 교량과 같은 토목구조물의 기초로 많이 활용되는 피어기초와 크기, 재료, 축조 과정이 동일하다. 다만 교량공사와 같은 경우 주로 피어라고 부르고 기타 토목·건축 구조물 기초로 사용할 경우는 현장타설말뚝이라 부르고 있을 뿐이다. 특히 최근에는 시공장비가 동일하며 사용처에 따라 다르게 불릴 뿐이다. 따라서 여기서는 현장타설말뚝과 피어를 동일한 개념의 말뚝으로 표현한다.

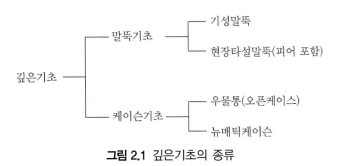

그림 2.1 깊은기초의 종류

그 밖에도 최근 장대교량의 기초로 많이 활용하는 케이슨기초도 깊은기초로 분류할 수 있다. 케이슨기초는 사용하는 케이슨의 종류에 따라 우물통기초와 뉴매틱케이슨 기초의 두 가지로 구분한다. 옛날에는 교량의 기초로 우물통기초가 많이 사용되었다. 이 우물통기초는 최근에 뉴매틱케이슨이 개발되면서 이와 구별하기 위해 오픈케이슨으로 부른다. 이들 둘은 모두 케이슨을 사용하여 기초구조물을 축조하는 기초이다. 다만 오픈케이슨은 케이슨의 위아래에 모두 뚜껑이 없이 사용함으로 굴착작업이 케이슨 내에서 수중작업이 되는 데 비해 뉴매틱케이슨은 하부 굴착부에 공기압을 불어넣을 수 있는 작업실을 마련하고 그 곳에서 작업자가 육안으로 관찰하면서 굴착을 진행한다.

깊은기초는 다음과 같은 여러 경우에도 적용된다.[11]
① 세굴 방지 구조물 축조
② 조립토 지반이나 견고한 점성토 지반에서 측방저항으로 축하중을 지지시킬 경우
③ 육상작업용 해양구조물 구축
④ 정박 돌핀 구조물 축조
⑤ 사면안정용 억지말뚝
⑥ 기타 특수목적

2.2.1 말뚝기초

말뚝은 길이에 비해 단면적이 작은 연직 또는 약간 경사진 기초구조부재이다. 말뚝은 지반 속에 설치하여 상부구조물에 작용하는 하중이나 외력을 하부지반에 전달하는 구조재이다. 말뚝길이, 시공방법, 기능은 매우 다양하기 때문에 여러 상황이나 필요에 부응하여 다양하게 활용되고 있다.

말뚝은 상부구조물과 연결되어 있는 말뚝의 윗부분을 '말뚝두부(pile head)'라 하고 아랫부분을 '말뚝선단(pile tip)'이라 한다. 또한 말뚝의 중간 부분은 말뚝본체(pile shaft)라 한다.[6] 말뚝본체는 원형 또는 원추형이며 단면은 원형, 팔각형, 육각형, 사각형, 삼각형 및 H형으로 다양하고 말뚝의 선단은 뾰족하거나 확대되어 있다.

(1) 말뚝의 하중전이 기능

말뚝기초가 상부하중을 지지할 수 있는 기능은 말뚝기초 구조물과 지반 사이의 상호작용에 의한 저항력에 의하여 발휘된다. 이 저항력은 크게 두 부분에서 기대할 수 있다. 하나는 말뚝기초 구조물과 지반 사이의 접촉면에서의 마찰저항력이고 다른 하나는 말뚝기초 저면, 즉 선단부에서의 저항력이다.

이와 같이 말뚝기초의 기본 구성재인 말뚝의 지지력은 말뚝주면에서 지반과 말뚝표면 사이의 마찰저항과 말뚝선단에서의 선단저항력으로 구성되어 있다. 보통은 이들 둘 다 작용하지만 지반특성에 따라 이 중 어느 쪽인가가 지배적으로 크게 발휘된다. 여기서 말뚝두부에 작용하는 연직하중을 지지하는 저항기능에 따라 마찰말뚝(friction pile)과 지지말뚝(bearing pile)으로 구분한다.[6] 예를 들면, 마찰저항력이 주로 발휘되고 선단지지력을 무시할 정도로 작은 경우의 말뚝을 마찰말뚝이라 부른다. 반면에 단단한 암반에 말뚝의 선단이 근입되어 있는 경우는 말뚝의 침하가 거의 없어 말뚝주면에서의 마찰저항은 거의 발휘되지 못하고 말뚝선단에서의 저항력만으로 말뚝하중을 지지하는데, 이런 말뚝을 지지말뚝 또는 선단지지말뚝(end bearing pile)이라 부른다. 통상 지지말뚝을 적용하는 지반은 상부지층이 연약한 지반인 경우가 대부분이다. 암반에 근입된 지지말뚝의 경우 연약층에서의 말뚝의 마찰저항력은 거의 기대하기가 어렵다.

그림 2.2는 말뚝의 하중전이 기능을 개략적으로 도시한 그림이다. 우선 그림 2.2(a)는 연직하중이 연직말뚝에 의해 지반에 전달되는 기능을 도시한 그림이다. 말뚝본체의 주면에는 수직응력인 수평토압이 연직응력의 크기에 비례하여 증가하여서 말뚝주면에서는 마찰저항력이 부착력으로 발휘된다. 결국 연직응력과 수평토압 이들 두 요소응력의 합력은 그림 2.2(a)에서 보는 바와 같이 경사지게 작용하게 된다. 한편 말뚝주면에서의 마찰저항력과 달리 말뚝의 선단에서는 연직방향 반력이 발달한다. 이 반력이 선단지지력이 된다.

이와 같이 말뚝의 지지력은 주면마찰력과 선단지지력의 두 요소로 구성되어 있다. 이 두 요소의 비율은 지층의 층상과 말뚝이 지지하는 하중에 따라 다르게 된다. 그 밖에 말뚝의 하중전이 기능은 그림 2.2에 개략적으로 도시한 바와 같게 된다.

먼저 말뚝두부에 수평력이나 모멘트가 작용하면 그림 2.2(b)에 도시된 바와 같이 말뚝의 응력 분포는 비대칭이 되고 휨응력이 발생한다. 그림 2.2(c)는 말뚝을 인발할 때의 지지기능을 도시한 그림이다. 한편 그림 2.2(d)는 상부지층이 압밀될 때 말뚝에 부마찰력이 작용하는 기능을 도시한 그림이다.

또한 말뚝은 대구경 현장타설말뚝이나 피어기초를 제외하면 통상적으로 한 개의 말뚝만 설치하기보다는 최소 두 개 이상을 설치하여 무리말뚝으로 사용한다. 무리말뚝의 두부는 말뚝캡이나 매트로 연결되어 있다. 말뚝간격이 직경의 3~4배 이상이면 축하중이 작용할 때 무리말뚝 내의 각 말뚝은 단일말뚝으로 거동한다. 말뚝간격이 이보다 가깝게 설치되어 있으면 말뚝과 지반 사이 및 말뚝들 사이에는 상호작용, 즉 말뚝-지반-말뚝의 상호작용의 영향을 고려해야 한다.

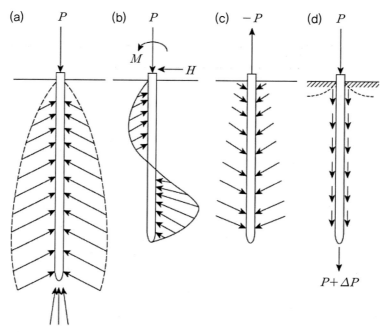

그림 2.2 말뚝 하중 전이 기능 개략도(Kezdi, 1975)[8]

(2) 말뚝 적용 사례

오늘날 말뚝의 다양한 기능으로 인하여 말뚝기초의 활용도는 나날이 증가하고 있다. 그림 2.3은 지금까지 말뚝을 사용한 대표적 사례를 도시한 그림이다(Kezdi, 1975).[8] 이 외에도 최근에는 말뚝의 시공 및 활용도가 급격히 증가하고 있다.

현재 다음과 같은 기초문제를 해결하기 위해 말뚝을 사용한다.
① 충분한 지지력을 기대할 수 있는 지지층이 아주 깊은 곳에 위치해 있는 경우

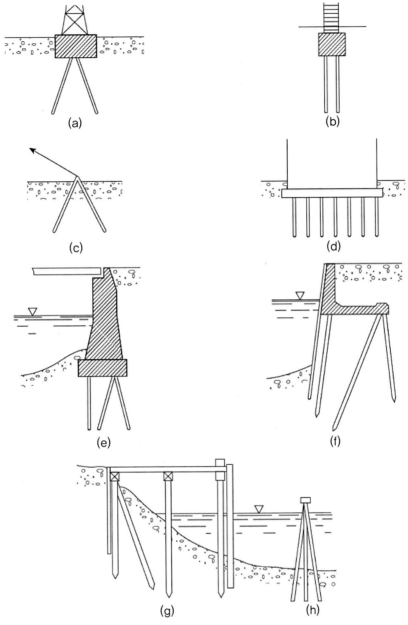

그림 2.3 말뚝의 적용 사례(Kezdi, 1975)[8]

② 구조물 바로 아래 지층 토사의 세굴 우려가 있는 경우

③ 초대형 구조물하중이 기초에 전달되는 경우

④ 거대한 연직하중이나 수평하중이 존재할 경우

⑤ 부등침하에 민감한 구조물

⑥ 해양구조물

⑦ 지하수위가 높은 경우

2.2.2 피어기초

(1) 피어와 현장타설말뚝

피어기초 또는 현장타설말뚝기초는 상부구조물하중을 하부 단단한 지지층에 안전하게 전달시킬 목적으로 지중에 인력 및 기계 굴착으로 지중에 수직공간을 만들어 그 위치에 무근콘크리트 또는 철근콘크리트 지주를 축조하여 만든 지중기둥을 의미한다.

최근 초고층 건물과 장대교량의 큰 하중을 지지하기 위하여 대구경 현장타설말뚝기초의 시공이 지속적으로 증가하고 있는 추세이다.[9,10] 특히 진동과 소음에 대한 규제가 엄격하게 적용되고 있어 말뚝의 항타공법은 민원이 발생할 수 있는 현장에서는 어디에서나 적용하기가 어렵게 되었다. 심지어 매입말뚝공법의 최종경타마저도 허락되지 않는 사회분위기로 인하여 매입말뚝공법의 현장적용도 점차 제한될 것으로 예상된다. 이에 대한 대안으로 대구경 현장타설말뚝의 도입이 부각되었다. 대구경 현장타설말뚝은 중·소구경 기성말뚝에 비하여 말뚝본수는 줄고 말뚝본당 하중분담률이 상대적으로 크다.

피어(piers)를 나타내는 용어는 현장타설말뚝(cast in place piles), 드릴피어(drilled pier), 굴착지주(drilled shaft) 등 여러 가지로 사용되고 있으나 이들은 부르는 호칭이 다를 뿐 시공과정은 유사하다. 피어기초는 무근콘크리트와 철근콘크리트 모두 적용이 가능하며 그림 2.4와 같이 일반적인 여러 형태의 피어기초가 있다.

초창기에는 대부분 인력으로 굴착·시공하였다. 이 경우 굴착공 내부의 측벽붕괴를 방지하기 위해 수평방향 버팀보로 지지된 흙막이벽을 사용하는 경우가 많았으나 최근에는 천공기술의 발달로 천공장비로 기계굴착시공을 실시한다.

일반적으로 피어기초는 직경이 750mm 이상으로 소정의 깊이까지 천공 후 굴착면을 확인하고 콘크리트를 타설하는 현장타설말뚝을 말한다.[2]

피어기초는 기성말뚝보다 적은 수로 사용되는데, 이는 피어기초가 말뚝보다 더 큰 지지력을 발휘할 수 있어서 구조물에 적용되는 피어기초의 수를 상대적으로 줄일 수 있기 때문이다. 피어기초에는 무리말뚝에 사용되는 말뚝캡이 필요 없고 직경이 크기 때문에 연결철근(dowel)이나 앵커 및 지지판을 직접기둥에 연결시킬 수 있으며 굴착공 바닥을 직접 관찰할 수 있다.

굴착공의 직경이 작을 경우 지표면에서 육안관찰을 한다. 피어기초는 큰 수평하중과 모멘트에 저항할 수 있도록 설계할 수 있고 시공 시 소음 및 진동을 최소화할 수 있다. 그리고 인발저항에 효과적이며 항타시공이 어려운 자갈층 호박돌층 및 암반층에서는 기성말뚝보다 상대적으로 시공이 유리하다.

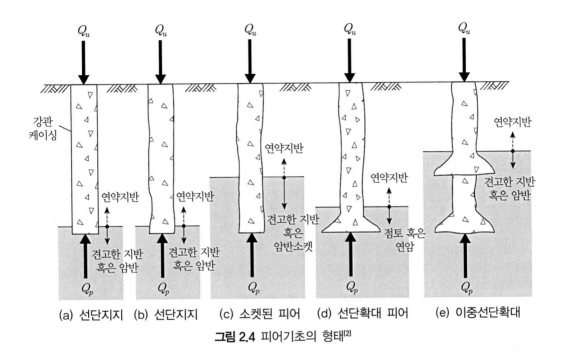

그림 2.4 피어기초의 형태[2]

(2) 시공기술

최근에 사용되는 시공기술은 천공 시 천공공벽의 보호방법에 따라 크게 세 가지 방법으로 구별된다. 첫 번째 방법은 건식공법(dry method), 두 번째 방법은 케이싱 공법(casing method), 세 번째 방법은 슬러리 공법(slurry method)이 있다.

우리나라에서 시공되고 있는 현장타설말뚝은 베노토 공법과 RCD(Riverse Circulation Drilling) 공법을 조합하여 사용하고 있다. 토사 및 풍화암 구간에 시공되는 경우는 해머그래브를 이용한 베노토공법을 사용하고 풍화암의 강도가 클 경우 치즐링을 이용하여 풍화암을 파쇄한 후 해머그래브를 이용하여 파쇄된 암버럭을 처리한다.

연암 이상의 암강도를 갖는 구간에서는 특수비트를 부착한 RCD 공법을 이용하여 천공하는 것이 일반적이며 공벽붕괴를 방지하기 위해 굴착공 전 구간에 올케이싱을 하고 천공하는 예가 많다.

한편 Earth Drill 공법은 대부분 다층지반과 암구간을 천공해야 하는 우리나라에서는 적용성이 떨어져 사용성도 소수에 지나지 않는 실정이다. 또한 국내에서 시공되는 현장타설말뚝은 설계 시 일반적으로 중간지지층이 말뚝길이 및 지반연경도에 상관없이 통상적으로 모든 말뚝의 선단을 연약층에 직경의 1배 이상 관입하도록 하는 관행적인 설계 때문에 과다설계의 원인이 되기도 한다. 현장타설말뚝은 기성말뚝보다 직경이 크므로 수평저항력이 크고 파압에 의한 수평력에 효율적으로 저항할 수 있으므로 수중공사에 많이 사용되고 있는 실정이다.

(3) 국내 시공 사례

표 2.1은 1990년대 국내 교량공사에 현장타설말뚝을 사용한 대표적 시공 사례를 열거·정리한 표이다. 이 표에서 보는 바와 같이 우리나라에서 시공된 대표적 현장타설말뚝의 직경은 1.0~2.5m 사이이지만 주로 1.5m 직경의 경우가 많다. 시공법으로는 올케이싱 공법을 주로 사용하여 연암층에 관입·시공하였다.

말뚝을 지지기능으로 구분하여 (선단)지지말뚝, 마찰말뚝, 선단지지와 주면마찰저항 모두의 지지저항에 의한 말뚝의 세 가지로 구분할 수 있다. 이들 말뚝은 어느 것이나 상부하중을 전달할 때 지지력 부족으로 인한 지반의 전단파괴나 과다침하가 발생하지 않아야 한다.

특히 현장타설말뚝의 경우는 지지성능이 불명확하여 말뚝의 안정성 예측이 맞지 않을 때가 종종 발생한다.[8] 현장타설말뚝의 안정성을 예측하기 위한 확실한 방법은 실제 지반에 설치된 말뚝에 직접 하중을 가하여 지지력을 결정하는 말뚝재하시험을 이용하는 방법이다. 그러나 말뚝재하시험 결과로 지지력을 판정하는 경우 분석방법 및 판정기준이 다양하기 때문에 산정된 지지력 사이에 차이가 크므로 편리하고 객관적인 지지력 판정기준의 확립이 요구되고 있다.

더욱이 암반에 근입된 현장타설말뚝의 지지력 산정방법은 그 기준이 명확하게 정립되어 있지 않은 상태이므로 국내 실무에서 제정된 각종 설계기준은 대부분 외국에서 제안된 각종 설계기준이나 연구 결과가 그대로 준용되고 있는 실정이다.[11] 특히 우리나라 지층특성은 일반적으로 다층지반으로 이루어져 있고 기반암층이 지표면으로부터 비교적 얕은 위치에 분포한다. 따라서 말뚝길이가 비교적 짧은 유한장의 말뚝이 많다.

표 2.1 현장타설말뚝의 국내 시공 사례[1]

건설공사명	직경(m)	시공법	시공위치	말뚝선단지반
남항대교(1997)	1.8	항타관입	해상	자갈층/풍화암층
	1.5	올케이싱 공법	육상	연암층
광안대로(1994)	2.5	올케이싱 공법	해상	연암층
	2.5	올케이싱 공법	해상(일부 육상)	연암층
	1.5			
	1.0			
가양대교(1994)	1.5	올케이싱 공법	축도부	연암층
방화대교(1993)	1.5	올케이싱 공법	축도부	연암층
영종대교(1993)	1.5	올케이싱 공법	해상	연암층
	1.0	올케이싱 공법	축도부	연암층
서해대교(1992)	2.5	올케이싱 공법	해상부	연암층
	1.5	올케이싱 공법	축도부 해상부	연암층
고속철도(1991)	–	올케이싱 공법	육상	연암층

2.2.3 우물통기초

(1) 오픈케이슨

우물통이란 오픈케이슨이라 할 수 있다. 즉, 내부벽체와 외부벽체로 이루어진 우물통은 위와 아래가 모두 열려있는 케이슨이다. 공기압실과 작업실이 따로 마련되어 있지 않다. 따라서 우물통 내의 수위는 지하수위와 같고 모든 굴착은 우물통 내의 수중에서 수행된다.

이와 같이 우물통기초공법은 속과 뚜껑이 없는 우물통 내부 수중에서 지반을 굴착하면서 우물통을 우물통의 자중에 의해 침설시키는 공법이다. 우물통 구체의 속채움 재료는 예전에는 자갈과 벽돌이 대부분이었으나 현재에는 콘크리트를 주로 사용하고 있다. 이러한 우물통 기초공법을 오픈케이슨 공법이라 부른다. 우물통의 근입심도가 증가할수록 기초 침설과 속채움 콘크리트에 대한 공사비가 급격하게 증가된다.

우물통기초공법은 4,000년에 가까운 매우 오래된 역사를 가진 공법으로 기원전 2,000년 고대 이집트의 Se'n Woster 1세 왕의 피라미드 밑에 왕의 묘실을 파기 위해 원환형의 돌틀을 겹쳐 사용한 것이 우물통의 원조라 할 수 있다. 당시 돌틀의 외측은 케이슨을 지중에 침설시킬 때의 마찰력을 경감하기 위해 매끄러움 면으로 마무리하였다.

우물통기초는 옛날부터 우물을 파는 데 이용된 방법이었으므로 우물(well)이라고도 하며,

우물통에는 타원형과 사각형의 것도 있었으나 보통 원형을 많이 사용한다.

(2) 국내 시공 실적

최근 국내 장대교량에서 사용된 우물통기초의 주요 시공실적은 표 2.2와 같다. 우물통기초는 대규모하중을 효과적으로 지지할 수 있는 경우 많이 적용된다. 그러나 시공 시 자중으로 침설이 가능한지 여부에 따라 적용되며 보통 연암 이상 지반에 착저시킴으로써 중간에 강도가 큰 풍화암층이 존재할 경우 발파작업을 병용해야 하므로 본체에 균열이 발생되지 않도록 주의하여야 한다. 수중 발파 시 자유면 미확보로 인한 영향을 고려하여 발파설계가 필요하며 직경이 크므로 선단지지층의 강성차에 의한 편심이 발생할 수 있다. 특히 자갈층의 변화가 심할 경우 강도가 다른 연암층과 풍화암층 위에 설치될 수 있다.

표 2.2 장대교량에 적용된 우물통기초 사례[2]

교량명	개통연도(년)	교량연장(m)
삼천포대교	2001	436
영흥대교	2001	460
압해대교	2005	355
나로도연육교	1996	330
운암대교	2002	350
신거제대교	1999	720

2.2.4 뉴매틱케이슨 기초

(1) 뉴매틱케이슨 형식

뉴매틱케이슨의 형식은 그림 2.5에 도시된 바와 같이 네 가지로 정리할 수 있다.[11] 그림 2.5(a)와 (b)는 육상 뉴매틱케이슨이고 그림 2.5(c)와 (d)는 부유식 뉴매틱케이슨이다. 그림 2.5(a)는 특별히 섬식 뉴매틱케이슨이라고 부른다. 이 뉴매틱케이슨은 그림 2.5(c) 및 (d)와 같이 수상에서 시공하는 대신 모래섬을 축조하여 그림 2.5(b)와 같이 육상 시공이 가능하게 하는 공법이다. 즉, 육상공사를 수행함으로써 수중공사의 어려움을 해소할 수 있는 특징이 있다.

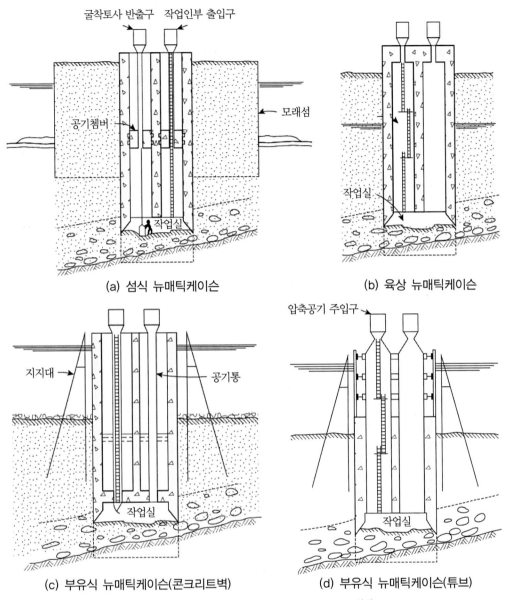

(a) 섬식 뉴매틱케이슨

(b) 육상 뉴매틱케이슨

(c) 부유식 뉴매틱케이슨(콘크리트벽)

(d) 부유식 뉴매틱케이슨(튜브)

그림 2.5 뉴매틱케이슨 형식(Swatek, 1975)[12]

부유식 뉴매틱케이슨은 수심이 깊거나 수중바닥에 침식층 또는 연약층이 두껍게 분포한 지역에 주로 적용되는 형식이다. 이 공법에 사용되는 케이슨은 육상 독크나 바지선 위에서 철제 거푸집으로 방수 선박과 같은 형태로 미리 제작하여 케이슨 설치 위치까지 물위에 띄워 이동시켜 사용한다. 즉, 두 개의 철판으로 내부 버팀보를 사용하여 방수 선박을 만든다. 이 부유식 케이슨은 경사진 토지나 건조한 도크 또는 일시적으로 물이 빠진 부지나 바지선 위에서 제작한다. 부유식 케이슨의 콘크리트 면적은 전체 단면적의 50% 정도가 되게 한다. 이는 케이슨 침설 시 초기굴착지역에 거대 클램셀 장비가 들어갈 수 있게 하기 위해서다. 특히 원형 준설 우물통은 조성하기 수월하고 벽체 내의 철제 버팀보가 덜 소요된다.

(2) 뉴매틱케이슨의 발달사

아주 특별한 경우를 제외하곤 오픈케이슨 공법 기술은 뉴매틱케이슨 공법으로 점차 발달하였다. 최근 장대교량 공사에서 상부의 대형 하중을 지지하기 위해 하부구조로 뉴매틱케이슨 기초의 적용 시공이 늘어나고 있다. 뉴매틱케이슨 기초공법은 해상 및 육상 공사에서 견고한 지지층에 기초를 착지시키거나 근입시키기 위해 압축공기를 주입한 작업실에서 인력 및 기계 굴착으로 소요심도까지 케이슨을 침설시키는 공법이다.

뉴매틱케이슨 공법은 160여 년 전 프랑스에서 발상되어 적용되었다. 초창기에는 석탄 채굴 현장에서 수직갱 건설에 적용되다가 1851년 영국 로체스터의 철도교 기초에 적용되었다.

이후 미국 미시시피강을 횡단하는 센트루이스교(St. Louise Bridge, 1870)의 기초, 뉴욕의 브룩클린교 주탑기초, 영국 북부 스코틀랜드의 포스만을 횡단하는 세계최대의 캔틸래버트러스교인 포스교(Forth Bridge)의 기초를 뉴매틱케이슨으로 시공하였다. 프랑스 파리의 에펠탑 기초도 뉴매틱케이슨 공법으로 시공하는 등 본격적으로 적용하기 시작하였다. 일본에서는 관동대지진 이후 교량기초의 복구공사에 적용되거나, 에이다이교의 기초로서 미국의 엔지니어의 도움을 받아 건설된 이래 지금까지 7,000여기 이상의 교량기초 및 지중구조물 축조에 활발하게 적용하고 있다.

우리나라에서도 1909년 압록강에 가설된 철도교 기초에 처음 적용된 이후 1978년 강화대교, 1985년 돌산대교 및 1983년 진도연육교 등의 교량기초에 뉴매틱케이슨 공법을 적용하였으나 이들 모두 인력굴착에 의존한 초기의 공법이었고 규모 또한 소규모였다.

최근 영종도에 건설된 인천국제공항과 서울도심을 연결하는 인천국제공항고속도로 구간 중 연육교인 총연장 4,420m의 영종대교 건설에 활용하였는데,[3] 이 영종대교의 중앙부에 550m 연장의 현수교 주탑 기초공법으로 뉴매틱케이슨 공법을 본격적으로 적용하게 되었다. 이 케이슨 공법은 국내에서 시공된 최초의 무인굴착 뉴매틱케이슨 공법이다.

뉴메탁케이슨 공법은 케이슨 저부를 콘크리트 슬래브로 막아서 작업실을 만들고 이 작업실 내부에 압축공기를 불어넣어 공기압으로 지하수의 유입이나 지반의 보일링, 히빙을 막으면서 인력굴착 및 원격조정 무인굴착으로 지반을 굴착하여 케이슨을 소요 심도까지 침설시키는 공법이다. 이 공법은 지지지반을 직접 육안으로 확인이 가능하고 지하수를 배제한 건조한 상태에서 작업할 수 있으므로 공정준수가 확실하고 정확한 위치 확보가 용이하여 기상의 영향을 받지 않는 우수한 기초공법이다.

표 2.3 장대교량에 적용된 우물통기초 사례(한국도로공사, 1999)[3]

교량명	시공연도(년)	굴착심도(m)	굴착방법	특기사항
강화대교	1978	23	유인굴착	
돌산대교	1985	21	유인굴착	잠함병 발생 (소규모 케이슨)
진도연육교	1983	20	유인굴착	잠함병 발생 (소규모 케이슨)
영종대교	1998	33	무인굴착 (초기인력굴착)	기계굴착 (대규모 케이슨)

2.3 기타 깊은기초 관련 사항

2.3.1 복합기초

복합기초(hybrid foundation)는 기초가 축하중을 지지하는 매트기초와 말뚝으로 구성된 기초형태이다. 유럽에서는 이러한 형태의 기초를 말뚝지지 raft 기초(piled raft foundation)라고 부른다.

복합기초는 지상에 설치된 매트기초 위에 고층건물을 축조하고 그 매트기초를 말뚝으로 지지하는 형태이다. 이 개념은 복합기초가 적절한 안전율로 작용하는 축하중을 지지하도록 하였고 작용하는 하중으로 인한 침하는 허용 가능하도록 하는 것이다.

매트기초의 침하는 접시모양으로 중앙부에서 가장 크게 발생한다. 만약 매트기초에 균일한 침하가 발생되게 하기 위해서는 매트중앙부에 보다 많은 말뚝을 설치해야한다.

이러한 기초시스템의 해석은 매우 복잡하다. 왜냐하면 raft 기초의 침하는 말뚝의 설치로 큰 영향을 받게 된다. 그림 2.6에서 보는 바와 같이 말뚝지지 raft 기초는 통상적인 말뚝과 강채 raft로 구성되어 있다. 이들 기초 요소의 각각을 고려하면 상호작용은 피할 수 없다. 즉, 말뚝이 존재함으로 인하여 매트의 거동은 영향을 받게 된다. 왜냐하면 기초가 지반만으로 지지될 때 보다는 말뚝으로 지지될 때 더 강해지기 때문이다. 또한 말뚝도 raft로부터의 토압에 영향을 받게 된다. 이는 말뚝에 가하여지는 측압은 말뚝의 측방지지저항력에 영향을 미치게 되기 때문이다. 이러한 문제는 적절한 판과 강요소로 매트를 모델한 유한요소법으로 해석할 수 있다.

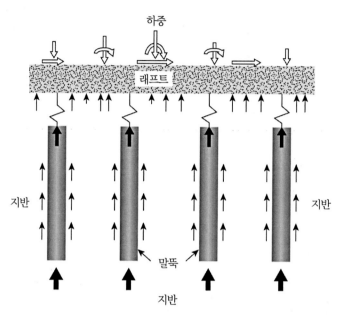

그림 2.6 말뚝지지 raft 구조의 지반-구조물 상호작용[11]

2.3.2 쇄석말뚝기초

구조물 기초는 상부 구조물의 하중 및 외력을 안전하게 지지지반으로 전달하는 중요한 하부구조이다. 연약지반 위에 기초를 설치할 경우 설계 및 시공상의 어려움과 공사비가 지가에 비해 비싸서 종래에는 되도록 이러한 장소를 피하여 양호한 지반이나 지형에 구조물을 축조하였다. 그러나 최근에는 급속한 산업의 발달로 건설규모의 양상이 대형화되고 부지이용을 극대화시켜야 함에 따라 필요한 부지확보가 용이하지 않게 되었다. 따라서 점차 준설매립, 해안 연약지반개량 등에 관심이 높이지게 되었다.

이러한 연약지반상에 시설물을 건설할 경우에 대두되는 큰 문제 중의 하나는 이들 지반의 강도가 너무 연약한 관계로 구조물의 기초를 어떻게 설치하는가 하는 점이다. 이에 대한 대처법의 하나는 연약지반을 개량하여 구조물의 기초 하중을 지지할 수 있는 소요지반강도를 얻을 수 있도록 하는 방법이며 다른 하나는 구조물의 하중을 안전하게 지반에 전달시킬 수 있는 새로운 기초공법을 개발하는 방법이다. 이와 같은 시대적 요구에 따라 최근 연약지반의 각종 개량방법과 새로운 기초공법을 많이 연구 개발하고 있다.

구조물 기초의 형식은 지지지반의 깊이에 따라 직접기초 또는 말뚝기초 등으로 선택될 수 있는데, 종래의 설계는 지지지반이 깊은 경우 대부분이 하부 견고한 지지층까지 도달하는 콘크리트말뚝 또는 강말뚝을 사용한 선단지지말뚝을 선택하였다.

그러나 최근에는 연약지반이나 고성토지역에 구조물을 설치할 때 콘크리트말뚝이나 강말뚝과 같은 기성말뚝 대신에 현장말뚝으로 취급할 수 있는 쇄석말뚝을 사용하여 상당한 지지효과를 얻고 있다. 이러한 쇄석말뚝은 최근에 동치환공법(dynamic replacement method)을 국내에 도입하여 시공함으로써 점점 활용도가 증대될 것이 기대된다. 그러나 이 공법에 의한 쇄석말뚝의 지지지구나 설계법이 확립되어 있지 못하여 합리적인 성과를 거두고 있는지 확인할 필요가 있다.

2.3.3 지하구조물

(1) 지하 BOX 작용 토압

최근 도심건축물의 대형화 추세에 따른 지하주차장과 상가시설의 건설, 도심교통난을 해소하기 위한 지하철과 지하도로 건설 등 지하에 건설되는 구조물의 종류와 규모가 점차 다양화 대형화되어 가고 있으며 이러한 현상은 앞으로도 지속될 전망이다.

이러한 지하구조물은 터널을 굴착하여 복공하기도 하고 가설 흙막이벽을 설치하여 지반을 굴착하고 본구조물을 시공한 후 매립하기도 한다.

지하에 축조되는 구조물은 주변지반으로부터 토압을 받게 되며 지하구조물이 안전성을 유지하려면 이 토압에 견딜 수 있도록 설계·시공되어야 한다. 따라서 지하구조물에 작용하는 토압은 정확하게 산정되어야만 한다.

이 토압은 연직토압(응력)과 측방토압으로 구분할 수 있다. 우선 지하구조물의 상부에는 연직토압이 작용하나 이는 상재토피중량으로 산정되고 있다. 한편 지하구조물의 벽체에는 주변 지반으로부터 측방토압이 작용하게 된다. 이 측방토압은 지하구조물이 정지상태에서 받게 되는 정지토압으로서 연직응력에 정지토압계수(K_0)를 곱하여 구한다. 이때 정지토압계수는 모래나 정규압밀점토인 경우 Jacky의 식을 이용하여 지반의 유효내부마찰각으로 구하는 경우가 많다.[7] 그 밖에도 지반을 완전탄성체로 가정하여 Hook의 법칙을 이용하거나[1] 소성지수,

액성한계, 과압밀비 등을 이용한 경험식에 의해 구하기도 한다.[5,7]

그러나 이러한 방법들은 여러 가지 가정과 제한사항이 전제된 이론식이거나 경험식인 관계로 실제 지반에서 계측된 측방토압은 이들 방법으로 산정된 값과는 차이가 있을 것으로 알려져 있다.

특히 지반 내 토압을 경감시켜줄 수 있는 구조물이 존재할 경우는 이들 식으로 구한 측방토압과 실제 작용 측방토압 사이에는 큰 차이를 보일 것이다.

그럼에도 불구하고 우리나라에서는 지반 및 주변여건을 고려하지 않은 체 이들 식을 그대로 적용하여 구조물을 설계함으로써 과다설계의 우려마저 있는 실정이다.

따라서 지하구조물의 합리적 설계를 실시하기 위한 측방토압의 정확한 산정을 위해서는 지반의 특성, 측방구속조건, 구조물 매설깊이 등에 따라 구조물에 작용하는 측방토압을 실측하고 이들 식과 비교·검토하여 볼 필요가 있다.

(2) 초고층 건물의 원형 지중연속벽

1931년에 준공된 미국 엠파이어 스테이트 빌딩 이후 인구의 도시 밀집에 의한 도심 재개발 과정에서 기존의 복잡한 도심의 역할을 분산시켜 수직적 확장, 분화의 필요성 등 사회적 경제적 요구에 의하여 초고층 건물은 현저하게 증가됨과 동시에 도시환경의 중요성이 더욱 강조되고 있다.

초고층 건물은 그 층수 또는 높이에 따라 정확히 구분되어 있지 않으며 관점에 따라 상대적으로 정의되고 있다. 우리나라의 경우도 초고층 건물에 대해 명확하게 정의되어 있지 않고 내진 설계에 의한 구조안전 확인 대상물인 21층 이상 건물을 초고층으로 볼 수 있으나 통상 30층 이상, 높이 100m 이상의 고층 건물이 초고층 건물로 간주되었다.

지난 2010년 1월 4일, 높이 929m의 162층 '부르즈 할리파' 초고층 건물의 준공식이 거행됨으로써 전 세계의 이목이 집중되었다. 이와 동시에 집중지역은 초고층건설 붐의 일환으로 '부르즈 할리파' 건물이 준공되기 전 사우디가 이미 해안도시 제다에 '1마일타워'(1,620m)의 건설 계획을 발표했고, 쿠웨이트 역시 '실크 오브 실크'(1,000m 이상)의 초고층빌딩 건설계획을 발표함에 따라 전 세계 초고층 건물의 높이 경쟁에 또 다시 불을 지피는 역할을 하게 되었다.

현존하는 100층 이상의 초고층빌딩 19개 중 7개가 아시아 지역에 있을 정도로 서방세계에 비해 높이에 대한 관심이 많은 중동 및 아시아권에 100층 이상의 건물 신축이 늘어나는 이유는 단기간에 국가나 지역의 이미지를 부각시킬 있는 장점 때문으로 해석된다.

현재 국내에서는 100층 이상의 초고층빌딩에 대한 건설계획 등이 지자체별로 경쟁적으로 발표되고 있는 실정이며 100% 실행될 것이라는 확신은 아직 없는 실정이다. 서울지역에서 사업추진이 가시권에 들어 있는 초고층빌딩은 잠실롯데타워 II와 상암동의 DMC 타워 등이며 건설 추진 중인 곳도 상당하다. 서울 이외 지역에서는 인천송도와 청라지역, 부산의 롯데월드 등 여러 지역에서 사업이 추진 중에 있다.

초고층 건물 건설에 대해서는 사업을 바라보는 시각의 차이에 따라 '우려와 기대'의 상반된 반응이 나타나고 있다. 1931년 준공된 엠파이어 스테이트빌딩이 엠티빌딩(텅빈건물)으로 불릴 만큼 경제공항이 나타난 점, 1997년에 준공한 쿨라룸푸르의 페트로나스타워가 동아시아 금융위기를 촉발시켰다는 점 등을 들어 우려하는 시각이 있으며, 준공과 함께 입주율 100%를 달성하지 못하는 것은 투자비 낭비로 사회에 부정적 영향을 준다는 견해와 이에 반해 대규모 투자 사업으로 인하여 고용창출과 지역경제 활성화에 기여할 수 있을 것으로 기대하는 긍정적 시각도 있다. 또한 완공 후 지역의 랜드마크로 새로운 상권 활성에 기여할 수 있다는 주장도 제기되는 상황이다.

이러한 대규모 투자 사업의 초고층 건물을 건축하기 위해 다각적인 지지공법 및 건축공법이 연구되었다. 초고층의 층수를 효율적으로 건축하기 위한 단계별 일원화된 시공방법들이 개발 논의되고 공사기간의 단축 및 상부구조물의 안전한 지지를 위한 흙막이공법도 프로젝트 진행 개념에 맞춰 적용되어 시공되었다. 기초지반굴착 흙막이공법의 적용에는 현장 상황, 지질상태, 주변 상황 등 다양한 여건이 고려된다.

특히 초고층 건물의 경우 초고층부의 공사기간이 Critical Path 공정으로 전체 공사기간을 단축시킬 수 있는 원형 지중연속벽 굴착공법이 기초 core부의 선 시공을 위한 흙막이공법의 대안으로 지보재 없이 굴착을 진행할 수 있어 지하공간 활용이 용이하다. 필요시 링빔(Ring-Beam)의 보강에 따른 안정성도 확보할 수 있고 장비 간의 복잡한 동선으로 공정계획에 차질이 생기지 않으므로 원형 지중연속벽이 영구 및 임시 흙막이벽체로 설계에 적용되고 있다.

제8.3절에서는 국내에서 원형 지중연속벽이 시공된 한 현장에서 측정한 현장계측 결과에 근거하여 초고층 건물 지하굴착 시 원형 지중연속벽의 거동을 분석하였다.

(3) 지하철 건설공법

최근 도심지에서 대표적인 지하구조물로는 지하철을 열거할 수 있다. 지하철은 도시의 대중교통수단으로 단연 으뜸이므로 세계 여러 나라의 도시에서 계속 건설하고 있다.

지하철 건설에서 가장 중요한 요점은 지하철의 설계와 시공으로 대별할 수 있다. 지하철을 건설하는 공법으로는 개착식 굴착공법과 터널공법의 두 가지 방법이 적용되고 있다. 이중 개착식 굴착공법으로 지하철을 축조할 경우 지하철구의 설계에서는 지하철구에 작용하는 토압을 어떻게 정할 것인가 선결되어야 하고 지하철을 터널공법으로 축조할 경우 어떤 터널공법을 적용할 것인가가 정해져야 한다.

우선 지하철구의 설계에서 지하철구에 작용하는 토압은 위에서 이미 설명한 일반 지하구조물에 작용하는 토압과 동일하게 취급할 수 있다. 위에서 이미 설명한 바와 같이 지하구조물에 작용하는 토압으로는 연직토압과 측방토압을 정해야 하는데, 이 중 연직토압은 상재 토피압으로 정하기 때문에 이론이 거의 없다. 그러나 측방토압에 대하여는 주동토압과 정지토압에 대한 의견이 크게 대두되고 있다. 이론상으로는 지하철구는 움직이지 않고 정지해 있는 구조물이므로 정지토압이 작용할 것으로 결정하는 시방서가 있는 데 반해 몇몇 지하구조물의 설계에서는 주동토압을 적용하도록 정해진 시방서도 있다. 따라서 이 점은 실제 현장에서 계측을 통하여 직접 확인해볼 필요가 있다. 따라서 지하철구에 작용하는 토압을 실제현장에서 측정한 결과로 분석하여 토압결정법을 확립할 필요가 있다.

한편 현재까지 많이 적용해온 터널공법으로는 NATM 공법과 쉴드공법이 주로 사용되고 있다. 이 중 NATM 터널공법에서는 지보형식을 정하는 것이 가장 큰 기술이다. 이에 암반의 질을 평가할 수 있는 RMR 값으로부터 정하는 방법이 가장 합리적일 것이므로 이에 대한 기술을 검토해볼 필요가 있다.

또 한 가지 터널기술인 쉴드터널에 대해서는 그다지 참고할 만한 서적도 많지 않아 이에 대한 기술적 사항을 정리할 필요가 있다. 특히 최근 계속 새로운 공법이 개발 제안되고 있어 조속히 이 기술에 대하여 정리할 필요가 있다.

참고문헌

1. 김원철 외 5인(2000), "말뚝기초", 한국지반공학회, 제16권, 제9호, pp.10~34.

2. 여규권(2004), 장대교량 하부기초 설계인자에 관한 연구, 중앙대학교 대학원 공학박사학위논문.

3. 한국도로공사(1999), "뉴매틱케이슨 시공보고서(영종대교 현수교 주탑기초)", 인천국제공항 건설사업소, pp.3~5.

4. 홍원표(1999), 기초공학특론(I) - 얕은기초, 중앙대학교 출판부.

5. 홍원표(2017), 수평하중말뚝, 홍원표 지반공학 강좌 - 말뚝공학편 1, 도서출판 씨아이알.

6. 홍원표(2019), 연직하중말뚝, 홍원표 지반공학 강좌 - 말뚝공학편 5, 도서출판 씨아이알.

7. 홍원표(2019), 얕은기초, 홍원표 지반공학 강좌 - 기초공학편 1, 도서출판 씨아이알.

8. Kezdi, A.(1975), 19 Pile foundations, Foundaion Engineering Handbook, ed by Winterkorn, H.F. and Fang, H.-Y., Van Nostrand Reinhold Company. pp.556~600.

9. Mullins, G., Winters, D., and Dapp, S.(2006), "Predicting end bearing capacity of post-grouted drilled shaft in cohesionless soils", Journal of Geotechnical and Geoenvironmental Engineering, Vol.132, No.GT4, pp.478~487.

10. Osterberg, J.O.(1968), "Drilled caissons-Design, installation, application", Procs., Lecture Series Foundation Engineering, Illinois Section, ASCE, Department of Civil Engineering, North Western University, Evanston, Illinois.

11. Reese, L.C., Isenhower, W.M. and Wang, S-T.(2006), Analysis and Design of Shallow and Deep Foundations, John Wiley & Sons, INC.

12. Swatek, Jr, E.P.(1975), 21 Pneumatic caissons, Foundaion Engineering Handbook, ed by Winterkorn, H.F. and Fang, H.-Y., Van Nostrand Reinhold Company. pp.616~625.

CHAPTER
03

케이슨

03 케이슨

근래에 들어 장대교량과 같이 구조물이 대형화됨에 따라 이에 대한 기초로 뉴매틱케이슨의 시공이 증대되고 있다. 뉴매틱케이슨 공법은 160여 년 전 프랑스에서 발상되어 초창기에는 석탄 채굴에 관련된 수직갱 건설에 사용되다가 1851년 영국 로체스터(Rochester)의 철도교 기초에 최초로 사용되었다.

이후 미국 미시시피강을 횡단하는 센트루이스교(St. Louise Bridge, 1870)의 기초나 뉴욕의 브룩클린교의 주탑기초도 뉴매틱케이슨으로 시공되었으며, 영국 북부 스코틀랜드의 포스만을 횡단하는 세계최대의 캔틸레버 트러스교인 포스교(Forth Bridge)의 기초도 뉴매틱케이슨을 적용하고 있다. 이웃 일본에서는 관동대지진 이후 교량기초의 복구에 쓰이거나, 에이다이교의 기초로써 미국의 엔지니어의 도움을 받아 건설된 이래 지금까지 7,000여기 이상의 교량기초 및 지중구조물의 축조에 활발하게 적용되었다.

국내에서는 압록강에 1909년부터 1910년에 걸쳐서 가설된 철도교 기초에 케이슨이 사용된 실적이 있다. 이후 1978년 강화대교, 1985년 돌산대교 및 1983년 진도연육교 등의 교량기초에 뉴매틱케이슨 공법을 사용하였으나 이들 모두 인력굴착에 의존한 초기의 방법이었고 규모 또한 소규모이었다.

최근 영종도 인천국제공항과 서울도심을 연결하는 인천국제공항고속도로 구간 중 연육교인 영종대교(총연장 4,420m)가 2000년 11월 20일 개통되었다.[1,2] 이 영종대교 중 중앙부 550m 연장의 현수교 주탑 기초공법으로 뉴매틱케이슨 공법을 본격적으로 채용하게 되었다.[1] 국내에서 시공된 최초의 무인굴착 뉴매틱케이슨 공법으로서 우리나라의 지반조건에 맞게 연구, 개선되어 국내의 장대교량 기초공법 발전에 많은 도움이 될 것이다.

3.1 케이슨 공법의 특징과 분류

케이슨기초는 바닥이 없는 케이슨 안쪽의 내부지반을 굴착하면서 케이슨의 자중 또는 외력을 가하여 케이슨을 계획고까지 침하시켜서 설치하는 기초를 말한다. 케이슨은 프랑스어로 상자를 의미하나 문자 그대로 상자형의 구체를 단단한 지지층까지 내림으로써 작용하중을 지반에 전하는 기초형식이다.

일반적으로 유효깊이가 기초폭(단변)의 1/2 정도보다 작은 경우에는 직접기초로 설계하며, 본체를 강체로 간주할 수 있는 케이슨은 깊은기초로 취급한다. 또한 케이슨의 선단에 있는 굴착날은 굴착이 용이하도록 안쪽으로 경사져 있고 마찰을 줄이기 위해서 케이슨의 폭을 굴착날의 폭보다 약간 작게 한다.

케이슨은 말뚝이나 피어와는 시공방법에서 큰 차이가 있다. 케이슨은 깊은기초 중에서 지지력과 수평저항력이 가장 큰 기초형식이며 시공방법에 따라 그림 3.1에 도시된 오픈케이슨(Open caisson), 뉴매틱케이슨(pneumatic caisson), 박스케이슨(box caisson 또는 floating caisson)의 세 가지로 분류된다.

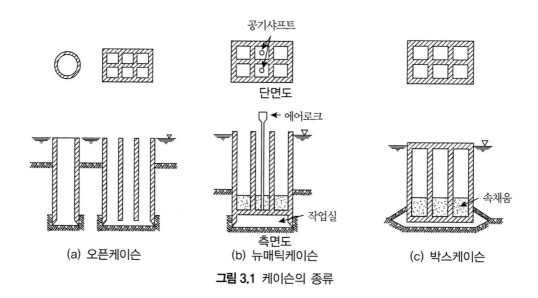

그림 3.1 케이슨의 종류

3.1.1 오픈케이슨 공법

그림 3.2는 오픈케이슨 공법의 개요도를 도시한 그림이다. 그림 3.2(a)에 도시한 바와 같이

오픈케이슨은 현 위치에 뚜껑도 바닥도 없는 우물통 모양의 케이슨을 임의의 높이까지 건조한 다음에 통 내의 흙을 크램쉘 등으로 굴착하여 케이슨을 침매시킨다. 케이슨이 원하는 지지층까지 도달하면, 수중에서 저부콘크리트 슬래브를 타설하고 그 속을 모래, 자갈, 콘크리트 등으로 채운 다음에 상부 콘크리트 슬래브를 설치하는 공법이다.

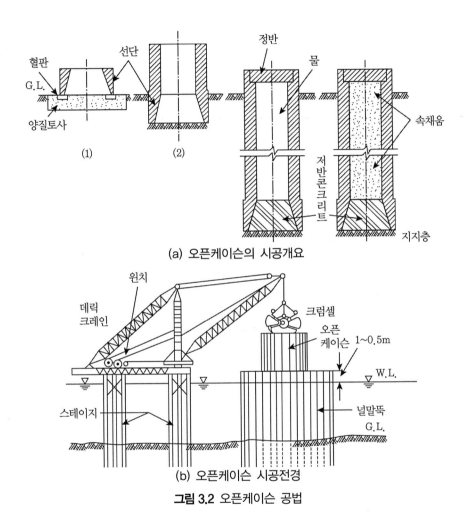

(a) 오픈케이슨의 시공개요

(b) 오픈케이슨 시공전경

그림 3.2 오픈케이슨 공법

특히 뉴매틱케이슨 공법과 다른 점은 뉴매틱케이슨 공법이 저부에 작업실을 두고 압축공기를 보내 케이슨 내에 침입하는 물이나 토사를 막으면서 드라이워크로 토사를 배출하는 데 반해 오픈케이슨 공법에서는 크럼쉘바켓, 샌드펌프 등을 사용해서 수중에서 굴착하며 토사를 배출한다.

육상은 물론 해상에서도 케이슨을 침매시킬 수 있으며 해상에서는 그림 3.2(b)에서 보는 바와 같이 현장의 주변에 가설물막이를 설치하거나 케이슨을 육지에서 제작하여 원위치로 예인한 후 가라 앉혀서 설치한다. 케이슨의 침매공정은 내부토사의 굴착속도에 의해 좌우된다. 인력으로 굴착할 때에는 버킷으로 토사를 실어 올리며 대형케이슨인 경우에는 기계를 사용하여 굴착한다.

케이슨 내부를 굴착하고 침매시킬 때는 케이슨 자중에 의한 유효연직하중이 작용하게 하여 침매시킨다. 케이슨의 침매를 촉진시키기 위하여 유효하중을 가하는 방법은 다음과 같은 공법들이 적용된다.

① 분사식 케이슨 침매공법 : 굴착날의 끝날부분에서 공기나 물 또는 그 혼합물을 분사시켜 주면마찰을 감소시켜 침매를 촉진시키는 방법이다.

② 물하중 재하식 케이슨 침매공법 : 케이슨의 하부에 수밀한 챔버를 설치하여 물을 채우면 효과적인 재하하중이 된다. 즉, 물의 양으로 침매속도를 조절하는 방법이다.

③ 내수위 재하식 케이슨 침매공법 : 케이슨 내부의 수위를 내려서 부력을 감소시켜서 자중을 증가시키는 방법이다. 그러나 수위를 너무 많이 내리면 굴착바닥면에서 보일링과 히빙 현상이 생겨서 케이슨이 급격히 침하하든가 기울어지므로 주의해야 한다.

④ 발파식 케이슨 침매공법 : 진동발파에 의해 케이슨을 침매시키는 방법이다. 즉, 화약의 폭발력을 이용해서 케이슨 자체에 충격하중을 가하여 마찰저항을 감소시킨다.

3.1.2 뉴매틱케이슨 공법

그림 3.3은 뉴매틱케이슨의 일반적인 구조를 나타낸다. 지반굴착은 과거에는 인력으로 했으나 요즈음은 굴착기계, 준설식, 공기식 또는 유압식으로 하며 소규모 발파도 병행하고 있다.

뉴매틱케이슨은 굴착날 부위의 작업공간 등 케이슨의 일부 또는 전부에 압축공기를 가하여 굴착지반을 건조상태에서 굴착하는 케이슨을 말한다. 이 방법은 1841년 프랑스 기술자 Triger가 제안하였으며, 굴착작업 중에 바닥에 접근이 가능하여 장애물 등을 제거할 수 있고, 굴착완료 후 현지반의 지지력 시험이 가능하며 침하가 작은 장점이 있다. 이 공법에서 콘크리트를 치고 침매시키는 일은 서로 방해받지 않고 작업이 가능하다. 반면에 공사비가 추가되며 높은 인건비가 드는 단점이 있다.

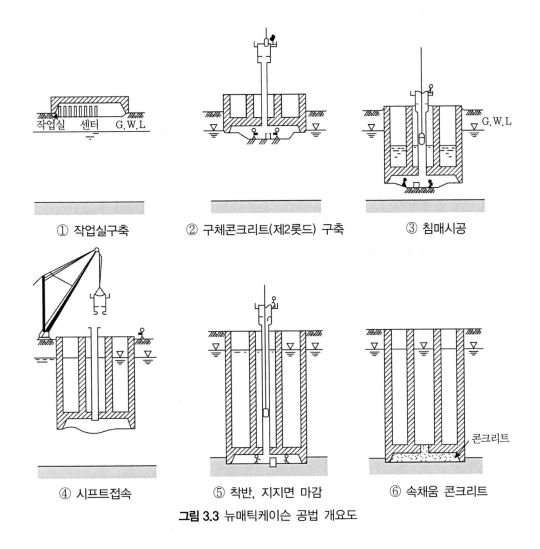

① 작업실구축　　② 구체콘크리트(제2롯드) 구축　　③ 침매시공

④ 시프트접속　　⑤ 착반, 지지면 마감　　⑥ 속채움 콘크리트

그림 3.3 뉴매틱케이슨 공법 개요도

　그림 3.4는 뉴매틱케이슨 공법의 개요도이다. 그림 3.4(a)는 굴착 초기와 굴착 후의 뉴매틱케이슨의 상태를 나타내고 있으며 그림 3.4(b)는 뉴매틱케이슨 공법의 시공전경을 도시한 그림이다.

　케이슨의 날끝부를 굴착하면 자연침매가 일어나며 침매가 진행되면 침매에 대한 저항이 점차 증대되어 날끝부의 굴착만으로서는 침매가 더 이상 진행하지 않을 때가 있다. 이런 경우 작업실 내의 양압력을 일시적으로 감소시키거나(감압침매) 작업실 내 기압을 전부 없애(배기침매) 침매시킨다. 또한 주면마찰력을 없애기 위해 케이슨 주변에 슬러리를 주입한다.

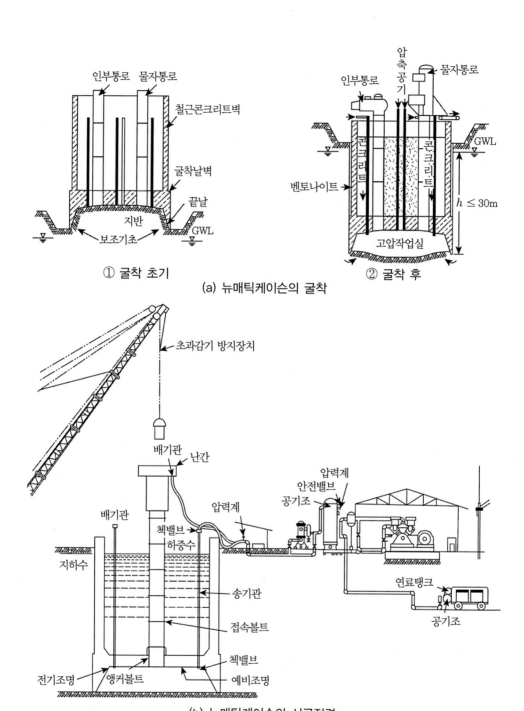

① 굴착 초기

② 굴착 후

(a) 뉴매틱케이슨의 굴착

(b) 뉴매틱케이슨의 시공전경

그림 3.4 뉴매틱케이슨 공법의 시공전경

3.1.3 박스케이슨 공법

박스케이슨은 케이슨의 저면이 폐단면의 박스형으로 되어 있으며, 육상에서 건조한 후에 해상에 진수시켜서 예정한 위치까지 예인한 다음에 박스의 내부를 모래, 자갈, 콘크리트 또는 물로 채워서 침매시키는 공법이다.

이때 수심이 비교적 얕고 기초지반이 굴착할 수 있는 정도의 암반이든가 비세굴성의 조밀한 모래지반의 경우에는 표면을 평탄하게 한 다음 그 위에 케이슨을 설치할 수 있다.

그러나 세굴되어 기부(基部)가 무너지는 곳에서는 적당하지 않다. 수심이 깊은 경우에는 그냥 케이슨을 침하시키기만 해서는 비경제가 되므로 사석의 마운드 위에 케이슨을 설치하도록 한다(그림 3.5(a) 참조).

기초지반이 연약한 경우에는 양질의 사석을 사용할 때도 있다. 만약 연약층이 깊어서 굴착이 불가능한 경우에는 말뚝으로 지지된 콘크리트 슬래브 위에 설치할 때도 있다(그림 3.5(b) 참조).

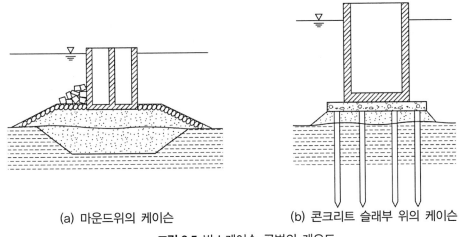

(a) 마운드위의 케이슨   (b) 콘크리트 슬래부 위의 케이슨

그림 3.5 박스케이슨 공법의 개요도

3.1.4 특수 케이슨 공법

(1) 격자식 케이슨 공법

그림 3.6은 격자식 케이슨 공법의 개요도이다. 더블 월 케이슨 공법이라고도 하며 외주 측벽 및 격자상으로 마련한 간격을 2중 구조로 하여 강각의 부력을 이용해서 물하중, 콘크리트

등의 침하하중을 강각 내에 투입함으로써 침하시켜가는 공법이다.

굴착작업성은 좋으나 부력이 부족하므로 기수조건에 의해서는 강각의 현장이음이 필요하고, 침하제어가 침하하중과 굴착으로 실시하기 위해 대규모로 연약지반에서의 시공은 어렵다.

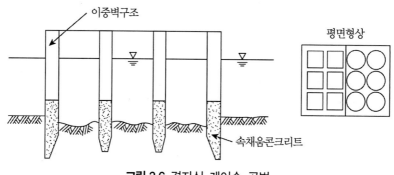

그림 3.6 격자식 케이슨 공법

(2) 돔식 케이슨 공법

그림 3.7은 돔식 케이슨 공법의 개요도이다. 격자식 케이슨의 변형으로서 굴착정을 원형의 강제 실린더로 한 멀티셀오픈케이슨 공법을 모체로 한다. 실린더에 반구형의 돔을 설치하여 실린더 내의 기압을 조정함으로써 침하병렬로 케이슨의 경사를 제어하는 공법이며 격자식에 비교해서 부력이 증대하므로 케이슨의 일체예인이 기능하다.

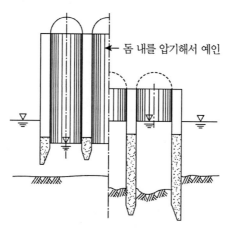

그림 3.7 돔식 케이슨 공법

(3) 부표식 케이슨 공법

그림 3.8은 부표식 케이슨 공법의 개요도이다. 격자식 케이슨의 부력부족을 보충하여 격자부에 부표를 설치하는 공법이다. 부력조정, 침하제어는 부표를 오르내리게 하여 이동시킴으로써 실시한다. 이 공법에서는 부표가 상하로 가동되고, 더욱 소정의 힘에 저항할 수 있는 강각과의 연결장치의 제작이 결정법이 된다.

(4) 바닥뚜껑식 케이슨 공법

그림 3.9는 바닥뚜껑식 케이슨 공법의 개요도이다. 이 공법은 케이슨 날끝부에 임시바닥뚜껑을 설치하여, 밑면적을 증가시킴으로써 부력을 증대시켜 다시 연약점토층 등에 대한 침하를 제어하는 공법이다. 침하의 과정에서 조정용 물하중, 경우에 따라 토사가 필요해지는 일, 임시바닥 뚜껑을 철거시키는 판단과 그때의 침하제어가 어렵다는 것과 또 굴착을 바닥뚜껑에 설치한 샤프트 구멍에서 하기 때문에 굴착작업성이 떨어진다.

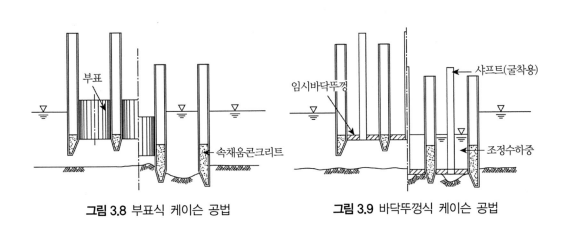

그림 3.8 부표식 케이슨 공법   **그림 3.9** 바닥뚜껑식 케이슨 공법

3.2 케이슨기초의 접지압과 침하분포

기초하중이 지반에 작용할 경우 기초와 지반 사이의 접지면에 발생되는 접지압과 침하의 분포 형태는 그림 3.10에서 보는 바와 같이 지반과 기초의 강성에 크게 영향을 받는다. 즉, 강성기초의 경우는 그림 3.10(a)에 도시되어 있는 바와 같이 접지면에서의 변위 s는 일정하나

접지압은 등분포로 발생되지 않는다.

　반면에 연성기초의 경우는 그림 3.10(b)에 도시되어 있는 바와 같이 접지압은 등분포로 작용하게 되나 침하는 일정하게 발생되지 않는다.

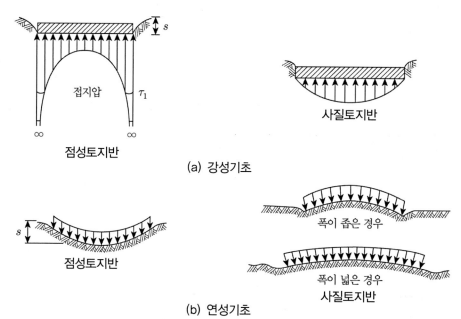

그림 3.10 접지압과 침하의 분포[19]

　강성기초의 접지압 분포에 대하여는 그림 3.11 및 그림 3.12에 추가적으로 설명되어 있다. 먼저 Sadowsky와 Boussinesq는 각각 2차원, 3차원 반무한지반을 대상으로 접지압을 식 (3.1) 및 식 (3.2)로 제시하였다.[16]

$$p_0 = \frac{P}{\pi \sqrt{a^2 - x^2}} \ \text{(Sadowsky)}^{[5]} \tag{3.1}$$

$$p_0 = \frac{P}{2\pi a \sqrt{a^2 - r^2}} \ \text{(Boussinesq)}^{[7]} \tag{3.2}$$

여기서, P : 기초의 전하중

　　　a : 재하반경(또는 반폭)

　　　x, r : 기초 중심축에서부터의 수평거리

이들 식에 의하면 그림 3.11(a)에 도시된 바와 같이 이론적으로는 기초단부(모서리)에서 접지압이 무한대로 된다. 그러나 실제는 기초단부에서 전단응력이 항복되어 점차 중앙부로 하중이 옮겨가 그림 3.11(b)와 같은 등분포 형태에 근접하는 경향이 있다.

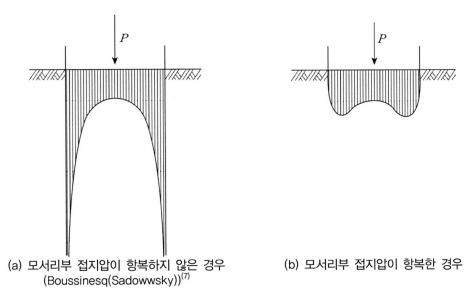

(a) 모서리부 접지압이 항복하지 않은 경우
(Boussinesq(Sadowwsky))[7]

(b) 모서리부 접지압이 항복한 경우

그림 3.11 강성기초 접지압의 이론분포[5]

Faber(1933)는 모래지반과 점토지반에서의 강성기초에 대한 실험 결과, 모래지반에서의 접지압은 단부 부근에서의 측방유동이 발생되기 쉬워 Kögler et al.(1936)이 발표한 회전포물면 형상으로 나타나나, 측방유동을 구속하게 되면 분포 형태가 그림 3.12(a)의 좌측 그림에 도시된 바와 같이 변하게 됨을 발견하였다.[10]

한편 연약지반에서는 접지압이 그림 3.12(b)와 같이 일반적으로 종모양의 분포가 발생되나 고결점토와 같이 인장강도가 큰 경우는 단부에서의 접지압이 크게 되어 Sadowsky[5] 및 Boussinesq[7]의 이론 접지압분포에 유사하게 됨을 확인하였다. 그 밖에도 기초깊이가 깊은 경우 접지압분포는 그림 3.12(c)에 도시된 바와 같이 등분포에 가깝게 된다.

이에 반하여 연성기초의 경우는 기초의 강성이 적어 접지면의 변형으로 응력분포를 크게 변화시키지 못한다. 그러나 접지압은 등분포 형태로 생각하여도 무방하다. 차량하중이 이러한 종류의 대표적 사례가 되며 얇은 슬래브를 통하여 전달되는 하중의 경우도 이 경우에 해당된다고 할 수 있다.

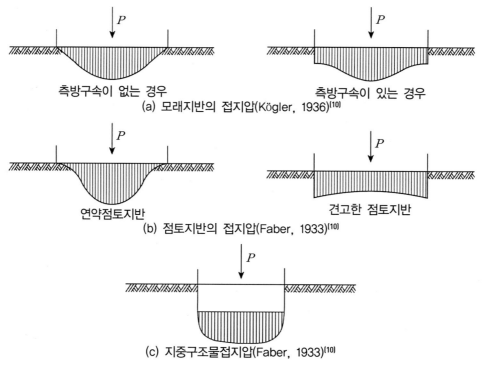

그림 3.12 지반 종류별 강성기초의 접지압 분포(Kogler, 1936 : Faber, 1933)[10]

그림 3.10(b)에 도시된 바와 같이 점성토지반(포화점토 및 암도 포함)에서 연성기초의 접지압은 위로 오목한 형태로 변형된다. 그러나 사질토지반의 경우는 기초단부의 구속응력이 중앙부보다 적으므로 침하 형태가 아래로 오목한 형태가 된다. 중앙부의 모래는 구속된 상태에 있게 되므로 모서리부보다 중앙부가 큰 접지압을 가지게 되며 결과적으로 중앙부의 침하량이 단부보다 작게 된다. 만약 연성기초의 재하면적이 매우 크면 중앙부 부근 침하는 비교적 균일하게 되어 단부에서의 침하가 감소하게 된다.

강성 띠기초의 접지압분포는 실제로 작용하중에 의하여 모서리부에서 접지압이 무한대가 되지 않으므로 Ohde(1939)가 이를 고려하여 접지압분포 산정식을 식 (3.3)과 같이 제시하였다.[13]

$$p_0 = \frac{0.75\,q}{\sqrt{1 - \left(\dfrac{2x}{B}\right)^2}}$$

(3.3)

여기서, p_0 : 띠기초의 대칭축으로부터 거리 지점의 접지압

B : 띠기초의 폭

x : 대칭축의 거리

q : 띠기초상의 등분포하중

따라서 Ohde(1939)식에 의한 접지압분포의 개략도는 그림 3.13과 같다.

지층은 모두 점성토 또는 조립토 형태의 단일토층으로 거의 이루어지지 않으며 대부분의 경우에 대하여 접지압분포를 수치식으로 나타내는 것은 어렵다. 따라서 불균일한 접지압분포보다는 편의상 일정한 토압분포를 적용하고 있다(Cernica, 1995).[9]

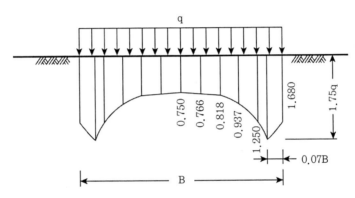

그림 3.13 탄성지반상의 강성기초(Ohde, 1939)[13]

3.3 케이슨기초의 지지력

3.3.1 선단지지력

(1) 암의 일축압축강도를 이용한 선단지지력 산정

여러 연구자들은 무결암의 일축압축강도와 관련하여 암반 근입말뚝의 선단지지력을 구하려는 노력을 해왔다. 예를 들면, Zhang & Einstein(1998)[20]은 기존의 시험 결과에 대한 분석을 통하여 말뚝직경에 대한 암반근입비가 3~30의 범위에서는 말뚝의 암반근입효과가 선단지지력에 나타나지 않는 것을 밝혔다. 이러한 연구 결과는 암반의 근입깊이를 고려하지 않고 암의 일축압축강도를 이용하여 말뚝의 선단지지력을 구하는 것이 타당하다는 것을 보여준다.

Rowe & Armitage(1987)[14]는 처음 파괴가 발생하는 지점을 기준으로 허용지지력을 산출하였으며, Zhang & Einstein(1998)[20]은 셰일, 사암, 이암 등에 대한 39개의 실험 결과를 분석하여 말뚝의 선단지지력(q_p)과 암의 일축압축강도(q_u)와의 관계식을 제안하였다.

다음은 여러 연구자들이 제안한 말뚝의 선단지지력(q_p)과 암의 일축압축강도(q_u)와의 관계식이다.[2]

① Teng(1962)[15]   : $q_p = 5 - 8 q_u$

② Coastes(1967)[2]   : $q_p = 3 q_u$

③ Rowe and Armitage(1987)[14] : $q_p = 2.7 q_u$

④ Argema(1992)[2]   : $q_p = 4.5 q_u$

⑤ Zhang and Einstein(1998)[20] : $q_p = 4.83 q_u^{0.31} (MPa)$ (3.4)

또한 암의 일축압축강도와 말뚝의 선단극한지지력과의 관계를 선단지지력계수 N_c를 이용하여 나타내고자 하는 일련의 연구도 있다(Bishnoi, 1968; Kullhawy & Goodman, 1980[11]). Zhang & Einstein(1998)[20]은 암반에 근입된 말뚝의 재하시험 결과를 분석하여 선단지지력계수 N_c를 식 (3.5)와 같이 제안하였다.

$$N_c = \frac{q_p}{q_u} = 4.83 \, (q_u)^{0.49}$$ (3.5)

(2) 암의 절리를 고려한 선단지지력 산정

① Kullhawy & Goodman(1980) 방법

암체의 절리와 점착력을 고려한 선단지지력계수 관계식은 Kulhawy & Goodman(1980)[11]이 Bishnoi(1968)의 연구 결과를 이용하여 식 (3.6)과 같이 제안한 바 있다. 이 식에서 절리간격에 대한 수정계수(J)와 선단지지력계수(N_{cr})와의 관계는 각각 그림 3.14 및 그림 3.15와 같다.

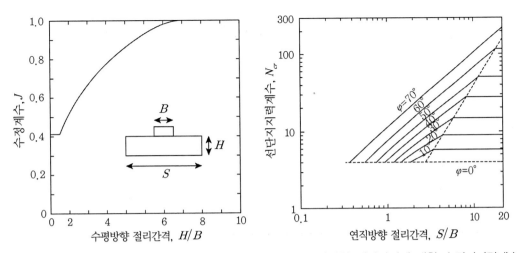

그림 3.14 수평방향 절리간격에 대한 수정계수 J **그림 3.15** 연직방향 절리간격에 대한 수정지지력계수
(Kulhawy & Goodman, 1980)[11] $\qquad$ N_{cr}(Kulhawy & Goodman, 1980)[11]

즉, 식 (3.6)은 Kulhawy & Goodman(1980)[11]이 암체의 절리와 점착력을 고려하여 제안한 선단지지력계수(N_{cr})의 관계식이다.

$$q_p = J c N_{cr} \tag{3.6}$$

여기서 암반의 강도정수는 현 위치 암반(in-situ rock mass)에 대하여 결정해야 한다. 그러나 현장에서 불연속 암반의 강도정수(c, ϕ)를 결정하기는 매우 곤란하다. 이를 위하여 Kulhawy & Goodman(1980)[11]은 신선암에 대한 일축압축강도 등을 암반(Rock Mass)의 RQD 특성에 따라 표 3.2와 같이 감소시키도록 제시하였다.

표 3.2 암반의 강도정수(Kulhawy & Goodman, 1980)[11]

RQD(%)	암반 특성		
	일축압축강도(kg/cm²)	점착력 c(kg/cm²)	내부마찰각 ϕ(°)
0~70	$0.33q_u$	$0.1q_u$	30°
70~100	$0.33{\sim}0.8q_u$	$0.1q_u$	30~60°

② Ladnyi & Roy(1971) 방법

Ladanyi & Roy(1971)는 암석코어로부터 비교적 쉽게 암반의 불연속면을 고려하여 허용지지력을 구하는 방법을 제시하였다.[12] 암반의 허용지지력(Q_a)은 식 (3.7)과 같이 암석코어의 일축압축강도 $q_{u\,core}$와 경험계수 K_{sp} 및 깊이계수 d를 고려하여 구한다.

$$Q_a = K_{sp}q_{u\,core}d \qquad\qquad (3.7)$$

여기서, K_{sp} : 안전율 3을 포함한 경험적 계수, 범위 0.1~0.4(그림 3.16 및 표 3.3 참조)

$\qquad\quad q_{u\,core}$: 코어의 평균일축압축강도(t/m²)(ASTM D2938)

$\qquad\quad d$: 깊이계수 $= 1 + 0.4\dfrac{L_s}{B} \le 3.4$

$\qquad\quad L_s$: 암반에 근입된 기초깊이

$\qquad\quad B$: 기초폭

$\qquad\quad s_d$: 절리간격

$\qquad\quad t_d$: 절리깊이

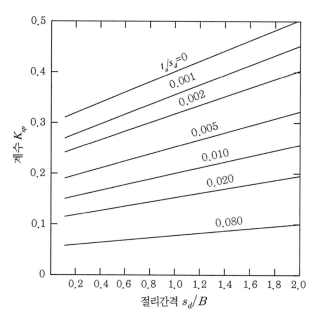

그림 3.16 K_{sp} - 크기효과, 불연속면을 고려(Ladanyi & Roy, 1971)[12]

표 3.3 안전율 3을 포함한 경험적 계수, K_{sp}의 값

불연속면(암 절리간격) 간격	암 절리간격(m)	경험적 계수 K_{sp}
비교적 좁음	0.3~1	0.1
넓음	1~3	0.25
매우 넓음	>3	0.4

③ RQD에 의한 경험적 방법

암반의 지지력은 RQD(Rock Quality Designation), RMR(Rock Mass Rating), NGI(Norwegian Geotechnical Institute)의 암반 분류법을 사용하여 경험적으로 결정할 수 있다. 이러한 경험적인 방법을 사용할 때에는 해당 지역에서의 경험이 반영되도록 한다.

Peck 등(1974)은 기초 아래의 허용지지력은 강도에 지배받는 것이 아니라, 암반 내의 결함에 관련된 침하에 의해 지배를 받는다고 제안하였고, 말뚝의 암반근입깊이가 깊어져도 말뚝의 지지력이 증가되지 않는다고 가정하여 절리가 발달한 암에 대한 기초의 허용지지력을 RQD의 함수로 나타냈다. 또한 RQD를 사용하여 허용지지력을 구하기 위해서는 말뚝선단부에서 말뚝직경 깊이 아래 지점까지 RQD를 평균한 값을 사용한다.

표 3.4에 제시된 경험적인 상호 관계는 암질이 좋은 암반 위에 놓인 기초의 허용지지력을 산정하는 데 사용할 수 있다(Peck 등, 1974).

표 3.4 암의 허용지지력(Peck & Hansen, 1974)

암질	RQD(%)	허용지지력(t/m²)
매우양호	90~100	2,000~3,000
양호	75~90	1,200~2,000
보통	50~75	650~1,200
불량	25~50	300~650
매우불량	0~25	100~300

④ Bell에 의한 방법

절리가 발달되어 있고 절리간격이 좁은 암반에서의 극한지지력을 기초의 형상을 고려하여 Bell(1992)은 다음과 같이 제안하였다.

$$Q_{ult} = C_{f1}cN_c + \gamma_2 D_f N_q + C_{f2}\frac{1}{2}\gamma_1 BN_\gamma \qquad (3.8)$$

여기서, $N_q = \tan^2(45 + \phi/2)$

$N_c = 2\sqrt{N_\phi}(45 + \phi/2)$

$N_\gamma = \sqrt{N_\phi}(N_\phi^2 - 1)$

$N_q = (N_\phi)^2$

$\gamma_1\gamma_2$: 지반의 단위중량

지지력계수는 수평 지지면에서 암반의 마찰각과 관련이 있으며 기초의 형상에 따른 수정계수(C_{f1}, C_{f2})는 표 3.5와 같이 정할 수 있다.

표 3.5 수정계수(C_{f1}, C_{f2})

기초형식 계수	연속 $L/B>6$	직사각형		정사각형	원형
		$L/B=2$	$L/B=5$		
C_{f1}	1.0	1.12	1.05	1.25	1.2
C_{f2}	1.0	0.9	0.95	0.85	0.7

⑤ Goodman 방법

극한단위선단지지력은 다음과 같이 정한다.

$$q_p = q_u(N_\phi + 1) \qquad (3.9)$$

여기서, $N_\phi = \tan^2(\pi/4 + \phi/2)$

q_u : 암석의 일축압축강도(t/m²)

ϕ : 배수상태일 때의 내부마찰각(°)

3.3.2 주면마찰력

점성토에서 마찰력을 구하는 방법은 전응력법인 Tomlison(1971)[17]의 α법, 유효응력법인 Burland(1973)[8]의 β법, 혼합법인 Vijayvergiya와 Focht(1972)[18]의 λ법이 일반적으로 사용된다. 이 중에서 α법은 오차가 크다. 시공 후 재하 시까지 기간과 시공에 의한 지반교란 등을 고려하면 유효응력에 근거한 β법이 더 신뢰성이 있기 때문에 β법이 점차 널리 사용된다. λ법은 해양 강관말뚝의 시험 결과를 토대로 제안된 공식이다. 각 방법의 이론은 다음과 같다.

(1) α법

Tomlison(1971)[17]은 말뚝을 0.5kg/cm^2 이상의 비배수전단강도를 가지는 견고한 점토지반에 설치할 때 말뚝 사이의 마찰저항을 규명하기 위하여 지반의 층상에 따라 세 가지 경우로 나누어 말뚝의 관입길이와 직경의 비를 고려하면서 지반의 비배수전단강도로부터 마찰저항력(f_s)을 산출하는 방법을 다음과 같이 제안하였다.

$$f_s = \alpha c_u \tag{3.10}$$

여기서, α : 말뚝과 점성토 사이의 부착력계수
$\qquad c_u$: 비배수전단강도

이 α법은 사용이 간단하지만 실제 발생하는 주면마찰력을 예측하는 데는 신뢰성이 작다고 알려져 있다. 1988년 Broms가 굳은 점성토와 풍화암에 근입한 말뚝들을 조사한 바에 의하면 α의 범위는 제안자에 따라 차이가 있었다.

(2) β법

많은 연구기관에서 현존하는 자료의 재분석과 더 많은 최근의 시험자료를 보충하여 유효연직압을 매개변수로 하는 새로운 지지력 산정법을 제안하였다. 이는 말뚝을 지반에 관입시킬 때 말뚝 항타로 인해 주변 지반이 심하게 흐트러져 지반 속에 과잉간극수압이 발생하게 되며 이 과잉간극수압은 말뚝 타설이 끝나면 시간과 함께 점차 소멸되어 원지반은 정상적으로 압밀된다.

그러나 흐트러진 말뚝주변 지반이 본래의 압력 상태로 되돌아가더라도 말뚝 근처의 지반은 과압밀되어 말뚝표면이나 그 근처지반의 비배수전단강도는 원래지반의 비배수 전단강도와는 달라지게 된다. 그러므로 주면마찰저항은 유효연직응력에 의해 다루어져야 한다는 이론이다.

Burland(1973)[18]는 기존의 주면마찰력 산정방법들의 상대오차를 최소화하기 위하여 유효응력으로 표현되는 점성토와 사질토에 적용 가능한 주면마찰력 공식을 다음과 같이 제안하였다.

$$f_s = K_s q' \tan\delta \tag{3.11}$$

여기서, K_s : 수평토압계수로 K_0가 보통 사용된다.
   q' : 유효상재하중
   δ : 지반과 말뚝 사이의 마찰각

식 (3.11)에서 $K_s\tan\delta$를 합쳐서 β로 나타내면 식 (3.11)은 식 (3.12)와 같이 쓸 수 있다.

$$f_s = \beta q' \tag{3.12}$$

유효응력원리를 사용하는 이 방법은 말뚝항타 시 주변지반의 교란으로 발생하는 과잉간극수압이 재하시험이나 설계하중이 작용할 시점에는 말뚝 주변에서 거의 소산된다는 가정에 근거한 해석법이다. 일반적으로 K_0값과 $\delta = \phi'$ 적용 시 β값은 0.25~0.40 범위에 있다.

(3) λ법

Vijayvergiya와 Focht(1972)[18]는 점토지반에서 말뚝의 주면마찰저항력을 계산하기 위하여 다음과 같은 식 (3.13)을 제시하였다.

$$f_s = \lambda(q' + 2c_u) \tag{3.13}$$

여기서, λ : 무차원계수(그림 3.17 참조)

이 방법은 유효응력과 비배수전단강도를 함께 고려한 것으로 해양 점성토에 관입된 강관말뚝의 시험 결과를 분석하여서 만든 것이다. λ는 말뚝의 근입길이에 관계되는 것으로서, Vijayergiya와 Focht(1972)가 수많은 말뚝시험자료로부터 회귀분석해서 도시한 그림 3.17로부터 구할 수 있다.

그림 3.17에 의하면 λ값은 말뚝길이, 말뚝직경, 토질 등에 관계하지 않고 깊이방향에 대해 하나의 곡선으로 주어지고 있음을 알 수 있다.

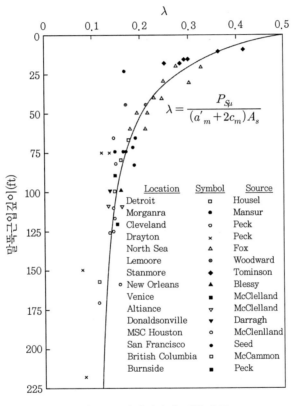

그림 3.17 관입깊이에 따른 λ값

(4) K_n 법

Vijayvergiya와 Focht(1972)[18]는 일명 λ법을 제안하여 비배수전단강도와 유효연직응력을 모두 고려한 주면마찰력 산정법을 제시하였다.

홍원표(1987, 1999)도 비배수전단강도와 유효연직응력을 모두 고려한 점토의 주면마찰저

항 산정식을 점토의 압밀이력에 따라 구분하여 새로운 산정방법을 제시하였다.[3,4,7]

홍원표 등(1987)에 의해 이미 확인된 주면마찰력 산정법을 기본토대로 하여 케이슨의 침설 시 발생하는 주면마찰력 산정식을 식 (3.14)와 같이 정의하였다.[3]

$$f_s = K_n \sqrt{(\sigma_v' \cdot c_u)} \tag{3.14}$$

여기서, K_n : 케이슨의 침설심도에 관계되는 마찰계수

σ_v' : 유효연직응력(t/m²)

c_u : 비배수전단강도(t/m²)

식 (3.14)의 K_n은 무차원 마찰계수로서 케이슨 침설 시 발생하는 주면마찰력, 유효연직응력 및 비베수전단강도에 의해 결정된다.[6]

참고문헌

1. 박현구(2000), 영종대교 주탑 하부구조의 설계와 시공에 관한 연구, 중앙대학교 건설대학원 석사학위논문.

2. 정광민(2001), 뉴매틱케이슨기초의 지지력 산정에 관한 연구, 중앙대학교 일반대학원.

3. 홍원표·성안제(1987), "점토지반 속 말뚝의 마찰저항 산정법", 대한토목학회 학술발표회논문집(I), pp.427~443.

4. 홍원표·양기석·이장오·성안제·남정만(1989), "관입말뚝에 대한 연직재하시험치 항복하중의 판정법", 대한토목학회지, 제5권, 제1호, pp.7~18.

5. 홍원표(1999), 기초공학특론(I) 얕은기초, 중앙대학교 출판부.

6. 홍원표·여규권·김태형(2004), "대형 뉴매틱케이슨의 주면마찰력 산정", 한국지반공학회논문집, 제20권, 제4호, pp.15~27.

7. Boussinesq, J.(1885), "Application des Potentisel a L'Etude a L'Equi; ibre et due Mouvement des Solides Elastiques", Gauthier-Villars, Paris.

8. Burland, J.B.(1973), "Shaft friction of piled foundation in clay-A simple fundamental approach", Ground Eng., Vol.6, No.3, pp.30~42.

9. Cernica, J.N.(1995), Geotechnical Engineering Foundations Design, Youngstown State University, pp.436~439.

10. Faber, O.(1933), "Pressure distribution under bases and stability of foundations, Structural Engineering, Vol.11.

11. Kulhawy, F.H. and Goodman, G.E.(1980), "Design of foundation on discontinuous rock", Proc., IC on Strucrural Foundations on Rock, Sydney, pp.209~222.

12. Ladanyi, B. and Roy, A.(1971), "Some aspects of bearing capacity of rock mass", Proc., 7th Canadian Symposium on Rock Mechanics, Edmonton, pp.161~190.

13. Ohde, J.(1939), "Zur Theoric der Druckvertilung im Baugrund", Der Bauingiur, No.33/34, August 25.

14. Rowe, R.K. and Armitage, H.H.(1987), "Theoretical solutions for axial deformation of drilled shafts in rock", Canadian Geotechnical Journal, Vol.24, No.1, pp.114~125.

15. Teng, W.C.(1962), "Foundation Design", Prentice-Hall, Inc., Englewood Cliffs, N.J.

16. Timoshenko, GS. and Goodier, J.N.(1951), Theory of Elasticity, 2nd, ed., MaGraw-Hill, New York.

17. Tomlinson, M.J.(1971), "Some effects of pile driving on skin friction", Proc., Conferrence on Behavior of piles, ICE, London, pp.107~114.

18. Vijavergiya, V.N. and Focht Jr., J.A.(1972), "A new way to predict the capacity of piles in clay", 4th Annual Offshore Tech. Conf., Houton, Vol.2, pp.865~874.

19. Winterkorn, H.F. and Fang H.Y.(1991), Foundation Engineering Handbook, 2nd ed, Van Nostrand Reinhold, New York, pp.528~536.

20. Zhang, L. and Einstein, H.H.(1998), "End bearing capacity of drilled shafts in rock", Journal of the Geotechnical and Geoenvironmental Engineering, ASCE, Vol.124, No.7, pp.574~584.

뉴매틱케이슨기초의
설계 및 시공 사례

04 뉴매틱케이슨기초의 설계 및 시공 사례

4.1 현장 개요

사례 현장은 그림 4.1에서 보는 바와 같이 인천광역시 서구 경서동(육지)과 인천광역시 중구 운북동(영종도)을 연결하는 총연장 4,420m의 인천국제공항 고속도로상에 위치한 영종대교 건설현장이다.[3,5,8] 영종대교는 세계 최대 규모의 3차원 자정식 현수교로, 상부구조는 상층부(도로6차로)와 하층부(도로4차로 및 철도복선)로 된 2층 구조의 Warren Truss 형식이며, 하부 주탑기초공법으로 뉴매틱케이슨 공법이 채택되었다.

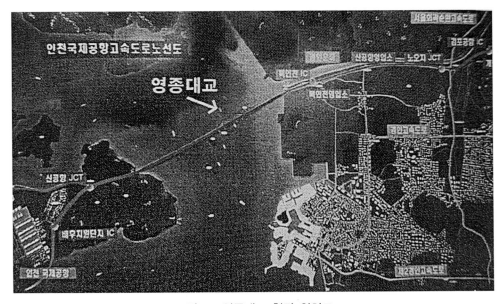

그림 4.1 영종대교 현장 위치도

영종대교 주탑기초는 원설계 시 단열 널말뚝을 이용한 대구경(ϕ3,000mm) 현장타설말뚝 기초공법으로 계획되었으나 현장 여건에 따른 시공성과 계획 공정을 고려하여 뉴매틱케이슨 공법으로 변경되었다.

그리고 주탑은 동쪽에 E1주탑, 서쪽에 W1주탑의 두 개로 구성되어 있으며, 두 주탑 사이에는 선박통행이 가능한 수로가 있으며 해저지반에는 골짜기가 형성되어 있다.

4.2 지반특성

4.2.1 지층상태

현수교 주탑부 지반의 지형특성, 구조지질학적 상태, 암반의 특성 등 지반공학적인 사항을 평가하여 설계에 반영할 수 있는 설계정수를 도출하기 위해서 시추조사를 실시하였다. 주탑 기초지반의 시추조사는 총 12곳을 대상으로 실시하였고, 그림 4.2에 주탑기초 케이슨 아래 위치를 케이슨 단면도에 개략적으로 도시하였다. 특히 구조대가 예측되는 지역을 중심으로 시추공 위치를 결정하였다.

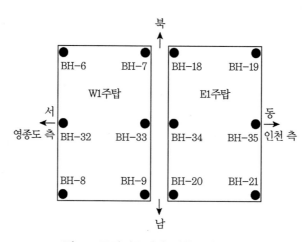

그림 4.2 주탑기초지반 시추조사 위치도

조사 결과 현수교 주위지역은 중생대 쥐라기의 거정질(巨晶質) 반상화강암(Porhyritic-Granite)과 시대 미상의 중성 내지 염기성 화산암류인 응회암류(Brec-Ciaed Tuff, Andesitic

Tuff & Ruff)가 기반암으로 분포하고 있다. 그리고 이들 기반암을 제4기 충적층인 해성퇴적층이 부정합 상태로 피복하고 있으며 기반암인 편마암 및 화강암의 경우 입자가 비교적 세립질이고 치밀하나 각력(Breccia)들이 함유된 경우에는 그 형태와 규모 및 크기가 매우 다양하다.

해성퇴적층은 대부분 조개껍데기 등을 함유한 실트질 모래로 구성되어 있으며 세립질이다. 조사지역에서 시추조사를 실시한 결과 지층의 구성상태는 상부로부터 해성퇴적층, 풍화토, 풍화암 및 기반암의 순으로 분포되어 있다. 표 4.1은 이들 지층을 총괄 정리한 표이다.

표 4.1 지층(m) 총괄표[2-5]

	공번	해성 퇴적층(m)	풍화토(m)	풍화암(m)	연암(m)	경암(m)	계(m)
계	12공	94.9	14.1	17.6	19.7	181.0	327.3
W1주탑	BH-06	3.0	−	−	−	16.4	19.4
	BH-07	4.6	−	0.8	1.0	18.0	24.4
	BH-08	3.5	−	0.7	−	16.3	20.5
	BH-09	4.1	−	−	7.9	11.8	23.8
	BH-32	3.0	−	0.6	−	20.9	24.5
	BH-33	6.0	−	1.0	3.6	11.8	22.4
E1주탑	BH-18	11.2	3.3	1.5	0.7	13.3	30.0
	BH-19	14.0	−	1.5	1.6	12.3	29.4
	BH-20	7.9	1.6	8.7	−	22.3	40.5
	BH-21	14.4	1.6	−	1.7	12.8	30.5
	BH-34	14.2	3.1	1.5	−	13.1	31.9
	BH-35	9.0	4.5	1.3	3.2	12.0	30.0

(1) 해성퇴적층

해성퇴적층의 분포심도는 W1주탑지역이 3.0~6.0m, E1주탑지역이 7.9~14.4m의 층두께를 나타냄으로 전체적으로 볼 때, 연육교 구간은 동측(인천항 측)이 서측(영종도 측)보다 해성퇴적층의 분포심도가 상당히 깊은 편이다. 시추조사 결과 대부분 암청색 내지 암회색을 띠는 세립질의 실트질 모래로 구성되어 있으며, 부분적으로 조개껍데기 등이 포함되어 있고 포화상태이다. 표준관입시험 시 측정된 N치는 2/30~50/05로 상대밀도는 매우 느슨 내지는 매우 조밀한 편으로 넓은 범위를 나타내나 대부분 중간 정도에 속한다.

(2) 풍화토층

풍화토층은 해성퇴적층 하부에 부정합 상태로 피복되어 있으며 층두께는 1.6~4.5m의 범위를 나타내며 풍화 정도는 완전 풍화된 상태이다. 그러나 일부 구간에서는 풍화토층이 분포하지 않는 곳도 있다. 트리플 코어 배럴을 이용하여 시료를 채취하였으며, 시료는 황갈색 내지 암갈색의 실트질 모래로 습윤 내지 젖은 상태이며, 부분적으로 기반암의 구조와 조직이 일부 유지되어 있다. 표준관입시험 시 측정된 N치는 10/30~50/15의 범위로 중간 정도 내지 매우 조밀하게 보이나 대부분이 50/20~50/15 이내에 속하는 편이다.

(3) 풍화암층

풍화암층은 풍화토층 하부에 약 0.6~8.7m의 층두께로 분포되어 있으나, W1주탑과 E1주탑지역의 일부에서는 풍화암층이 나타나지 않고 있다. 이 지역의 풍화 정도는 완전풍화상태를 나타낸다. 본 풍화암층은 원지반상태에서는 상당히 견고하나 일단 굴착되어 흐트러지면 실트 및 모래로 급속히 토사화하는 경향이 있으며, 기반암의 암구조와 조직은 대부분 유지하고 있으나 암의 역학적 성질은 거의 상실한 상태이다. 일반적으로 풍화토와 풍화암의 구분은 상당히 모호함으로 표준관입시험 시 측정되는 N치=50/15를 기준으로 구분한다. 풍화암층은 황갈색 내지 암갈색을 띠며 습윤상태를 나타낸다.

(4) 기반암층

조사지역의 기반암은 주로 시대미상의 중성 내지 염기성의 응회암류가 분포되어 있으며 시추조사 시 코어상태로 채취되어 확인되었다. 기반암의 출현심도는 지표 아래 3.0~19.0m로 그 범위가 상당히 크다. 그러나 지표로부터 기반암 출현심도를 각 기초별로 구분해보면, W1주탑지역에서 3.0~7.0m, E1주탑지역에서 14.8~19.0m로 나타났다. 따라서 조사지역의 서측부(영종도 측)인 W1주탑지역보다 동측부(인천 측)인 E1주탑지역의 기반암이 비교적 깊은 심도에서 나타난다. 본 기반암의 상부 약 0.3~16.2m 구간이 중성화된 상태이고, 균열 및 절리가 많이 발달된 연암층에 속하며 층 두께는 대략적으로 5m 내외에 속한다. 그 하부 구간은 약간 풍화 내지 비교적 신선한 경암층에 해당된다. 그러나 조사지역 기반암중 주탑부인 W1주탑지역의 일부 구역은 수직절리와 단층파쇄대 및 Shear zone의 영향으로 코어회수율(%) 및 RQD(%) 값이 다른 구간보다 저조하며, 특히 부분적으로 단층점토 및 약한 파쇄대 등이 분포되어 있다.

4.2.2 지반의 물성치

그림 4.2에서 보는 바와 같이 각 교각(E1, W1)당 시추보링을 6개소씩 실시하였다.[3,5] 토질시험에 의해 결정된 토질정수는 표 4.2와 같다.

기초공으로 케이슨기초가 채택되는 경우는 일반적으로 기초저면치수가 커지며 말뚝기초에 비하여 저면지지에 의한 비중이 커지는 특징이 있다. 따라서 지지력을 합리적으로 산정하여 케이슨을 경제적이며 확실한 양질의 지지층에 도달시킨다는 원칙하에서 지반조사를 수행해야 한다.

표 4.2 설계토질 정수[2]

토질 \ 지역		실험치		설계치
		W1주탑	E1주탑	
해성퇴적토	단위중량 $\gamma(t/m^3)$	1.8	1.8	1.8
	변형계수 $E(kg/cm^2)$	196(=7N)	140(=7N)	140
	내부마찰각 $\Phi(°)$	30	30	30
	점착력 $c(t/m^2)$	0.0	0.0	0.0
잔류토	단위중량 $\gamma(t/m^3)$	1.9	1.9	1.9
	변형계수 $E(kg/cm^2)$	252(=7N)	140(=7N)	250
	내부마찰각 $\Phi(°)$	30	30	30
	점착력 $c(t/m^2)$	0.0	0.0	0.0
풍화암	단위중량 $\gamma(t/m^3)$	2.0	2.0	2.0
	변형계수 $E(kg/cm^2)$	800	800	800
	내부마찰각 $\Phi(°)$	30	30	30
	점착력 $c(t/m^2)$	0.0	0.0	0.0
연암	단위중량 $\gamma(t/m^3)$	2.1	2.1	2.1
	변형계수 $E(kg/cm^2)$	2000	2000	2000
	내부마찰각 $\Phi(°)$	35	35	35
	점착력 $c(t/m^2)$	10.0	10.0	10.0
경암	단위중량 $\gamma(t/m^3)$	2.2	2.2	2.2
	변형계수 $E(kg/cm^2)$	8000	8000	8000
	내부마찰각 $\Phi(°)$	40	40	40
	점착력 $c(t/m^2)$	50	50	50

일반적으로 기초에 작용하는 하중에 의해 생기는 지중응력은 기초폭의 3배 깊이에 이르게 되면 하중의 3~5%로 감소한다고 보고된다. 따라서 변위량을 계산하기 위해서는 기초폭의 3배 정도의 깊이까지의 지반상황을 파악해둘 필요가 있다.

4.3 뉴매틱케이슨기초의 설계 및 시공

4.3.1 설 계

(1) 설계 일반

현수교 주탑기초의 원 설계상에는 해상가물막이공을 설치하고 현장타설콘크리트말뚝(RCD)으로 설치하도록 계획되어 있었으나 다음과 같은 설계, 시공상의 문제가 있어 뉴매틱케이슨 공법으로 변경하였다.

① 말뚝이 유한장이며 지지층이 되는 경암이 부분적으로 얕게 출현하기 때문에 불안정한 구조물이 형성됨과 아울러 기초형상이 커진다.
② 시공 장소의 조건은 최대수심(H.W.L 시)이 E1주탑지역에서 18.5m, W1주탑지역에서 25.5m, 평균 간만차 8.5m, 극조위 간만차 약 10.0m, 유속 2.15m/sec인 열악한 해상조건으로, RCD 말뚝의 시공 및 가물막이의 지수성 확보가 곤란하므로 후팅 구축 시 품질 확보, 시공의 안정성, 확실성 등에 문제가 예상된다.
③ 토질은 풍화암, 연암, 경암이 대부분을 차지하고 있으며, 특히 W1주탑기초는 경암이 일부 해저면하 3.0m 부근에 출현하여 기초와 대각선으로 11.5m 경사져 있는 불리한 조건을 가지고 있다.

이상의 문제점을 고려하여 뉴매틱케이슨안과 오픈케이슨안이 검토되었다. 이중 오픈케이슨은 기초형상이 커지고 굴착범위도 늘어나며 대규모 수중발파도 시행해야 하는 등의 단점이 있어 해상시공 및 암반굴착에 대한 시공성이 확실한 뉴매틱케이슨 공법을 채택하였다.

이 공법은 횡토압에 의한 지지력 증대로 구조적 안정성의 향상을 기대할 수 있다. 그리고 시공 중 지반의 확인과 재하시험에 의한 지지력 확인이 가능하고, 소요지반의 지지력 확보를 위하여 소요심도까지의 굴착심도 조절이 가능하다. 그 밖에 주변지반의 교란이 최소화된 상태로 지반에 근입되어 있어 세굴의 영향이 적고 세굴 발생 시 구조적 안정성 확보에 유리한 점 등의 장점이 있으므로 현장조건으로 볼 때 기초공법으로 합당하다고 판단되었다.

한편 공기 및 공사비 측면에서도 수평지지력의 증대로 오픈케이슨보다 작은 크기로도 지지력 확보가 가능하고, 지반에 대한 대규모 오픈준설이 없어 공기 및 공사비의 절감이 가능하기 때문에 주탑 기초공법으로 채용하게 되었다.

(2) 케이슨기초 형상 검토

케이슨의 규모 및 토질조건은 그림 4.3과 같으며,[8] 기초형상의 검토는 상부공 구조검토 결과에 의한 앵커프레임(anchor frame) 치수로부터 케이슨의 평면형상에 대하여 표 4.3에 명시된 세 가지 지지상태를 고려하여 비교하였다.

최종 침설깊이는 경암 출현깊이에서 E1주탑 기초는 EL-33.0m, W1주탑 기초는 EL-32.5m를 유지함으로써 주탑기초의 안정성을 확보하였다. 케이슨기초에서 발생하는 세굴대책은 상부토사의 세굴을 고려하여 설계지반을 풍화암 상단까지 내린 상태에서 검토하였다.

케이슨 설치 지반고의 결정은 현 지반고를 기준으로 Mound공 조성(준설, 치환공)을 고려하고 현장 시공조건 및 수심에 대한 강각케이슨 높이 등을 고려하여 공사물량의 증감, 시공성과 공기 측면에서 종합적으로 판단하여 E1주탑기초는 EL-14.0m, W1주탑기초는 EL-18.0m로 결정했다. 케이슨 구체의 형상은 앵커프레임에 의한 케이슨의 최소치수를 고려하고 작용하는 조류력의 저감과 콘크리트 체적의 저감을 고려하여 직사각형 형상으로 결정하였다.

표 4.3 지지지반별 케이슨 형상비교

지지상태	케이슨 평면형상	케이슨 면적
경암착저지지	47.1×18.1m	848.0m^2
경암근입지지	47.1×15.1m	706.7m^2
연암착저지지	47.1×39.1m	1,837.1m^2

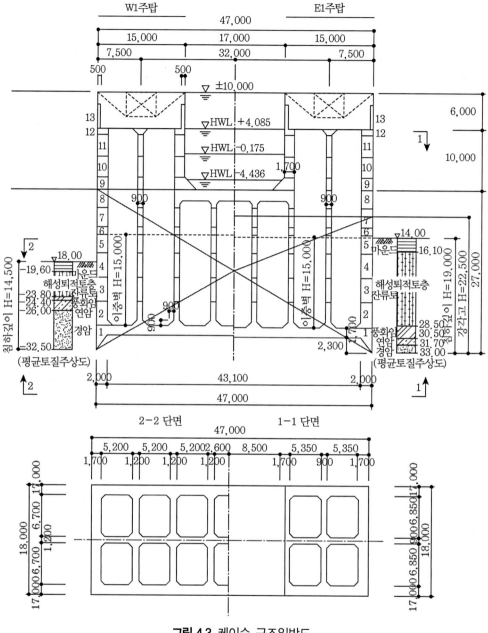

그림 4.3 케이슨 구조일반도

(3) 부재설계

부재설계는 기본적으로 일본시방서에 준하여 허용응력도법으로 설계한 결과를 주요 부재를 한국의 강도설계법으로 다시 확인하는 것으로 했으며, 이 경우 모두 만족하였으므로 철근량 증가, 부재치수의 변경 등은 필요하지 않았다.

또한 최소철근량, 철근의 이음길이 및 구조세목은 강도설계법을 기준으로 하였다.[11] 아울러 케이슨 전체계의 FEM 해석과 정판부의 FEM 해석을 통하여 응력조사를 실시하였다.

(4) 강각케이슨 설계

강각케이슨의 제작은 가장 중요한 공정 중의 하나이다. 강각케이슨은 간만차가 큰 현장조건을 고려하여 케이슨의 착저 시 필요한 수하중을 확보하기 위하여 측벽 및 격벽의 내부 거푸집도 강제의 이중벽(double wall)구조를 채용하였으며, 강각높이는 E1주탑케이슨에서 22.5m, W1주탑케이슨에서 26.5m로 설계하였다.

(5) 자켓(Jacket) 및 야드(Yard) 작업대 설계

자켓 작업대는 케이슨을 설치할 때 가이드역할을 하며 케이슨 착저 시까지 조류력, 파력, 풍압 등에 의한 케이슨의 움직임을 잡아주며 이의 수평력에 대하여 저항할 필요가 있는 구조이기 때문에 해중부까지 사재, 수평재를 연결한 자켓 구조 형식으로 작업대를 설계하였다.

야드 작업대는 케이슨 시공에 필요한 가설설비 등의 설치, 적치를 위하여 필요한 것으로 자켓 작업대 보다는 수평력이 적게 적용하는바 통상의 강관말뚝에 사재 및 수평재를 거는 방식으로 설계하였으며, 현장조건을 고려하여 W1주탑의 경우에는 야드 작업대로 현장에서 유용한 SEP(Self Elevated Pontoon) 바지를 사용하였다.

4.3.2 시 공

사진 4.1은 뉴매틱케이슨 공법이 적용된 영종대교의 W1주탑의 시공전경이며 사진 4.2는 자켓 작업대와 강각케이슨의 예향작업사진이다. 이 현장의 시공과정은 사진 4.1에서 사진 4.3까지에서 보는 바와 같으며 이들 시공과정을 자세히 설명하면 다음과 같다.

사진 4.1 W1주탑 뉴매틱케이슨 시공 전경

(a) 자켓 작업대 예향

(b) 강각케이슨 예향

사진 4.2 예향작업

(1) 마운드공 및 야드 작업대

마운드공은 케이슨 및 자켓 작업대 설치 시 수평을 유지하고 안전하게 시공하기 위한 것으로 E1주탑은 마운드공의 계획지반고가 −14.0m이므로 평균지반고 −13.0m에서 평균 H=2.0m 두께를 준설한 후 쇄석(ϕ60-20)을 사용하여 H=1.0m 두께의 마운드공을 조성하였다.

한편 W1주탑은 마운드공의 계획지반고가 −18.0m이므로 평균지반고 −18.0~−21.0m에서

돌망태로 제방을 쌓고 그 위에 쇄석으로 성토하여 마운드공을 조성하였다. 이는 케이슨 착저 시에 극한지지력을 $35.0t/m^2$ 이상 확보키 위한 것으로 장비를 이용하여 지반을 고르면서 다짐하였다.

W1주탑에서는 경암이 일부 해저면하 3.0m 부근에 출현하고 또한 케이슨 대각으로 최대 11.5m 경사져 있기 때문에 굴착 초기 케이슨의 경사 및 이동을 방지하기 위하여 날끝부분 해당지반의 경암일부를 선행굴착하였는 바 percussion drill로 케이슨 외주면의 약 절반가량을 ϕ900mm, 간격 1.5m로 깊이 EL−26.0m까지 착공하였다. 이로 인하여 추후 암굴착이 용이하여 케이슨의 안정에 도움이 되었다.

다음으로 케이슨 시공 시 필요한 송기설비, 전력설비, 급배수설비, 자재적하장, 사무실 및 원격조정실을 설치하기 위한 야드를 확보하기 위하여 강관말뚝타설, 하부공/상부공 현장조립의 순서로 시공하였다. 특히 W1주탑에서는 현지지형, 전체공정을 감안하여 SEP 바지를 이용하였고 자켓 작업대 설치 시 가이드로도 사용됨으로써 시공 시 정밀하게 시공하였다.

이 야드 작업대에 배치된 설비로는 Compressure 설비, Hospital Lock 실, Cooling Tower, 예비 Compressor, 급수설비, 발전설비, 연료공급 Tank, 원격조작실 및 사무실, 휴게실, 자재임시적하장 등이 있다.

(2) 자켓 작업대 및 강각케이슨

사진 4.3(a)는 자켓 작업대 설치 사진이다. 자켓 작업대의 용도는 강각케이슨 설치 시 가이드 프레임의 역할과 강각케이슨의 부유 시에서 착저 시까지의 기간중 케이슨에 적용하는 조류력, 파력, 풍압에 의한 케이슨의 동요를 억제하고 이에 따른 수평력에 저항하기 위함이며 또한 굴착토사의 배토용 crawler crane의 작업대 및 케이슨 침하 굴착 시 케이슨의 경사, 이동을 방지하기 위한 가이드 롤러를 설치하는 데 있다.

자켓 작업대의 크기는 E1주탑의 경우 40.0×69.0×21.5m, W1주탑의 경우 40.0×69.0×25.5m이며 강재수량은 E1주탑의 경우 1,512ton, W1주탑의 경우 1,720ton으로 예인 및 예향 시에는 3,000tonF/Crane을 사용하였다.

자켓 작업대를 거치한 후에 핀 말뚝(8본)을 타설하여 자켓을 고정시키고 펜더 및 방현재를 설치하였다.

다음으로 강각케이슨을 제작한다. 조수간만의 차(8.5m)가 높아 착저 시부터 초기 구축 시까지의 높이를 최대한 고려하여 강각케이슨 높이를 W1주탑의 경우 26.5m로, E1주탑의 경우

22.5m로 제작하였고 착저 시 주수를 위하여 double wall(이중벽)을 설치하였으며 10km 떨어진 육상제작장에서 인양하여 3,000tonF/C으로 현장에 운반, 자켓 작업대안으로 매달아 거치하였다(사진 4.3(b) 참조).

(a) 자켓 작업대 설치

(b) 강각케이슨 1단 콘크리트 타설

(c) 9Lot 구체구축

(d) 작업실 내 토사굴착

사진 4.3 케이슨 시공사진

(3) 케이슨 착저 및 구체 구축

케이슨 침설정밀도를 확보하는 데 중요한 작업으로서 E1주탑에서는 제2Lot 타설 후 W1주탑에서는 제3Lot 타설 후 이중벽 내에 수하중을 주수하여 케이슨 착저작업을 실시했으며, 정도를 높이기 위하여 기존의 자켓에 부착된 방현재보다도 새로이 60Ton 자켓 10대를 각각 4방향으로 설치하여 위치를 조정하였다. 착저 시기는 통상 침하력이 최대가 되는 간조 시에 실시하지만 여기서는 빠른 조류 때문에 만조 시의 정조시점을 이용하여 단 한 번의 주수로 착저시켰다.

케이슨 하부지반을 굴착 개시 전 구체천단이 작업대 복공천단보다 약간 위(0.2m)로 나올 때까지 구축하는데, 지반에 날끝부 2.3m가 전부 관입되면 초기구축은 E1주탑의 경우는 제6Lot, W1주탑의 경우는 제8Lot까지 실시되며 제4Lot(E1주탑), 제5Lot(W1주탑) 이후에는 구체 자중만으로도 만조 시에는 침하력이 충분하므로 하중수를 배제하였다.

각각 정판정 제13Lot까지 침하굴착공의 진전에 따라 구축하였으며 철근은 육상에서 미리 가공된 것을 사용하고 거푸집은 합판 거푸집을 사용하였다.

1Lot 콘크리트 타설량은 최대 1,700m³이었고 해상 B/P선(210m³/시간)을 이용하여 주야간 연속 타설하였다(사진 4.3(c) 참조).

(4) 케이슨 침설

본 영종대교 케이슨 침하굴착공의 특징은 '무인굴착설비' 등의 hard면과 '계측관리에 의한 정보화 시공' 등의 soft면의 total system 조합으로 완벽한 침설관리를 기하고, '조위연동형 자동입력 조정장치'의 채용으로 작업 안전성을 확보하는 데 있다.

굴착설비로는 각각 Material Lock(1m³) 3기, Man Lock(12인용) 2기, Capsule 1기, Capsul용 소형 Man Lock 1기, Crawler Crane 2대 등이 있다.

초기 굴착공에서 날끝부 2.3m가 관입된 부위는 인력굴착으로 진행하며 이후에는 기계굴착으로 진행한다. 또한 날끝부 아래 3.0m까지의 굴착은 유인 기계굴착(경사 방지 침하제어 곤란)으로 그 이하는 무인굴착 시스템으로 시행하였다(사진 4.3(d) 참조).

무인굴착 시스템은 대기압 Capsule 내에서의 조작과 지상 원격조작실에서의 모니터에 의한 조작의 두 가지 방법이 있는데, 상황에 따라 병용하였다. 발파는 에멀션계 함수폭약에 비전기식뇌관 및 도화선을 사용하였으며 특히 날끝부의 천공 및 발파에도 유의하였다.

본 공사는 완전해상 시공으로 해저 케이블에 의한 전원확보가 곤란했기 때문에 발전기 전환을 확보하여 모든 설비를 가동했으며 대부분 일본 시라이시(白石)사의 설비를 들여와 사용하였다. 가설비에는 전력설비, 급배수설비, 송기설비, 의장설비, 굴착/배토설비, 안전/연락설비, 구급설비, 예비설비, 양중설비 및 가설건물 등이 있다.

(5) 속채움 콘크리트 및 정판

굴착을 소정심도까지 완료하고 지지력시험을 통하여 소요지지력을 확인한 후 작업실 내부

(기압 3.4kg/cm²) 공간을 미리 케이슨에 설치해둔 Blow Pipe를 통하여 콘크리트로 속채움하였으며 타설 중에는 작업실내 공기압을 적당히 유지하면서 Material Lock 단부로부터 3m까지 충진하였다.

케이슨의 침하굴착 작업 중 날끝부의 Friction Cutting에 의하여 느슨해진 구체와 주변지반 사이의 공극을 시멘트와 Bentonite Grouting으로 충진하였다.

끝으로 정판두께가 6.0m인 바 3 Lift로 나누어 분할·타설하였으며 1 Lift 콘크리트 타설 후 앵커프레임을 설치하였고 케이슨 작업실 상부와 정판 사이의 공간은 빈 공간으로 남겨두었다.

4.4 현장계측

4.4.1 계측 목적

주탑케이슨은 길이 18m, 폭 47m, 높이 43m(W1주탑케이슨은 42.5m)로 대형이고 해저지반의 각 지층도 불균일하게 나타나 있으며 해상공사 조건도 열악하여 시공 시 어려움이 많다. 그리고 최대 작업기압도 3.7kg/cm² 정도로 매우 높아 시공 시 상당한 주의를 요했다.

이런 문제 때문에 강각케이슨 거치로부터 기초지반 착저, Lot별 콘크리트 타설, 침하굴착 및 최종심도에 도달하기까지 다음과 같은 문제점을 고려하여 계측을 실시하였다.

① 착저까지의 부유 시에 항상 케이슨 자세를 파악하고 콘크리트 타설 시나 수하중의 주수 시 등에서 자세제어정보를 얻는 것이 매우 중요하다.
② 착저 시에 정확한 착저 위치를 확인함과 동시에 날끝위치, 날끝부 반력을 파악하여 착저를 확실히 해야 한다.
③ 굴착면이 넓어 지반 불연속성에 의한 비틀림이나 부등침하가 발생하기 쉽고 케이슨의 자세 제어를 위해서 지반 지지력분포에 관한 정보가 필요하다.
④ 이러한 정보(자세, 지반지지력, 침하량)를 신속히 파악하여 시공에 feed back이 가능하도록 시스템을 구성해야 한다.

따라서 현장계측에서는 굴착침하의 정밀도 확보를 위한 자세정보를 획득하고 케이슨에 작용하는 외력을 측정하여 굴착침하 방식을 수정하여 함내 작업자의 작업환경을 파악·관리하는 등 주로 시공관리 목적으로 계측업무를 수행하였다.

4.4.2 계측내용 및 원리

계측항목은 자세계측, 외하중계측 및 함내환경계측으로 구분하여 실시하였다. 계측 위치는 그림 4.4에 표시된 바와 같고 개소 및 수량은 표 4.4와 같다.

표 4.4 계측기 수량 총괄표

구분	계측 항목	계측기 명칭	형식	측정범위(용량)	수량	
					E1	W1
자세계측	케이슨경사	경사계	DC-300	±5°C	4	4
	케이슨침하	함체침하계	PA-5MG	5m	1	1
외하중계측	날끝부 반력 (모서리 쪽)	반압계	Gu-150	150kgf/cm^2	4	1
	날끝부 반력 (일반)	반압계	Gu-50	50kgf/cm^2	4	2
	수하중	간극수압계	BP-5KB	5kgf/cm^2	4	4
	조위	간극수압계	GP-4	4kgf/cm^2	1	1
함내환경계측	함내기압	절대압계	PA-5KB	5kgf/cm^2	1	1

케이슨의 자세 계측에서 굴착침하 시의 현저한 변화는 연직변위와 두 개의 수평축 방향의 회전변위이므로 이것만 측정하기로 했다.

케이슨에 작용하는 외력은 연직방향의 힘(케이슨자중, 수하중, 공기압(부력), 케이슨 날끝부반력, 케이슨주면마찰력)과 수평방향의 힘(수평방향 유효토압, 수압)으로 나누는데, 케이슨 굴착관리는 연직방향의 힘과 관련이 많으므로 연직방향의 힘만 측정하는 것으로 하였고 케이슨자중은 콘크리트 타설 높이로 계산할 수 있다.

또한 케이슨 주면마찰력은 측정이 어려울 뿐만 아니라 다른 힘들로부터 추정이 가능한 이유로 제외하였다. 따라서 본 케이슨 계측에서는 외력측정을 위하여 수하중, 공기압(부력), 날끝부반력의 측정이 필요하다.

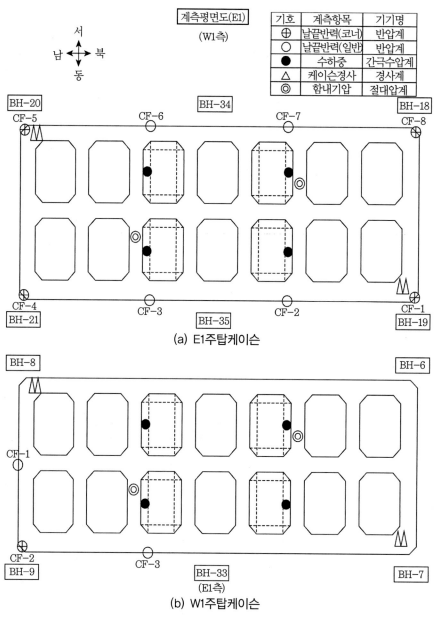

기호	계측항목	기기명
⊕	날끝반력(코너)	반압계
○	날끝반력(일반)	반압계
●	수하중	간극수압계
△	케이슨경사	경사계
◎	함내기압	절대압계

(a) E1주탑케이슨

(b) W1주탑케이슨

그림 4.4 주탑케이슨 계측평면도

4.5 현장계측항목

4.5.1 함내기압

본 현장은 간만의 차가 최대 8.5m로 매우 크므로 함내기압 조절에는 조위 연동형 매스콘트

롤러를 사용해 실시하였다.

케이슨 작업실의 함내기압은 케이슨 전 침하저항력에서 큰 비중을 차지하며, 다른 침하저항력(주면마찰력, 날끝부 반력) 전체를 추정할 때 기초자료가 된다.

그림 4.5는 주탑 내 함내기압계(절대압계) 설치개략도이다. 즉, 그림 4.5(a)는 4.5(d)의 주탑단면도 내 도시된 A–A 단면에서의 함내기압계(절대압계)의 설치상세도이며 그림 4.5(c)는 실제 함내기압계가 설치된 사진이다. 끝으로 그림 4.5(b)는 B–B 단면의 단면상세도이다.

함내기압이 똑같다면 중앙의 한 측점에서의 계측으로 충분하다고 생각되지만 굴착토사, 작업인부출입, 날끝부근에서 기둥에 의한 변동을 고려해서 케이슨을 그림 4.5(d)에서 보는 바와 같이 두 구간으로 분할하여 각각 2개소(P–1, P–2)에 설치하였다.

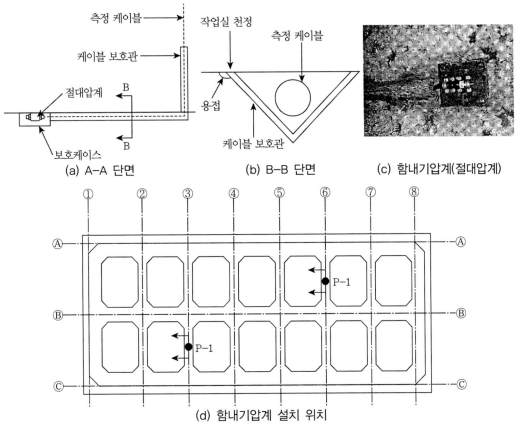

(a) A–A 단면   (b) B–B 단면   (c) 함내기압계(절대압계)

(d) 함내기압계 설치 위치

그림 4.5 함내기압계 설치도(E1주탑케이슨, W1주탑케이슨 공통)

4.5.2 날끝부 반력(반압계)

케이슨 날끝부 반력은 침하저항력으로써 작용하고, 또한 그 분포형태는 케이슨 경사의 원인이 되는 동시에 침설 시 침하력 결정에 주요 요소가 되며 기초지반 착저 시에 지반반력을 확인하기 위해서도 측정할 필요가 있다.

E1주탑 기초지반은 대체적으로 지반분포가 해성퇴적층, 풍화토, 풍화암, 연암, 경암으로 구성되어 있다. 그러나 W1주탑 기초지반은 일부 경암이 3m까지 올라가는 동시에 암층은 심한 경사를 이루고 있다.

따라서 E1주탑케이슨은 날끝부반력 분포 형태를 정확하게 밝혀낼 수 있도록 전면적에 8개의 반압계를 설치하였으며, 특히 케이슨 모서리 부분에 하중이 집중하는 경향이 있으므로 모서리 4개소에는 150kg/cm²의 대용량 반압계를 사용하고 다른 일반부분에서는 50kg/cm²의 보통 용량의 반압계를 사용하였다. 그림 4.6(a)와 (b)는 각각 케이슨 날끝부 반력을 측정하기 위한 반압계의 설치도와 반압계 설치 사진이다.

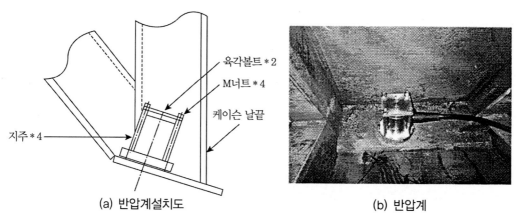

(a) 반압계설치도   (b) 반압계

그림 4.6 케이슨 날끝부 반력계(반압계) 설치도

4.5.3 수하중

케이슨 침하촉진용 수하중 제어는 침하관리상 중요하며 특히 케이슨 경사 수정에 필요하므로 케이슨을 4개 구역으로 분할하여 필요시 주수를 행하였다. 주수량의 증감은 날끝부 반력과 함께 케이슨 안정에 크게 기여한다.

따라서 케이슨 경사나 날끝부 반력과 같은 형태로 주수량을 실시간으로 파악할 필요가 있으며 이 제어에는 간극수압계를 사용하였다. 측정원리는 간극수압계를 사용하여 수압을 구하고 수압에서 수두를 구하여 각 구역의 단면적에서 주수량을 계산하였다. 그림 4.7(a)와 (b)는 각각 수하중 측정용 간극수압계 설치도와 간극수압계 설치 사진이다.

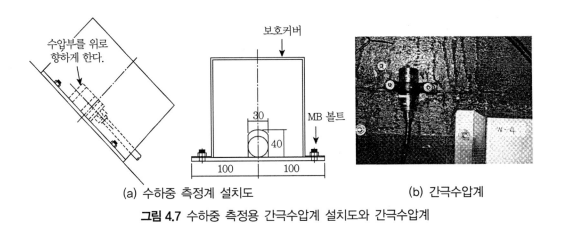

(a) 수하중 측정계 설치도　　　　　(b) 간극수압계

그림 4.7 수하중 측정용 간극수압계 설치도와 간극수압계

4.5.4 조 위

본 현장은 조석간만의 차가 최대 8.5m로 매우 크기 때문에 실시간으로 조위를 측정하기 위해 조위연동형 메스콘트롤러를 이용하여 압축공기압을 조절하므로서 함내기압을 조절할 수 있었다. 조위는 자켓 작업대에 미리 설치한 strainer 관 내에 간극수압계를 삽입시켜 계측한 수압을 수두로 환산하여 조위를 계산하였다.

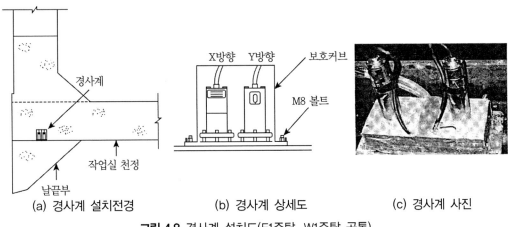

(a) 경사계 설치전경　　　　　(b) 경사계 상세도　　　　　(c) 경사계 사진

그림 4.8 경사계 설치도(E1주탑, W1주탑 공통)

그림 4.8(a)와 (b)는 각각 경사계 설치전경과 경사계 상세도이다. 그리고 그림 4.8(c)는 경사계 설치 사진이다.

4.5.5 경사

케이슨 착저 시나 케이슨 본체의 경사량을 파악하는 것은 안전상 중요하다. 케이슨 경사량을 파악하는 것은 시공상 중요하기 때문에 실시간으로 자세정보를 얻기 위해 경사계를 이용한 자동측정으로 케이슨 경사를 정량적으로 파악한다.

설치위치는 본체의 비틀림과 변형의 영향을 받지 않도록 천장 슬래브 위 모서리 부분에 2개소(x, y방향)에 설치 실시간으로 계측한다.

4.5.6 침하(연직변위)

케이슨 침설 정밀도를 높이기 위해서는 연직변위를 파악할 필요가 있다. 본 케이슨에서는 연직변위를 와이어식 함체침하계를 이용하여 날끝부 각 점의 상대침하량을 계산한다. 케이슨의 연직변위 측정은 함체 침하계를 자켓 작업대에 1개소 설치하여 측정와이어를 케이슨 벽면까지 끌어당겨놓고 케이슨 침하에 따라 와이어가 되돌아오는 양을 측정하였다. 그림 4.9(a)와 (b)는 각각 침하계 설치도와 침하계의 설치 사진이다.

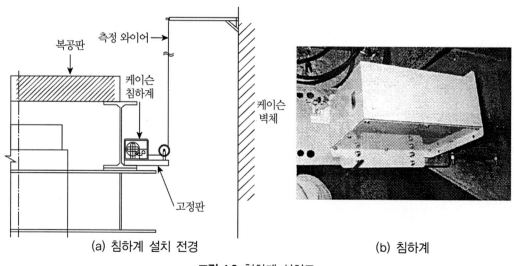

(a) 침하계 설치 전경　　　　　(b) 침하계

그림 4.9 침하계 설치도

4.6 현장계측 결과

케이슨 침설 시 현장계측 결과는 1997년 9월 10일부터 침설 완료 시기인 1998년 4월 3일까지 계측한 결과로 다음과 같다. [2-5]

4.6.1 접지압

(1) 모서리부의 접지압

그림 4.10(a)는 E1주탑케이슨의 북동측 모서리부에 설치된 CF-1반압계로 측정한 접지압을 침설심도에 따라 도시한 결과이다. 해상퇴적층에서의 접지압은 590~3,695kN/m^2 사이의 값을 보이며 하부로 갈수록 전반적으로 증가하는 경향을 보이고 있다. 이 중에서 모래층 구간에서의 접지압의 증가량은 실트층 구간보다 크다는 것을 알 수 있다. 그리고 풍화암층 하부에서는 접지압이 급격히 감소하였다.

이와 같이 반압계에 의해 측정된 접지압이 증감을 나타내는 것은 침설 초기에는 침설하중의 대부분을 선단부에서 저항하므로 지표면부근과 해성퇴적층에서 접지압이 증가하였기 때문이다.

그러나 풍화암층부터는 일반굴착이 이루어지지 않고 날끝부 근처에서 천공을 하여 날끝부 기초암반을 발파하였으며 침설심도가 깊어질수록 견고한 상부지층에 의하여 마찰저항이 증가하였다. 따라서 접지압은 감소하게 되었다.

경암층에서는 그림 4.10(a) 중 A로 표시된 부분에서 반압계에 고장이 발생하여 추가 측정이 불가능하였다. 다음으로 그림 4.10(b)는 E1주탑케이슨의 남동쪽 모서리에 설치된 CF-4반압계로 측정한 접지압을 침설심도에 따라 도시한 결과이다. 이 결과에 의하면 접지압은 지표면에서 점토자갈의 혼합모래층 중간부까지 거의 완만하게 증가하다가 그 하부 모래층 구간에서 풍화토층 상부까지 급격히 증가하여 최대 3,080kN/m^2까지 증가하였다. 그러나 일부 구간을 제외하고 풍화토층 하부에서 접지압이 급격히 감소하여 기반암층에서는 약 264kN/m^2으로 유지되고 있다.

다음으로 그림 4.10(c)는 E1주탑케이슨의 남서측 모서리부에 설치된 CF-5반압계로 측정한 접지압을 침설심도에 따라 도시한 결과이다. 접지압은 실트혼합모래층에서 증가하다가 실트층에서 접지압의 증가는 둔화되고 그 하부 풍화암층 상부 구간에서 접지압이 급격히 증가하여 최대 3,130kN/m² 까지 증가하였다. 반면에 풍화암층 하부에서 접지압이 급격히 증가하다가 기반암층에서 약 522kN/m² 상태를 보이고 있다.

끝으로 그림 4.10(d)는 E1주탑케이슨의 북서측 모서리부에 설치된 반압계 CF-8로 측정한 접지압을 도시한 결과이다. 이 결과에 의하면 접지압은 실트혼합모래층의 상부 구간에서 접지압이 3,450kN/m² 까지 급격히 증가하다가 417kN/m² 까지 감소하였다. 그 후 풍화토층 상부까지 접지압이 증가하다가 하부 구간에서 감소하며 풍화암층 이하에서는 일정한 상태를 보인다.

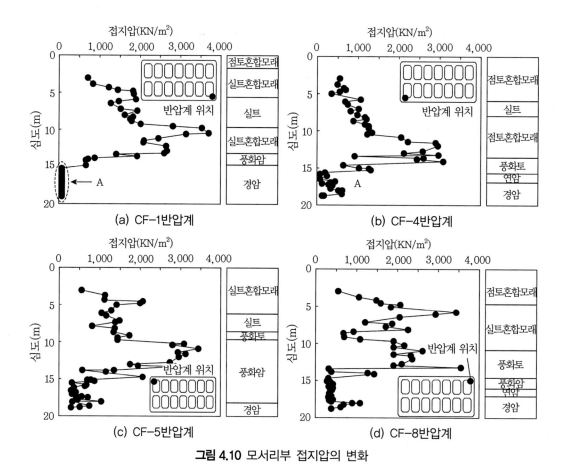

그림 4.10 모서리부 접지압의 변화

(2) 장변부의 접지압

그림 4.11(a)는 E1주탑케이슨의 북동측 장변부에 설치된 CF-2반압계로 측정한 접지압을 도시한 결과이다. 본 지점의 접지압은 모서리부 반압계에서 측정된 접지압보다 상대적으로

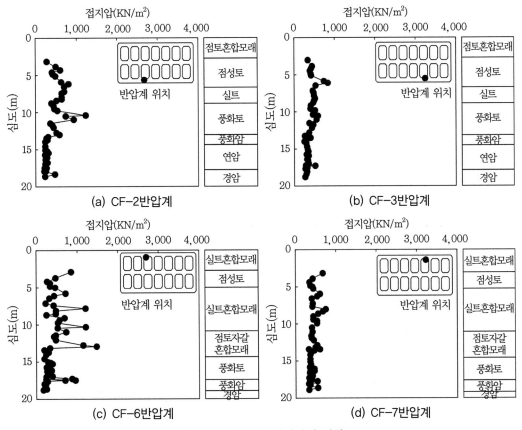

그림 4.11 장변부 접지압의 변화

작은 값을 보이고 있다. 또한 지층분포와 관계없이 장변부에 작용하는 지반반력은 일정하다는 것을 알 수 있다. 이것은 케이슨 침설시 장변부보다는 모서리부에서 큰 접지압 저항이 작용한다는 것을 의미한다. 그리고 풍화암층에서부터 기반암까지 접지압은 약 $374kN/m^2$으로 거의 일정한 상태를 보이고 있다.

다음으로 그림 4.11(b)는 E1주탑케이슨의 남동측 장변부에 설치된 CF-3반압계로 측정된 접지압을 침설심도에 따라 도시한 결과이다. 이 결과에 의하면 접지압은 점성토층 구간에서 약간 증가하고 풍화토층 구간에서 최대접지압이 발생하였다. 그러나 이 값은 모서리부에 작용하는 접지압에 비해 상대적으로 작은 값이다. 그리고 풍화토층 하부와 풍화암층에서 접지압이 감소하다가 기반암층 이하에서는 약 $240kN/m^2$로 거의 일정한 상태를 보이고 있다.

다음으로 그림 4.11(c)는 E1주탑케이슨의 남서측 장변부에 설치된 CF-6반압계로 측정된 접지압을 침설심도에 따라 도시한 결과이다. 이 결과에 의하면 점토자갈 혼합모래층까지 접지압은 몇몇 반력값을 제외하고는 일정한 분포를 나타낸다. 또한 풍화토층 구간에서 일정한 값을 나타내다가 풍화암층에서 접지압은 약간 증가한다. 그러나 기반암인 경암층 구간에서는 다시 일정한 상태를 보이고 있다.

끝으로 그림 4.11(d)는 E1주탑케이슨의 북서측 장변부에 설치된 CF-7반압계로 측정된 접지압을 침설심도에 따라 도시한 결과이다. 이 결과에 의하면 지표면으로부터 최종 근입심도까지 각 지층에 대한 최소접지압은 약 $320kN/m^2$으로 일정한 상태로 분포하고 있다. 그러나 일부 모래층 구간에서 최대접지압의 크기는 $819kN/m^2$까지 발생되고 있다.

(3) 전체 요약

위에서 설명한 바와 같이 케이슨 날끝부 반압계로 측정된 접지압 측정치는 하중이 지반에 작용할 경우 기초와 지반 사이의 접지면에 발생되는 지반반력을 의미한다. 이 지반반력은 그림 4.10과 그림 4.11의 E1주탑케이슨에 대한 측정 결과에서 본 바와 같이 기초의 강성, 지층 종류, 침설속도나 시공조건 및 현장여건에 따라 상이하나, 이 반력을 활용하면 케이슨의 접지압의 크기와 분포형태를 결정할 수 있다.[5]

E1주탑케이슨뿐만 아니라 W1주탑케이슨에 설치된 반압계 측정 결과도 이용하여 전체 장변부와 모서리부에서 각각 지반반력을 측정한 결과는 표 4.5에 정리한 바와 같다. 단 그림 4.10과 그림 4.11은 압력의 단위를 kN/m^2로 하였으나 표 4.5는 압력의 단위를 t/m^2로 하였다.

표 4.5 E1주탑케이슨과 W1주탑케이슨에서의 지층별 날끝부 지반반력 집계표[10] (단위 : t/m^2)

구분	E1주탑케이슨						W1주탑케이슨		
	모서리부				일반부		모서리부	일반부	
	BH-18	BH-19	BH-20	BH-21	BH-34	BH-35	BH-9	BH-8	BH-33
점토 혼합모래	22~207	59~75	–	–	–	24~72	94~575	46~92	48~172
실트 혼합모래	42~345	60~370	59~207	6~383	18~119	–	–	–	56~65
점성토	–	–	–	–	24~96	28~92	–	–	–
실트	–	127~281	81~148	74~137	–	39~70	–	–	41~167
풍화토	26~356	–	125~174	27~308	19~92	26~123	–	–	–
풍화암	28~42	6~192	30~344	–	13~58	22~43	–	–	50~391
연암	31~42	–	10~43	–	22~53		–	–	34~121
경암	30~108	6~86	30~74	9~226	–	18~33	–	–	43~148

여기에서 장변부는 그림 4.4에 표시된 바와 같이 모서리부를 제외한 지점에서 측정된 값을 기준으로 한 것으로 E1주탑케이슨의 경우 시추위치 BH-34 지점에 대해서 CF-6반압계와 CF-7반압계의 평균치를 적용하였고, 시추위치 BH-35 지점에 대해서는 CF-3반압계와 CF-2반압계의 평균치를 사용하였다.

한편 W1주탑케이슨의 경우 시추위치 BH-8 지점에 대하여는 CF-1반압계로 측정한 값을 적용하였으며, 시추위치 BH-33 지점에 대하여는 CF-3반압계로 측정한 값을 적용하였다.

계측 결과 표 4.5에 의하면 해성퇴적토층과 풍화토층에서 모서리부가 장변부보다 날끝부 지반반력의 변화가 큰 것으로 측정되었고, 또한 지반반력은 하부로 갈수록 전반적으로 증가하다가 풍화암층 하부에서는 급격히 감소하였다.

이와 같이 날끝부 반압계에 의해 측정된 지반반력의 증감 원인은 케이슨기초 모서리부에 하중이 집중하는 경향이 있으며, 기초규모가 크므로 침설심도에 따라 선단지층의 연경도 변화가 크고 침설 시 편심이 발생하였기 때문이다.

그리고 침설 초기에는 침설속도가 커서 하부지반으로 내려갈수록 지반반력이 증가하나 풍화암층부터는 일반굴착이 이루어지지 않고 날끝부 근처에 천공하여 암반을 발파하고 침설속도 또한 작기 때문에 지반반력은 감소하게 된다.

4.6.2 함내기압

그림 4.12는 침설심도에 따른 함내기압의 측정 결과를 도시한 결과이다. 함내기압 측정은 케이슨을 두 구역으로 분할하여 각각 2개소에 측정장치를 설치하여 심도별 함내기압을 측정하였다. 그리고 각 지층에서 함내기압의 증감은 본 케이슨기초가 설치되는 서해지역의 조수 간만의 차를 반영하고 있다.

그림 4.12와 같이 함내기압의 실측치는 해수면에서 날끝부까지 전부 물로 가정할 경우 물의 압력을 이론적으로 계산한 이론기압과 같이 선형적으로 증가하지 않는다는 것을 알 수 있다. 즉, 함내기압은 지층의 종류에 따라 발생되는 간극수압의 크기는 토층일 경우 심도의 증가와 비례하나, 암반층 굴착 시 함내기압은 굴착심도보다 절리 사이에 존재하는 공극수에 의한 간극수압에 상응하기 때문이다. 그러므로 암반층 구간에서는 간극수압에 의한 함내기압의 증가율은 일반적으로 토층보다 감소한다.

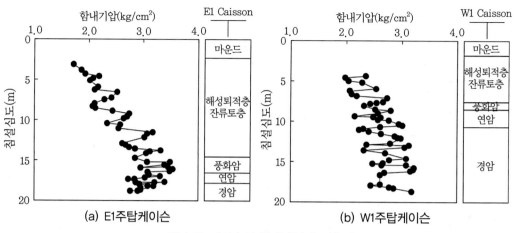

그림 4.12 케이슨의 함내기압의 실측치

E1주탑케이슨의 함내기압은 풍화암층 이하에서는 일정한 양상을 보이고 있고, W1주탑케이슨의 함내기압은 풍화암층, 연암층 및 경암층 구간에서 함내기압의 증가량이 다소 둔화된다는 것을 알 수 있다.

4.6.3 수하중

침설 시 수하중 제어는 침하촉진 및 경사수정 등 침하관리상 중요한 사항이다. 수하중은 측정된 계측값을 활용하여 산정하였으며 케이슨의 각 4개소에 설치하여 심도별 간극수압을 측정하였다. 케이슨 굴착 시 계측된 수압에서 수두를 구하고 주수량을 계산하였다. 그림 4.13은 각 침설심도에 따른 수하중을 도시한 결과이다. 그림 4.13(a)는 E1주탑케이슨 시공 중 적용한 수하중을 침설심도별로 도시한 결과이다. 이 결과에 의하면 마운드 및 해성퇴적층 상부에서는 2,200~2,600ton의 큰 수하중이 재하되었다가 심도가 깊어짐에 따라 약 500ton 정도의 수하중에서 거의 일정한 상태를 보이고 있다. 즉, 굴착 초기에는 케이슨을 침하시키기 위하여 큰 수하중이 필요하였으나 어느 심도 이하에서는 케이슨 자체의 중량이 크므로 상대적으로 적은 수하중으로도 시공이 가능함을 보여주고 있다.

그림 4.13(b)는 W1주탑케이슨 시공 중 적용한 수하중을 굴착심도별로 도시한 결과로 마운드에서 최고 2,200ton의 수하중이 재하 되었다가 침설심도가 깊어짐에 따라 700~1,150ton 범위에서 거의 일정한 상태를 보이고 있다.

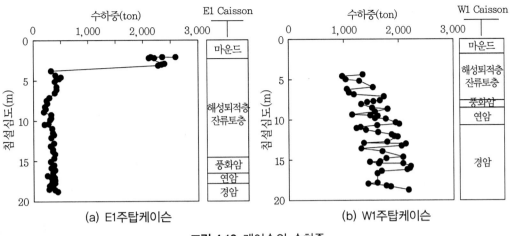

(a) E1주탑케이슨   (b) W1주탑케이슨

그림 4.13 케이슨의 수하중

4.6.4 조 위

그림 4.14는 E1주탑케이슨과 W1주탑케이슨에 대하여 심도별 조위의 차를 도시한 결과이다. 각 그림의 횡축은 조위를 종축은 침설심도를 나타내고 있다. 조위는 기설치된 strainer 관내에 간극수압계를 삽입시켜 계측된 수압을 수두로 환산하여 계산하였다. 이들 그림에서 보는 바와 같이 본 현장의 조수간만의 차는 계측결과 최대 약 8m에 이르고 있음을 알 수 있다.

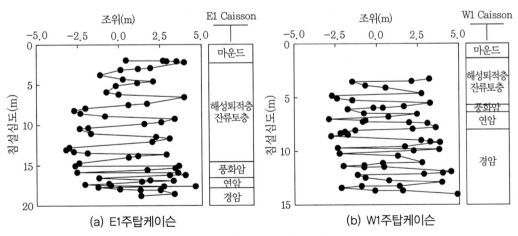

(a) E1주탑케이슨   (b) W1주탑케이슨

그림 4.14 주탑케이슨 구간의 조위 변화

4.7 케이슨의 지지력

4.7.1 주면마찰력

(1) 주면마찰력 측정치

뉴매틱케이슨 침설 시 발생하는 주면마찰력은 케이슨의 침하과정에서 발생하는 흙과 케이슨 사이의 전단저항력이다. 주면마찰력은 침하저항력으로 작용하기 때문에 침하력이 이보다 큰 하중을 갖도록 설계되어야 한다. 그렇지 않으면 케이슨을 침하시키기 위해서 추가하중을 재하하여야 되므로 주면마찰력을 합리적으로 산정할 필요가 있다.

케이슨 침설 시 작용하는 외력에는 침설방향에 따라 상향력과 하향력으로 구분할 수 있다. 상향력은 케이슨의 침설에 저항하는 외력으로 함내기압, 날끝부 반력, 케이슨 측면부의 주면마찰력이 적용한다. 하향력은 케이슨의 침설방향과 동일한 방향으로 작용하는 외력으로써 수하중과 케이슨본체의 구체자중이 있다.

본 현장에서는 뉴매틱케이슨의 침설 시 발생하는 주면마찰력을 산정하기 위하여 케이슨 침설 시 작용하는 상향력과 하향력을 각각 구분하여 측정하였다. 즉, 상향력으로 작용하는 함내기압과 날끝부반력을 절대압계와 반압계에 의하여 실측하였으며, 하향력으로 작용하는 수하중은 간극수압계로 측정하였다. 케이슨본체의 구체자중은 콘크리트 타설 높이로 계산할 수 있다.

케이슨의 침하는 침설방향과 동일한 방향으로 작용하는 하향력이 상향력보다 클 경우에 발생한다. 즉, 케이슨이 (구체자중＋수하중)≥(함내기압＋날끝지지력＋주면마찰력)의 조건을 만족할 경우 침설이 발생한다. 이 조건을 이용하면 케이슨 침설 시 발생하는 케이슨의 주면마찰력을 산정할 수 있다. 주면마찰력의 계산 시 이용된 계측치는 1일 단위로 케이슨의 침설과정에 따라 측정하였다. 표 4.6은 주면마찰력산정을 하기 위해 필요한 지층별 점착력과 단위중량을 정리한 표이다.[9]

표 4.6 토질정수 값[9,11,13]

토질	지역	실험치	
		W1주탑	E1주탑
해성퇴적토	단위중량 $\gamma(t/m^2)$	1.8	1.8
	내부마찰각 $\Phi(°)$	30	30
	점착력 $c(t/m^2)$	13.5	11.2
풍화암	단위중량 $\gamma(t/m^2)$	2.0	2.0
	내부마찰각 $\Phi(°)$	30	30
	점착력 $c(t/m^2)$	15.9	11.9
연암	단위중량 $\gamma(t/m^2)$	2.1	2.1
	내부마찰각 $\Phi(°)$	35	35
	점착력 $c(t/m^2)$	15.9	11.9
경암	단위중량 $\gamma(t/m^2)$	2.2	2.2
	내부마찰각 $\Phi(°)$	40	40
	점착력 $c(t/m^2)$	50	50

(2) 주면마찰력의 분포

위에서 설명한 뉴매틱케이슨의 침설 시 발생하는 주면마찰력의 산정방법을 이용하여 케이슨의 초기 침설단계부터 침설 완료 시점까지의 주면마찰력을 산정하였다.

그림 4.15는 종축을 케이슨 침설심도, 횡축을 케이슨이 침설되는 동안 침하저항력으로 작용하는 케이슨 주면마찰력으로 정하고 침설심도에 따른 주면마찰력의 분포를 E1주탑케이슨 및 W1주탑케이슨에 대해 각각 나타낸 결과이다.

주면마찰력 계산 시 케이슨이 마운드공에 착저하여 초기침하를 실시할 때까지의 주면마찰력은 계산에서 제외시켰다. 이는 케이슨이 마운드공에 착저 시 굴착작업을 위한 기계의 설치 및 계측기의 설치 등으로 인한 작업의 지연과 파압 등에 인한 케이슨의 경사 등으로 인해 계측값의 신뢰도가 낮기 때문이다.

E1주탑케이슨의 경우 침하저항력으로 작용하는 케이슨 주면마찰력이 토사층, 풍화암, 연암 및 경암에서 발생되는 비율은 11.61:2.20:1.37:1이다. W1주탑케이슨의 경우에는 침하저항력으로 작용하는 주면마찰력이 토사층, 풍화임, 연암 및 경암에서 발생되는 비율은 4.89:2.70:1.91:1로 나타났다.

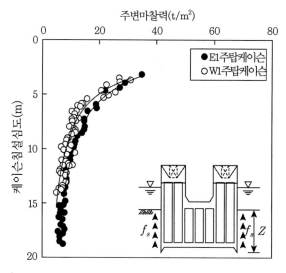

그림 4.15 주탑케이슨의 심도에 따른 주면마찰력

그림 4.15와 같이 케이슨 주면마찰력은 케이슨 침설에 따라 토사층에서 가장 큰 값을 나타내고 풍화암, 연암 및 경암으로 침설이 진행됨에 따라 주면마찰력은 약간 감소하다가 기반암 구간에서는 일정해진다는 사실을 알 수 있다.

그림 4.15로부터 주면마찰력의 분포양상은 직선분포보다 포물선분포에 근접한다는 사실 또한 알 수 있다. 즉, 깊은기초로 분류되는 말뚝기초는 말뚝을 관입 시 주면마찰력이 증가하거나 혹은 일정해진다(Vesic, 1997)는 것과 상이하다는 것을 분명히 알 수 있다.[20]

그러나 본 현장에서 시공된 뉴매틱케이슨의 경우는 말뚝기초의 형태와 다르다. 케이슨은 저부가 확대되어 있어 침설 시 해성퇴적층 주위지반을 교란시키고, 기반암 구간에서도 천공 및 발파작업 등을 실시하여 암과 케이슨벽체의 마찰을 제거시켰다. 이것은 케이슨이 지반에 관입될 때 하단부에서 지반과의 전단저항력을 없애주는 효과를 가져 온다. 또한 케이슨 선단부는 침설 시 마찰저항력을 감소하기 위하여 구체보다 직경이 확대된 Friction Cut을 설치하였다. 그래서 초기에는 케이슨 구체 외주면과 주면지반에 공극이 발생되나 침설이 진행됨에 따라 상부해성퇴적층이 케이슨 주면부에서 재성형되어 부착되므로 마찰저항효과를 가져오게 된다. 하지만 하부지층으로 내려갈수록 지반 강성이 증가되어 선단 저항력에 의한 상부하중 분담효과가 증가되어 상대적으로 주면마찰저항력의 분담률은 감소한다. 그래서 케이슨 최종 침설 시 주면마찰력이 포물선 형태로 감소하는 경향을 보인다.

본 현장에서 약 7개월 동안 케이슨기초 굴착침하 공정이 실시되었다. 일반적인 깊은기초는 거의 하루 만에 시공이 완료되므로 시공속도에 대한 주면마찰거동 특성에 대한 연구는 의미가 없으나 실제 뉴매틱케이슨기초 또는 우물통기초 같은 대형기초 시공 시 다층지반을 대상으로 하고 있고 대부분 연암이상 지반에 선단부를 근입시키고 있으므로, 계획 소요심도까지 침설시키기 위하여 장기간이 요구된다. 그러므로 침설속도와 침설심도에 의한 주면마찰력의 거동 특성을 연구하기 위하여 그림 4.16과 4.17에 각각 E1주탑케이슨과 W1주탑케이슨의 침설속도와 주면마찰력 및 침설속도와 침설심도와의 관계를 도시하였다.

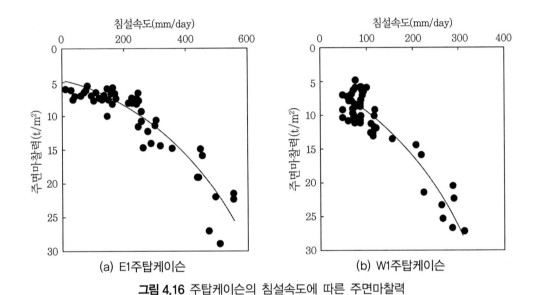

그림 4.16 주탑케이슨의 침설속도에 따른 주면마찰력

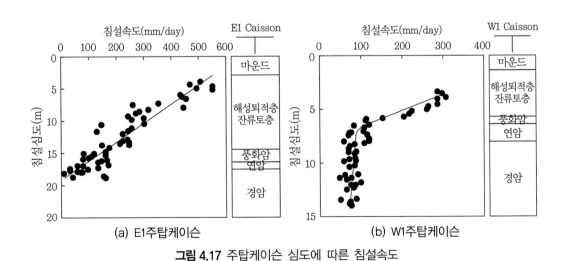

그림 4.17 주탑케이슨 심도에 따른 침설속도

그림 4.16과 그림 4.17로부터 E1주탑케이슨과 W1주탑케이슨의 침설속도가 클수록 주면마찰력은 크게 발휘되고 침설속도는 침설심도가 깊어질수록 작아지는 것을 알 수 있다. 침설속도는 해성퇴적층 구간에서 굴착이 용이하여 침설이 빠르게 진행되고 기반암층에서는 발파작업 등으로 침설속도가 작게 나타나고 있다. W1주탑케이슨의 경우 암반의 출현심도가 E1주탑케이슨에 비해 상당히 빨리 나타나기 때문에 침설속도가 저하되고 있다.

(3) 마찰계수

그림 4.18(a), (b)는 E1주탑케이슨과 W1주탑케이슨 침설 시 현장계측 결과로부터 구한 주면마찰력(그림 4.15)과 Tomlinson의 비배수전단강도를 이용한 식 (3.10)의 α법,[18,19] Burland의 유효응력을 사용한 식 (3.12)의 β법,[12] Vijayvergiya와 Focht의 식 (3.13)의 λ법[21]과 홍원표(1987)의 식 (3.14)의 K_n법[7] 등의 각 방법에 의한 마찰계수를, E1주탑케이슨과 W1주탑케이슨에 대하여 계산한 결과이다.

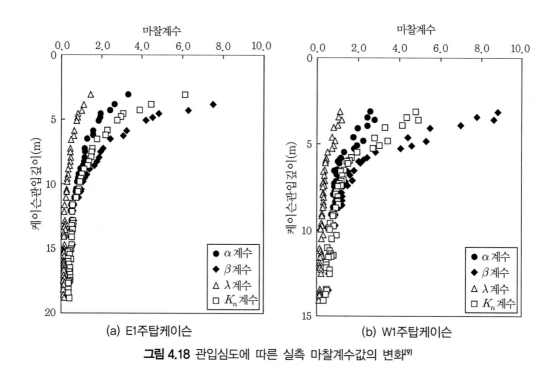

그림 4.18 관입심도에 따른 실측 마찰계수값의 변화[9]

이 그림은 산정된 마찰계수(α법, β법, λ법 및 K_n법)와 심도와의 상관성을 분석한 결과이다. 네 가지 방법 모두 다 지층의 종류와 상관없이 케이슨 침설심도에 따라 비선형적으로 감소하다가 하부로 내려갈수록 거의 일정한 값으로 수렴됨을 알 수 있다. 이러한 분포양상은 그림 3.17과 같이 관입깊이에 따른 λ값의 변화[21]와 거의 같은 경향을 나타내는 것으로 케이슨기초의 마찰계수 분포는 지층의 깊이에 영향을 받음을 알 수 있다.

4.7.2 접지압분포

E1주탑케이슨의 날끝부에 설치된 반압계로 측정된 반력은 케이슨기초와 지반 사이의 접지면에 작용하는 접지압을 의미한다. 이 접지압은 하중의 크기, 기초의 강성, 지층의 종류, 주변지반의 구속조건 등에 따라 변한다. 대형 뉴매틱케이슨기초 침설 시 발생되는 기초 접지압의 크기와 분포를 고찰하면 다음과 같다.

(1) 심도별 평균접지압

E1주탑 뉴매틱케이슨기초 침설 시 그림 4.4(a)와 같이 날끝부에 설치한 반압계에 의하여 측정된 접지압의 크기 변화를 장변부와 모서리부로 구분하여 함께 그림 4.19에 도시하였다. 이 그림에서 심도에 따른 접지압의 크기는 장변부의 경우 CF-2, CF-3, CF-6, CF-7의 4개의 반압계로 측정한 접지압의 평균치를 적용하였고, 모서리부의 경우는 CF-1, CF-4, CF-5, CF-8의 4개의 반압계로 측정한 접지압의 평균치를 구하여 도시하였다.

그림 4.19에서 장변부의 접지압 크기는 심도에 따른 지층의 변화에 크게 영향을 받지 않고 거의 일정한 크기를 보이고 있다. 반면에 모서리부에서의 접지압 크기는 심도에 따른 지층의 변화에 영향을 크게 받는 것으로 나타났다.

예를 들면, 해성퇴적층의 상부에서는 접지압의 크기가 G.L. −8.5m 지점까지 거의 일정한 값을 보이다가 해성퇴적층 하부 구간에서 접지압이 급격히 증가한 다음 G.L. −13.0m 지점까지 거의 일정한 값을 나타내고 있다. 한편 풍화암 구간에서는 접지압의 크기는 심도가 증가함에 따라 감소하였다.

이와 같이 심도 및 지층에 따른 접지압 크기 변화의 주요 원인은 해성퇴적층의 경우 뉴매틱케이슨기초의 구체자중이 증가하였기 때문인 것으로 판단되고 풍화암층과 기반암층 구간에서는 해성퇴적층에 비하여 모서리부의 접지압 크기가 급격히 감소하였는데, 이는 침설심도가 깊어짐에 따라 주면마찰저항력이 증가하였기 때문인 것으로 판단된다.

그 밖에도 그림 4.19에서 보는 바와 같이 장변부의 경우 접지압 크기는 모서리부에 비하여 침설심도의 변화와 무관하게 거의 일정한 값을 보이고 있다. 또한 장변부보다 모서리부에서 큰 접지압이 발생하므로 전단응력이 모서리부에서 먼저 항복된다는 것도 짐작할 수 있다.

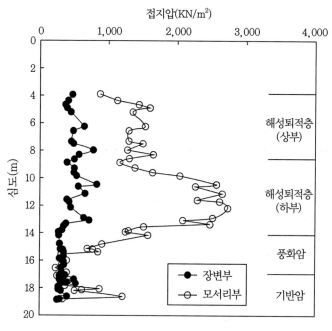

그림 4.19 심도에 따른 평균접지압 분포도

(2) 심도별 접지압분포의 변화

심도에 따른 접지압분포를 해성퇴적층, 풍화암층과 기반암층으로 구분하여 그림 4.20과 같이 제시하였고, 그림 속에 있는 화살표의 방향은 뉴매틱케이슨기초 침설 시 심도의 증가에 따른 모서리부에서 접지압분포의 변화를 도시한 결과이다.

CF-4와 CF-5 및 CF-1과 CF-8은 각각 E1주탑케이슨의 좌측과 우측 모서리에 설치한 날끝부 반압계이며 측정 결과에 의하면 그림 4.20(a), (b)의 해성퇴적층 상부 구간에서보다 그림 4.20(c), (d)의 해성퇴적층 하부 구간에서 접지압 분포의 크기가 크다.

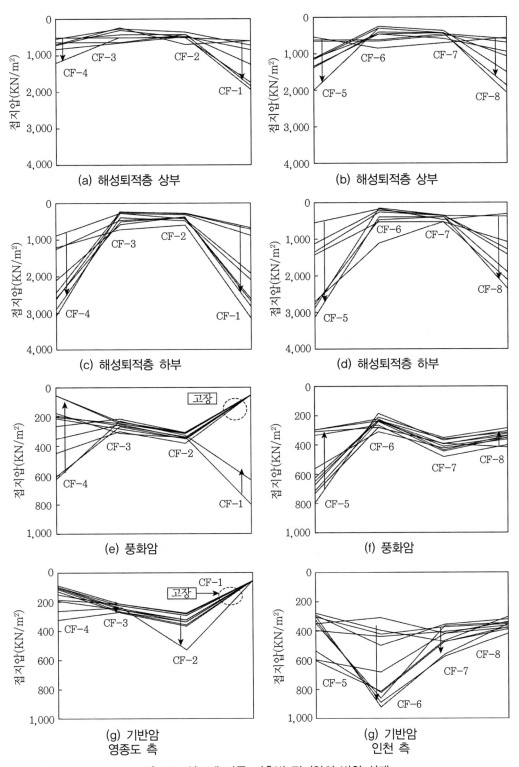

그림 4.20 심도에 따른 지층별 접지압의 변화 상태

그리고 CF-3과 CF-6 및 CF-2와 CF-7은 각각 E1주탑케이슨의 모서리를 제외한 장변부에 위치한 반압계이며 그림 4.20(a), (b)의 해성퇴적층 상부에서부터 그림 4.20(c), (d)의 해성퇴적층 하부 구간까지 접지압 분포는 비슷하다.

따라서 해성퇴적층 상부 구간에서 하부 구간까지 측정된 접지압의 분포는 모서리부에서 크고 장변부에서는 작은 것으로 나타났다. 그러므로 접지압 분포 특성은 장변부에 작용하는 접지압이 모서리부에 작용하는 접지압보다 작으므로 위로 볼록한 형태의 접지압 분포 특성을 보이고 있으며 해성퇴적층 하부 구간에서는 위로 볼록한 형태의 분포양상이 더욱 뚜렷해졌다.

그림 4.20(e), (f)에 의하면 풍화암 구간은 접지압이 모서리부에서 급격히 감소되는 반면에 장변부에서 접지압은 거의 일정하거나 약간 감소하였다. 따라서 풍화암 지역에서 장변부와 모서리부의 접지압분포는 해성퇴적층과 비교할 때 모서리부에서만 접지압 크기가 감소하였으므로 위로 볼록한 형태의 접지압분포 특성이 둔화되었다는 것을 알 수 있다.

기반암 구간에서의 접지압은 그림 4.20(g), (h)에 의하면 모서리부에서는 약간 감소하고 장변부에서는 증가하여 아래로 볼록한 형태의 접지압 분포로 나타났다.

(3) 지층별 최대접지압분포

뉴매틱케이슨기초 침설 시 침설지층에 따라 발생한 접지압의 최대치를 모서리부와 장변부로 구분하여 평균한 값을 표 4.7에 정리하였다. 그림 4.21에서 모서리부와 장변부의 최대접지압을 표 4.7을 이용하여 도시하였다. 이 그림에 의하여 뉴매틱케이슨과 같은 강성기초에 대하여 지층별 접지압분포를 정리하여 기존에 제시된 접지압분포 특성과 비교해보았다.

점성토 지반상의 연성기초는 하중재하 시 장변부의 침하량이 모서리부의 침하량보다 크다. 그러나 강성기초의 경우 기초 아래의 지반 종류와 상관없이 균등침하가 발생되나 접지압은 등분포로 발생되지 않는다(Fang, 1991).[15]

표 4.7 케이슨침설지층에 따른 최대접지압의 평균치(kN/m^2)

구분		모서리부		장변부	
		CF-4, CF-5 최대접지압	CF-1, CF-8 최대접지압	CF-3, CF-6 최대접지압	CF-2, CF-7 최대접지압
해성퇴적층	상부	2,000	1,990	770	690
	하부	3,080	2,730	1,090	580
풍화암		710	600	310	440
기반암		470	410	590	550

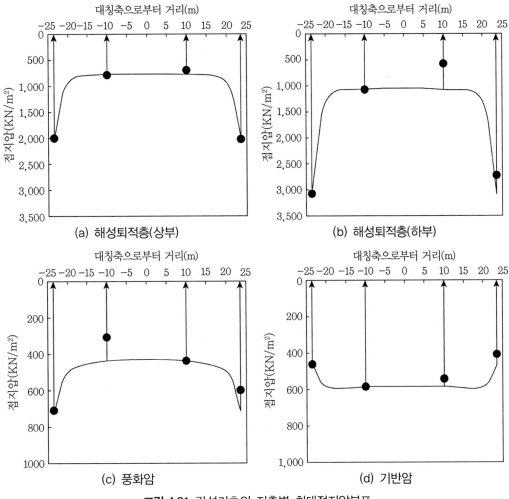

그림 4.21 강성기초의 지층별 최대접지압분포

　뉴매틱케이슨기초의 침설 시 해성퇴적층에서 발생하는 최대접지압은 모서리부가 장변부보다 약 2.6~2.8배 크게 발생되고 있으며, 풍화암층에서는 최대접지압이 1.6배 정도 모서리부가 장변부보다 크므로 접지압분포 특성은 아래로 내려갈수록 균등하게 되는 경향이 있으며 작선분포가 아닌 것을 확인할 수 있었다.

　또한 기초에 작용하는 하중에 의하여 실제로 기초 모서리부에서 접지압이 크게 증가되나 탄성이론식(Timoshenko & Goodier, 1951)[17]과 달리 무한대는 되지 않는다는 것을 보여주고 있다. 그러므로 접지압 크기를 계산할 경우 모서리부에서 발생되는 접지압은 보정하는 것이 타당하다고 판단된다.

그리고 기반암 구간의 경우 모서리부의 접지압은 약간 감소하거나 일정한 상태이고 장변부의 접지압은 지속적으로 약간씩 증가한다. 그 결과 심도가 깊어짐에 따라 위로 볼록한 모양에서 아래로 볼록한 모양의 접지압분포가 된다. 이러한 결과는 Kögler(1936)와 Faber(1993)[14]가 지중구조물(강성기초)에 제시한 접지압분포와 유사하게 나타났다.[6]

그림 4.21에 의하면 뉴매틱케이슨의 접지압분포는 접지면에서 지층의 연경도와 침설 시 구체의 경사에 의하여 발생된 편심하중에 따라 약간의 차이는 있지만 대칭분포를 보이고 있다는 것을 알 수 있다.

(4) 접지압분포 특성에 의한 기초설계

뉴매틱케이슨기초와 같이 폭이 대단히 넓은 전면기초에 대하여 접지압분포 특성을 분석하기 위하여 임의의 심도에 대하여 그림 4.22와 같이 접지압분포를 3차원 모양으로 나타내었다. 그 결과 그림 4.22(a)의 모서리부인 CF-4지점을 제외하고 접지압분포 형태는 전체적으로 대칭의 곡선형태이다. 단 그림 4.22에서 빗금 친 부분은 단변방향으로 접지압을 측정하지 않았으므로 장변방향의 경향을 고려하여 적용하였다.

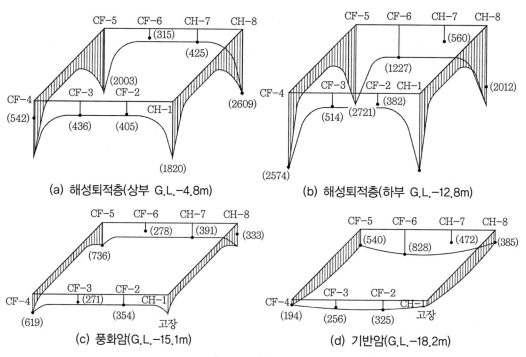

그림 4.22 접지압 분포도

일반적으로 기초를 설계할 때 기초바닥에 작용하는 접지압은 직선으로 분포한다고 가정하고 기초단면 및 철근량을 계산한다. 그러나 그림 4.22(a) 및 (b)에 의하면 장변부와 모서리부에서 발생한 접지압의 크기는 G.L.-4.8m 지점과 G.L.-12.8m 지점의 해성퇴적층에서 모서리부가 장변부보다 4배 정도 큰 것으로 나타났다. 그러므로 이와 같이 폭이 대단히 넓은 강성기초에 대하여 모서리부를 기준으로 단면설계를 할 경우 과다설계가 될 수 있고, 반대로 장변부를 기준으로 할 경우 모서리부는 과소설계가 될 수 있다. 이는 소형기초일 경우 안전율에 의한 여유로 크게 문제가 발생되지 않으나 폭이 넓은 전면기초에 대해서는 실제로 문제가 발생될 수 있다는 것을 의미한다.

한편 그림 4.22(d)에서 기초 지지지반인 기반암에 대한 접지압의 크기는 장변부에서 최대로 나타났다. 본 기반암에서 접지압의 크기는 항복하중 이전의 상태로 볼 수 있으며 지지력에 대한 안정성을 확보하기 위하여 이 값 이상의 지지력을 확보해야 한다.

(5) 실측치와 이론식에 의한 접지압 크기

그림 4.23은 실측된 평균접지압과 Ohde(1939)[16]의 산정식 (3.3)을 이용하여 계산된 접지압의 크기를 심도별로 비교하였다(제3장 참조).

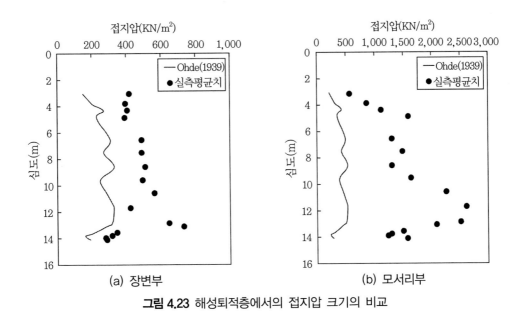

그림 4.23 해성퇴적층에서의 접지압 크기의 비교

그림 4.23(a)에 의하면 장변부 구간에서 실측된 평균접지압의 크기는 계산된 접지압의 크기와 비교할 때 약 2배 정도 큰 것으로 조사되었다. 그리고 모서리부에서 계산된 접지압의 최대치는 실측된 접지압의 크기의 약 3~6배 정도 큰 것으로 나타났다(그림 4.23(b) 참조).

이는 케이슨기초와 같이 폭이 넓고 지중에 깊이 근입된 강성 띠기초에 대한 기존의 산정식을 이용하여 접지압을 계산할 경우 기초의 폭과 근입깊이에 의한 영향으로 인하여 계산된 접지압의 크기가 실제와 다르게 평가 될 수 있음을 보여주고 있다.

4.7.3 내부기압

(1) 이론기압

이론기압은 해수면에서 날끝부까지 전부 물로 가정할 경우 물의 압력을 이론적으로 계산한 값이다. 그림 4.24에 도시한 바와 같이 이론기압은 지층의 종류에 따라 압력차가 발생되며 최종굴착 심도까지 이론기압은 증가한다는 것을 알 수 있다.[2,4]

그러나 그림 4.12에서 본 바와 같이 함내기압의 실측치는 이론기압과 같이 침설심도에 따라 증가하지 만은 않고 있다. 즉, 함내기압은 토층에 따라 발생되는 정도가 다름을 의미하고 특히 암반층 굴착 시에는 수위에 의한 이론기압보다 작은 함내기압이 사용되었다.

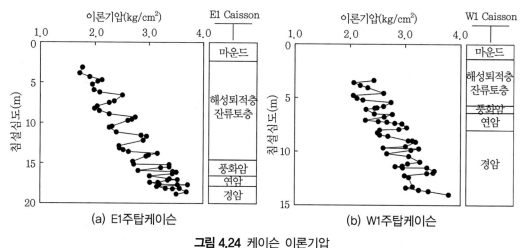

그림 4.24 케이슨 이론기압

(2) 실측기압과 이론기압의 기압차

그림 4.25는 케이슨의 함내기압의 실측치와 이론기압 사이의 기압차를 도시한 결과이며 표 4.8은 케이슨의 함내기압의 실측치와 이론기압 사이의 기압차를 정리한 표이다. 이 결과에 의하면 해성퇴적층, 잔류토층, 풍화암층 상부 구간에서는 함내기압의 실측치가 이론기압보다 약간 크나 풍화암층 하부 구간부터는 실측치가 이론기압보다 낮게 측정되었음을 알 수 있다.

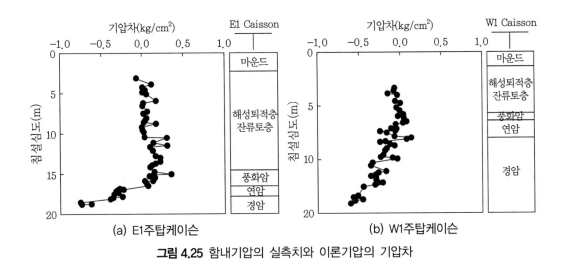

그림 4.25 함내기압의 실측치와 이론기압의 기압차

표 4.8 이론기압과 실측함내기압의 기압차(kg/cm²)

구분		토사층	풍화암층	연암층	경암층
E1주탑	이론기압	1.75	3.22	3.35	3.50
	함내기압	1.98	3.08	3.18	3.29
	최대기압차(%)	−0.23(113.1%)	0.14(95.7%)	0.17(94.9%)	0.21(94.0%)
W1주탑	이론기압	2.16	2.51	2.75	3.54
	함내기압	2.26	2.48	2.64	3.14
	최대기압차(%)	−0.1(104.6)	0.03(98.8)	0.11(96.0)	0.4(88.7)

한편 그림 4.26은 지층별 이론기압과 실측기압의 관계도이다. 이 그림의 종축에는 침설깊이를, 횡축에는 기압을 정하여 이론기압과 실측 함내기압을 함께 도시하였다. 여기서 이론기압은 케이슨 날끝부 심도와 조위로부터 구할 수 있다. 이 결과에 의하면 침설초기에는 이론기압보다 약간 높은 함내기압에서 air blow를 실시했기 때문에 실제 함내기압이 이론기압에 비

해 E1주탑케이슨의 경우 최대 113.1% 상회하였다.

그리고 풍화암층이 출현되는 심도부근에서 함내기압의 실측치는 이론기압보다 작게 작용하는 것으로 나타나고 있다. 이것은 암반의 투수계수가 일반토사층의 투수계수보다 작으므로 함내기압을 이론기압보다 작게 유지시켜도 해수의 침투는 없기 때문이다. 따라서 추후 동공법 채용 시 암반에서의 함내기압 적용은 이론기압보다 작게 작용하여야 할 것으로 판단된다.

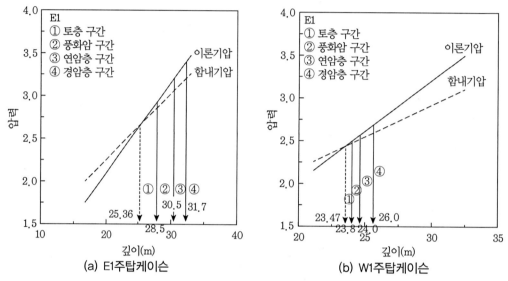

그림 4.26 지층별 실측기압과 이론기압의 기압차

참고문헌

1. 대한토목학회(2001), 도로교 설계기준(하부구조편), p.156.

2. 박현구(2000), 영종대교 주탑 하부구조의 설계와 시공에 관한 연구, 중앙대학교 건설대학원 석사학위논문.

3. 신공항고속도로주식회사(1996), 뉴매틱케이슨 실시설계보고서.

4. 정광민(2001), 뉴매틱케이슨기초의 지지력 산정에 관한 연구, 중앙대학교 일반대학원.

5. 한국도로공사(1996), 뉴매틱케이슨 시공보고서, 한국도로공사, 인천국제공항 건설사업소.

6. 홍원표(1999), 기초공학특론(I) 얕은기초, 중앙대학교 출판부, pp.283~286.

7. 홍원표 · 성안제(1987), "점토지반 속 말뚝의 마찰저항 산정법", 대한토목학회 학술발표회 논문집(I), pp.427~442.

8. 홍원표 · 박현구 · 여규권 · 정광민(2000), "영종대교 주탑하부 구조의 설계와 시공에 대한 연구", 2000년도 대한토목학회 학술발표회, 대한토목학회, pp.181~184.

9. 홍원표 · 여규권 · 김태형(2004), "대형 뉴매틱케이슨의 주면마찰력 산정", 한국지반공학회논문집, 제20권, 제4호, pp.15~27.

10. 홍원표 · 여규권(2008), "대형 뉴매틱케이슨 강성기초의 접지압분포", 대한토목학회논문집, 제28권, 제2C호, pp.105~115.

11. Bowles, J.E.(1988), Foundation Analysis and Design,4th ed., Mc Graw-Hillpp.733~738.

12. Burland, J.B.(1973), "Shaft friction of piles foundation in clay" A simple fundamental approach "Ground Eng.", Vol.6, No.3, pp.30~42.

13. Cernica, J.N.(1995), Geotechnical Engineering Foundations Design, Youngstown State University, pp.436~439.

14. Faber, O.(1993), "Pressure distribution under bases and stability of foundations", Structural Eng. Vol.11.

15. Fang, H.Y.(1991), Foundation Engineering Handbook, 2nd ed. Van Nostrand Reinhold.

16. Ohde, J.(1939), "Zur Theoric der Druckvertilung im Baugrund", Der Bauingiur, No.33/34, August 25.

17. Timoshenko, S. and Goodier, J.N.(1951), Theory of Elastic, 2nd ed. McGraw-Hill, New York.

18. Tomlinson, M.J.(1971), "Some effects of pile driving on skin friction", Proc., Conference on Behaviour of Piles, ICE, London, pp.107~114.

19. Tomlinson, M.J.(1995), Foundation Design and Construction, 6th ed. Longman Singapore Publishers(Pte) Ltd. pp.62~63.

20. Vesic, A.S.(1997), "Design of Pile Foundation", Transportation Research Board National Research Council, Washington, DC.

21. Viayvergiya, V.N. and Focht, J.A.Jr.(1972), "A new way to predict the capacity of piles in alay", 4th Annual Offshore Tech Conf., Houston, Vol.2, pp.865~874.

쇄석말뚝

05 쇄석말뚝

5.1 쇄석말뚝공법의 배경

연약지반 개량 및 보강목적으로 말뚝을 이용하는 공법은 사용된 말뚝의 강성을 기준으로 크게 세 가지 형태로 분류할 수 있다. 먼저 연성말뚝으로 분류할 수 있는 조립재 말뚝공법(모래, 자갈, 쇄석, 폐콘, 재생골재 등을 말뚝 재료로 사용), 중간 정도의 강성을 가지는 심층혼합처리 혹은 주입 방식에 의한 말뚝시공법, 마지막으로 말뚝을 강체로 가정하여 해석할 수 있는 현장타설콘크리트말뚝 및 기성말뚝공법으로 크게 구분할 수 있다.

이 중 첫 번째 공법인 조립재 말뚝공법에 속하는 쇄석말뚝(stone pile)공법은 1830년대에 프랑스에서 지반개량 목적으로 처음 고안되었으며 1950년대에 이르러 전 유럽에 널리 퍼져 지금까지 잘 활용되고 있다.[1,6-8]

'Stone column' 또는 'Granular pile'로도 불리는 이 공법은 쇄석말뚝에 하중이 가하여지게 되면 말뚝은 벌징현상(bulging failure mechanism)으로 변형되며 말뚝에 의해 상부응력을 하부 지지층까지 전달한다기보다는 상부응력을 쇄석말뚝과 지반이 서로 분담하여 지지한다는 원리이다.[5] 이는 마치 말뚝과 지반이 함께 상부하중을 지지하는 복합기초로 hybrid foundation 형태라고도 할 수 있다. 따라서 쇄석말뚝을 기초로 활용하는 경우는 엄밀히 말하여 쇄석말뚝 시스템(stone column system)이라 부른다.[1-2,7]

이러한 쇄석말뚝공법의 효과는 기초지반의 지지력을 증가시키며 침하량을 감소시킨다. 또한 쇄석말뚝이 수직드레인재 역할을 하여 주변 점성토 지반의 압밀침하를 촉진하여 지반의 잔류침하를 줄일 수 있는 특징을 갖는다.

쇄석말뚝의 적용대상 토질은 점토, 실트, 모래층 등으로서 도로, 제방, 항만, 유류저장탱크, 공업단지 등 대단위 지역의 기초공법으로 널리 사용되고 있다.

5.2 쇄석말뚝의 시공방법

쇄석말뚝의 시공방법은 다음과 같다.
① 습식 진동치환공법(vibro replacement method)
② 건식 진동치환공법(vibro displacement method)
③ 케이싱 쇄석말뚝공법(cased borehole method)
④ 바이브로 콤포저공법(vibro composer method)
⑤ 동치환공법(dynamic replacement method)

5.2.1 진동치환공법

그림 5.1은 습식 진동치환공법((vibro replacement method)의 작업 공정을 개략적으로 도시한 그림이다. 습식 진동치환공법(vibro replacement method)은 #200번체 통과량이 18% 이상인 점성토 지반에 적용된다. 전기식 또는 유압식 진동기(vibroflot)에 의해 고압수를 분사하여 진동기를 지중에 관입, 홀을 형성한 후 자갈 또는 쇄석을 투입하면서 진동기로 다져 쇄

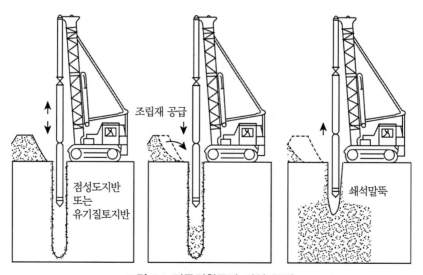

그림 5.1 진동치환공법 작업 공정

석말뚝을 조성하는 방법이다.

건식 진동치환공법(vibro displacement method)은 습식 진동치환공법(vibro replacement method)과 유사하나 진동기(vibroflot)를 관입할 때 고압수를 사용하지 않는 점이 다르다.

물을 사용하지 않으므로 혼탁수에 의한 환경공해는 방지될 수 있다. 그러나 관입 시 홀의 붕괴를 방지하기 위해 지반의 비배수전단강도 c_u가 $0.4{\sim}0.6\text{kg/cm}^2$ 이상이고 지하수위가 낮을 경우에 적용 가능한 공법이다.

5.2.2 케이싱 쇄석말뚝공법

그림 5.2는 케이싱 쇄석말뚝공법(cased borehole method)의 작업공정을 개략적으로 도시한 그림이다. 보링기를 사용하여 케이싱을 설치한 후 양질의 재료 또는 쇄석을 투입하면서 추를 사용하여 다짐작업을 병행 시공한다. 설치한 케이싱은 쇄석말뚝 타설 후 인발한다. 이 공법은 소규모 지역이라서 장비투입이 곤란할 경우에 효과적으로 적용할 수 있다.

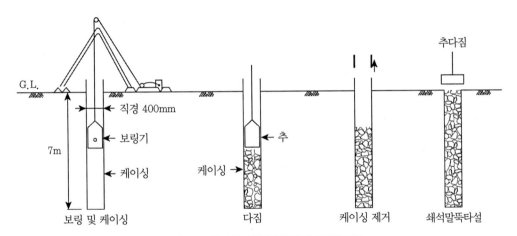

그림 5.2 케이싱 쇄석말뚝공법 작업공정

5.2.3 바이브로 콤포저공법

그림 5.3은 바이브로 콤포저공법(vibro compozer method)의 작업공정을 개략적으로 도시한 그림이다. 이 공법은 일본에서 개발된 공법으로서 '모래다짐말뚝(sand compaction pile)' 공법으로도 불리며, 케이싱을 진동해머를 사용하여 지반에 관입시킨 후 모래를 투입하여 케이싱을 서서히 인발하였다가 다시 관입시키면 지중의 모래는 다짐되면서 모래말뚝이 형성된다.

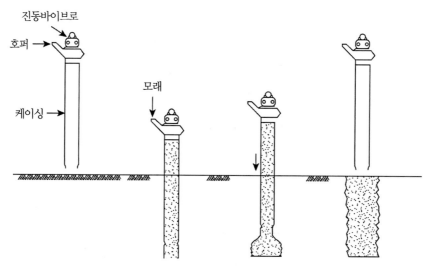

그림 5.3 바이브로 콤포저공법의 작업공정

5.2.4 동치환공법

그림 5.4는 동치환공법(dynamic replacement method)의 작업공정을 개략적으로 도시한 그림이다. 우선 굴착기로 2~3m 깊이의 구덩이를 판 후 쇄석을 투입한다. 무거운 추를 크레인 또는 타워 등을 사용하여 높은 곳으로부터 낙하시켜 타격에너지로 쇄석을 관입한다. 이 작업을 반복하여 대구경 쇄석말뚝을 지중에 조성한다.

이 공법은 대구경의 쇄석말뚝이 지중에 형성되는 동시에 지반의 심층까지 충격에너지에 의한 다짐효과를 주어 지반강도를 증진시키는 공법이다.

동치환공법은 원래 성토지반을 효과적으로 개량할 목적으로 개발된 동압밀공법(dymamic consolidation method)으로부터 발전된 공법이다. 충격에너지에 의한 지반의 다짐효과는 동압밀공법과 같은 원리이나 연약지반에 쇄석말뚝이 형성됨으로써 강재치환에 의한 지반의 전단력이 증가되기 때문에 그 개량효과면에서 다짐공법과 쇄석말뚝공법의 복합공법이라고도 할 수 있다.

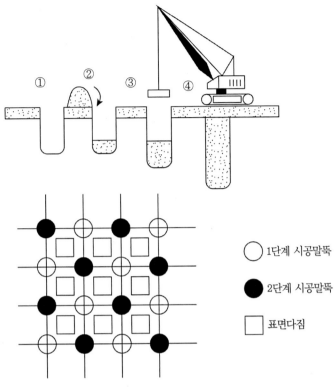

그림 5.4 동치환공법의 작업공정

○ 1단계 시공말뚝

● 2단계 시공말뚝

□ 표면다짐

5.3 쇄석말뚝의 파괴형상

지반의 지지력 증진, 배수효과, 지반보강, 액상화 방지 등의 개량효과를 가지고 있는 쇄석말뚝은 일반적으로 연약지반을 관통하여 지지층에 도달하도록 설계·시공한다. 그러나 연약지반의 심도가 깊은 경우에는 말뚝의 선단이 연약지반층 내에 있도록 설계하기도 한다. 실제 시공에서는 선단이 지지층에 도달하는 선단지지력형식이 대부분이다.

제5.3절에서는 쇄석말뚝의 극한지지력의 산정방법을 설명한다. 극한지지력을 산정하기 위해서는 쇄석말뚝이 설치된 복합지반이 극한상태에 도달하여 쇄석말뚝이 파괴에 도달하였을 때의 파괴거동을 파악해야 한다.

쇄석말뚝의 파괴형상은 크게 네 가지 경우에 대하여 고려해야 한다. 즉, 단일말뚝(single pile), 무리말뚝(column group) 그리고 짧은 말뚝(short column)과 긴 말뚝(long column)의 경우의 파괴형상에 대하여 고려해야 한다.

5.3.1 단일말뚝의 파괴형상

단일말뚝의 파괴형상은 그림 5.5에 개략적으로 도시한 바와 같이 벌징파괴(bulging failure), 전단파괴(shear failure), 펀칭파괴(local shear failure)의 세 가지로 나누어지며 균일한 지반, 비균질 지반에 따라 양상이 다시 나뉜다.

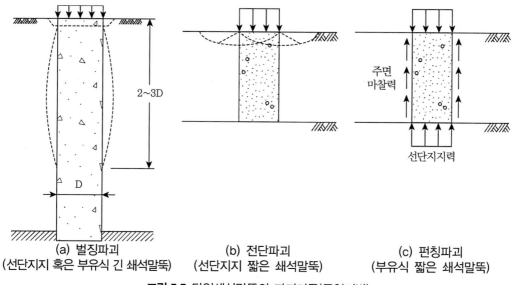

(a) 벌징파괴
(선단지지 혹은 부유식 긴 쇄석말뚝)

(b) 전단파괴
(선단지지 짧은 쇄석말뚝)

(c) 펀칭파괴
(부유식 짧은 쇄석말뚝)

그림 5.5 단일쇄석말뚝의 파괴거동(균일지반)

그림 5.5는 균일 지반의 단일쇄석말뚝의 파괴형상을 나타낸다. 먼저 그림 5.5(a)와 같이 쇄석말뚝의 길이가 직경의 2~3배 이상 되는 긴 쇄석말뚝의 경우에는 벌징파괴가 발생한다. 이 경우 쇄석말뚝의 선단은 단단한 강체 지지층에 지지되어 있거나 연약지반 속에 부유되어 있는 경우 모두에서 벌징파괴가 발생될 수 있다.

그리고 쇄석말뚝의 선단이 단단한 강체 지지층에 지지되어 있지만 길이가 짧은 쇄석말뚝의 경우에는 그림 5.5(b)와 같이 지표면 부근에서 얕은기초의 전면전단파괴와 같은 전단파괴가 발생한다. 따라서 이러한 쇄석말뚝은 선단지지 짧은 쇄석말뚝이라 표현할 수 있다.

하지만 쇄석말뚝의 선단이 연약지반에 떠 있고 길이가 짧은 경우에는 그림 5.5(c)와 같이 펀칭파괴가 발생한다. 여기서 펀칭파괴는 얕은기초에서 발생되는 펀칭파괴의 개념과 약간 차이가 있다. 즉, 쇄석말뚝의 펀칭파괴는 말뚝의 길이가 짧으므로 펀칭파괴 시 쇄석말뚝 전체가 연약지반 속으로 관입되는 경우에 해당한다. 따라서 이러한 말뚝의 파괴를 관입파괴라 칭한

경우도 있다. [1,2]

일반적으로 쇄석말뚝 적용대상 지반의 심도는 대개 말뚝 직경의 2~3배 이상임으로 벌징파괴에 속하는 파괴형태가 대부분이다.

반면에 상당히 연약한 초연약지층이 지반의 내부에 존재하는 불균질한 지반 속의 파괴형태는 그림 5.6과 같다. 즉, 그림 5.6(a)와 같이 상부지층이 하부지층에 비해 상당히 연약한 경우에는 지지력과 침하에 상당한 영향을 미친다. 이 경우 초연약층이 있는 지표부분에서 전단파괴나 벌징파괴가 발생될 수 있다.

그러나 그림 5.6(b) 및 (c)와 같이 지반 속 지층에 이토층 혹은 유기질토층과 같이 매우 연약한 지층이 존재할 경우에는 쇄석말뚝 조성에 심각한 영향을 줄 수 있다. 이때 쇄석말뚝의 파괴는 이 초연약층에서 발생하는데, 초연약층의 두께에 따라 그림 5.6(b) 및 (c)와 같이 두 가지 파괴형태로 발생한다. 즉, 초연약층의 두께(H)와 쇄석말뚝의 직경(D)의 비인 초연약층의 두께비(H/D)가 1 이하로 얇은 경우, 즉 초연약층의 두께가 두껍지 않은 경우는 그림 5.6(b)에서 보는 바와 같이 초연약층에서 국부적인 벌징파괴가 발생되며 초연약층의 두께비(H/D)가 2 이상으로 두꺼운 경우는 그림 5.6(c)에서 보는 바와 같이 초연약층에서 벌징파괴가 발생한다.

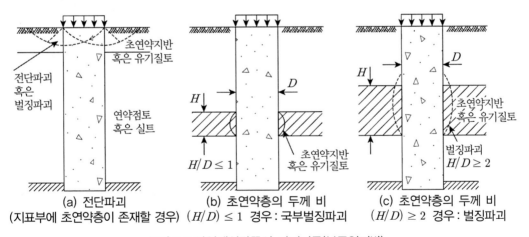

(a) 전단파괴
(지표부에 초연약층이 존재할 경우)

(b) 초연약층의 두께 비
(H/D) ≤ 1 경우 : 국부벌징파괴

(c) 초연약층의 두께 비
(H/D) ≥ 2 경우 : 벌징파괴

그림 5.6 단일쇄석말뚝의 파괴거동(불균일지반)

벌징파괴 및 전단파괴는 연약지반에 영향을 받는다. 그림 5.5와 같이 균일지반인 경우 지표면에 가까울수록 구속압력이 작기 때문에 지표면에 가까운 부분에서 쇄석말뚝의 벌징파괴 및 전단파괴가 발생한다. 하지만 그림 5.6과 같이 매우 연약한 지층이 지반의 내부 깊은 곳에 존재할 경우는 지표면보다 연약지층이 존재하는 위치에서의 구속압력이 더욱 작게 작용하기 때문에 연약지층이 존재하는 부분에서 벌징파괴 및 전단파괴가 발생한다.

5.3.2 무리말뚝의 파괴형상

쇄석말뚝기초의 상부 지표면에 쇄석 또는 양질의 재료를 포설하여 쇄석슬래브를 조성하게 되는데, 이것은 시공 시 중장비의 교통주행성(trafficability) 확보와 쇄석말뚝으로의 성토하중 전달효과를 증대시키는 목적으로 설치한다.

즉, 상부구조물하중이 하부로 전달될 때 그림 5.7에서 보는 바와 같이 쇄석말뚝 사이에서 발달하는 지반아칭(soil arching)현상에 의해 하중이 쇄석말뚝 사이의 강도가 약한 연약층으로 전달되지 않고 강도가 큰 쇄석말뚝으로 전달되게 하는 역할을 한다.[3,4]

따라서 연약지반에 무리쇄석말뚝을 설치하고 성토를 실시하면 그림 5.7에 도시한 바와 같이 말뚝 사이에 있는 연약층의 하중분담을 줄일 수 있으며, 쇄석말뚝을 통하여 지반 심층부의 지지층으로 하중이 전달되는 효과(effect of stress concentration)를 기대할 수 있다.

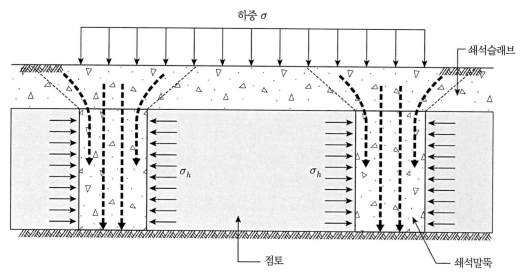

그림 5.7 쇄석말뚝 사이의 지반아칭현상에 의한 성토하중전달 개념도

상부에 포설하는 쇄석슬래브는 말뚝의 벌징 발생위치를 그림 5.8에서 보는 바와 같이 하부 지반으로 이동시키는 역할을 한다. 그림 5.8(a)는 쇄석말뚝 상부에 쇄석슬래브층이 없는 경우

의 쇄석말뚝의 벌징 발생위치를 도시한 그림이고, 그림 5.8(b)는 쇄석말뚝 상부에 쇄석슬래브층이 있는 경우의 벌징 발생위치를 도시한 그림이다. 그림 5.8(a)와 (b)에서 보는 바와 같이 쇄석슬래브층이 있는 경우가 없는 경우보다 벌징 발생위치가 깊게 조성된다.

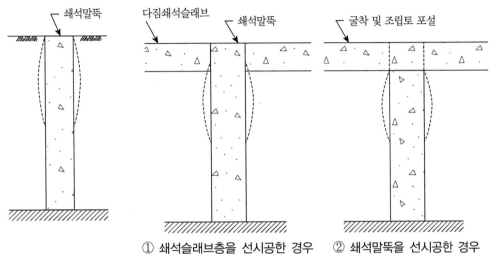

그림 5.8 쇄석슬래브의 영향에 의한 벌징파괴 발생 위치

또한 쇄석슬래브층이 있는 경우는 쇄석슬래브층과 쇄석말뚝 중 어느 것을 먼저 시공하는가에 따라 벌징 발생위치가 약간 차이가 있다. 즉, 쇄석말뚝을 먼저 시공하고 쇄석슬래브를 후에 시공하는 경우인 ②는 쇄석슬래브를 선시공하고 쇄석말뚝을 후시공하는 경우인 ①보다 벌징 발생위치가 더 깊이 발생함을 볼 수 있다. 또한 이 경우는 쇄석슬래브를 조성하기 위해 쇄석을 사용하기보다는 대개 입상체 조립토를 포설하고 다짐을 실시한다.

그림 5.9는 무리쇄석말뚝의 파괴형태를 개략적으로 정리한 그림이다. 우선 그림 5.9(a)는 쇄석말뚝으로 개량된 지반 상에 성토하중이 재하되는 경우의 지반변형거동을 도시한 그림이다. 성토하중으로 인하여 하부의 개량지반은 성토 바깥쪽 측방으로 변형하는데, 이와 같은 현상을 퍼짐현상(spreading)이라 한다. 이와 같은 퍼짐현상은 연약지반의 측방유동과 같은 개념이다. 이러한 퍼짐현상이 발생하면 침하량은 더욱 증가한다.

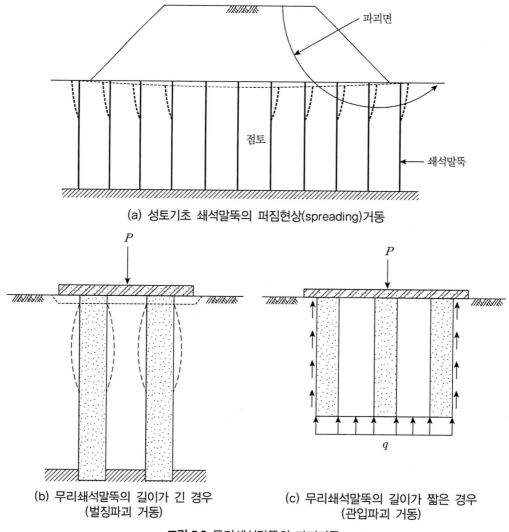

(a) 성토기초 쇄석말뚝의 퍼짐현상(spreading)거동

(b) 무리쇄석말뚝의 길이가 긴 경우
(벌징파괴 거동)

(c) 무리쇄석말뚝의 길이가 짧은 경우
(관입파괴 거동)

그림 5.9 무리쇄석말뚝의 파괴거동

도로, 제방과 같은 유연성 구조물의 기초(flexible foundation)로서의 쇄석말뚝 거동은 그림 5.9(a)와 같이 수평방향과 수직방향의 변위로 나타낼 수 있다.

다음으로 강성기초(rigid foundation)에 작용하는 무리쇄석말뚝의 파괴형태는 그림 5.9(b) 및 (c)와 같이 말뚝의 길이에 따라 벌징파괴 혹은 관입파괴의 형태로 나타난다. 먼저 쇄석말뚝의 길이가 긴 경우, 즉 연약지반을 관통한 길이가 충분히 긴 여러 개의 쇄석말뚝의 선단이 단단한 지층에 지지되어 있으면 쇄석말뚝의 상부에서는 그림 5.9(b)에서 보는 바와 같이 벌징파괴가 일어난다.

그러나 쇄석말뚝의 길이가 짧은 경우에는 그림 5.9(c)와 같은 관입파괴가 발생한다. 이때 무리쇄석말뚝의 지지력은 선단에서의 선단지지력과 외곽 말뚝의 마찰저항력으로 구성되어 있다.

5.3.3 짧은 말뚝의 파괴형상

짧은 말뚝의 파괴 거동 특성을 정리하면 다음과 같이 세 가지로 나타난다.
① 말뚝과 말뚝저면이 점토지반 아래로 함께 관입한다.
② 말뚝의 관입은 중심말뚝에서 반경방향거리에 따라 변한다.
③ 강성매트 및 기초 중앙부에 있는 말뚝이 가장 적게 변하고, 말뚝의 측방변위는 강성매트의 가장자리일수록 크게 발생한다.

짧은 말뚝의 파괴는 그림 5.10에 도시된 바와 같이 무리말뚝의 외곽부에 타설된 말뚝의 상부에서 시작하여 중심에 타설된 말뚝의 하부 방향으로 전이가 된다. 따라서 강성매트 및 기초 아래에서 원뿔형의 파괴형태가 발생한다. 짧은 길이의 말뚝은 일반적으로 말뚝의 좌굴은 거의 발생하지 않으나 벌징파괴가 발생한다.

그림 5.9(c)와 같이 강성매트 및 기초의 면적이 하나의 짧은 단일 말뚝과 같은 거동을 보여 펀칭파괴 및 전면전단파괴와 같은 현상이 나타나기도 한다.

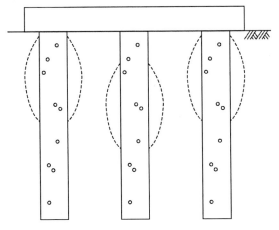

그림 5.10 짧은 말뚝의 벌징파괴 거동

5.3.4 긴 말뚝의 파괴형상

긴 말뚝은 짧은 말뚝과 달리 점토지반으로의 기초저면관입이 없다. 그러나 벌징 면적과 비교적 작은 원뿔형의 지역은 짧은 말뚝과 비슷하게 일어난다. 하지만 긴 말뚝의 측방변위가 좀 더 크게 발생한다. 이것은 긴 말뚝이 전단에 의한 파괴보다는 벌징에 의해 파괴가 더 발생할 가능성이 있다는 것을 보여준다. 짧은 말뚝과 같은 경우 벌징파괴가 일어나도 말뚝의 좌굴은 거의 일어나지 않는다. 그러나 긴 말뚝의 경우에서는 좌굴이 일어나며 쐐기형 배열로 벌징파괴가 일어난다. 그림 5.11은 긴 말뚝의 벌징파괴가 일어난 형상을 보여주고 있다.

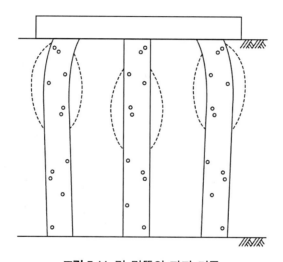

그림 5.11 긴 말뚝의 파괴 거동

쇄석말뚝은 사각형배열(square patten)로 시공되기도 하지만 일반적으로 정삼각형배열(triangular patten)로 시공된다. 정삼각형배열은 주어진 지역에서 가장 조밀하게 지반을 개량할 수 있는 배열 방법이다.

쇄석말뚝 시공 시 보통 여러 개의 말뚝을 타설하는 무리말뚝의 형식으로 시공한다. 이렇게 개량된 복합지반의 거동을 여러 개의 말뚝을 동시에 해석하기에는 어려움이 많다. 그래서 하나의 말뚝을 기준으로 영향면적까지를 먼저 해석하여 무리말뚝의 거동을 해석하고 분석하는 접근법이 적용되고 있다. 이러한 개념을 단위셀(unit cell) 개념이라 하며 등가직경과 면적치환율을 이용한다. 이에 대하여는 다음 절(제5.4절)에 자세히 설명되어 있다.

5.4 단위셀(unit cell)의 개념

단일말뚝 또는 무리말뚝에서 하나의 말뚝을 기준으로 분담하는 연약지반을 산정하여 전체에 적용하는 방법을 단위셀(unit cell) 개념이라고 한다.

5.4.1 등가직경(equivalent diameter)

쇄석말뚝의 침하와 안정 해석을 목적으로 그림 5.12(a)에 묘사된 것 같이 각각 쇄석말뚝 주위 지반 속에 영향면적(tributary area)을 결합시키는 것이 편리하다. 쇄석말뚝에 대한 영향

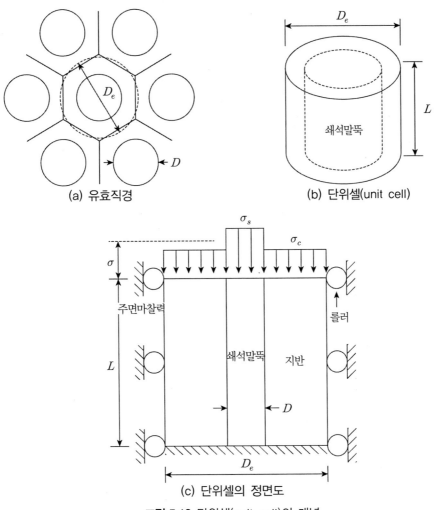

(a) 유효직경

(b) 단위셀(unit cell)

(c) 단위셀의 정면도

그림 5.12 단위셀(unit cell)의 개념

면적이 규칙적인 6각형 형태이지만, 모래배수공법에서처럼 같은 총면적을 갖는 등가원으로 표현할 수 있다.

쇄석말뚝 등가원의 유효직경 D_e는 식 (5.1)과 같다.

$$D_e = 1.05s \text{ (삼각형 배열)} \tag{5.1a}$$
$$D_e = 1.13s \text{ (사각형 배열)} \tag{5.1b}$$

여기서, s는 쇄석말뚝의 중심 간격이다. 하나의 쇄석말뚝과 영향면적을 둘러싼 등가직경 D_e를 갖는 재료의 등가원통을 포함하여 단위셀(unit cell)이라고 한다.

상부에 균등한 하중이 적용된 무한한 무리쇄석말뚝을 단위말뚝으로 고려하면 그림 5.12(b) 에 표현한 것과 같이 단위셀로 생각할 수 있다. 단위셀 측면의 주면마찰력 및 전단력은 0이고, 마찰력과 수평변위가 없는 강성 외부벽을 갖는 원통 모양으로 그림 5.12(c)와 같이 모델링할 수 있다. 따라서 수직변위만을 고려하여 단위셀 개념으로 해석한 뒤 무리쇄석말뚝의 전체적 인 거동을 분석한다.

5.4.2 면적치환율(area replacement ratio)

쇄석말뚝으로 개량된 정도는 복합지반의 거동에 중요한 영향을 갖는다. 단위셀의 면적(A) 에 대한 치환된 쇄석말뚝면적(A_s)의 비율을 면적치환율(a_s)이라고 하고 식 (5.2)로 표현된다.

$$a_s = A_s/A \tag{5.2}$$

그리고 단위셀 면적에 대한 연약지반의 면적 (A_c)의 비는 식 (5.3)과 같다.

$$a_c = A_c/A = 1 - a_s \tag{5.3}$$

쇄석말뚝이 적용된 지반개량 작업에서 면적치환율(a_s)은 매우 중요하다.

5.5 쇄석말뚝 극한지지력의 기존산정식

5.5.1 Vesic(1972)

Vesic은 1972년 마찰력과 점착력을 갖는 지반의 초기 거동을 일반적인 원통의 공동확장이론을 이용하여 해석하였다. 여기서 원통은 탄성 또는 소성의 특성을 지니고 있고, 무한히 길다고 가정되었으며, 극한지지력을 감소시킬 수 있는 소성영영 내에서의 영향에 대한 부분은 고려되지 않았다. 축대칭구조물을 대상으로 주위 지반에 의해 유발되는 최대측방저항응력 σ_3는 식 (5.4)로 표현되고 극한지지력은 식 (5.5)로 나타내었다.

$$\sigma_2 = \sigma_3 = c_u F_c' + q_{avg} F_q' \tag{5.4}$$

여기서, σ_3 : 지반의 수동저항

c_u : 주변지반의 비배수전단강도

q_{avg} : 등가파괴심도에서의 평균(등방)주응력$\left(= \dfrac{\sigma_1 + \sigma_2 + \sigma_3}{3}\right)$

$F_c' F_\phi'$: 공동확장계수(Cavity Expansion Factors)

$$q_u = (c_u F_c' + q_{avg} F_q') \frac{1 + \sin\phi_s}{1 - \sin\phi_s} \tag{5.5}$$

여기서, q_u : 쇄석말뚝의 극한지지력

ϕ_s : 쇄석말뚝의 내부마찰각

공동확장계수 F_c', F_ϕ'는 그림 5.13으로부터 구할 수 있다. 단, 이 그림 속의 강성지수(rigidity index) I_r은 식 (5.6)으로 산출한다.

$$I_r = \frac{E_c}{2(1+\nu)(c + q_{avg}\tan\phi_c)} \tag{5.6}$$

여기서, ν : 지반의 포아슨비

　　　　E_c : 지반의 탄성계수

　　　　ϕ_c : 주변지반의 내부마찰각

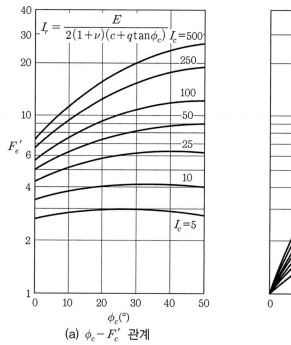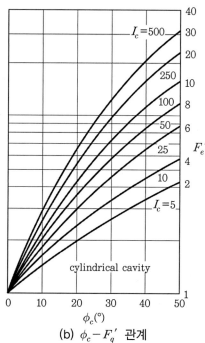

(a) $\phi_c - F_c'$ 관계　　　　　　　(b) $\phi_c - F_q'$ 관계

그림 5.13 Vesic(1972)의 공동확장계수 $F_c' F_\phi'$ [1]

그림 5.13(a)에서 $\phi_c = 0$인 경우 F_c'은 식 (5.7)을 적용하여 구한다.

$$F_c' = \ln I_r + 1 \ (\phi_c = 0인 \ 경우) \tag{5.7}$$

5.5.2 Hansbo(1994)

Hansbo(1994)는 소성이론에 근거하여 실린더형 팽창(cylinderical expansion)의 경우 파괴 시 방사응력(radial stress, σ_{rf})을 식 (5.8)과 같이 제안하였다.

$$\sigma_{rf} = \sigma_{ro} + c_u \left[1 + \ln \frac{E_c}{(1+\nu)} \right] \tag{5.8}$$

여기서, σ_{ro} : 수평응력

c_u : 점성토지반의 비배수전단강도

E_c : 점성토지반의 탄성계수

ν : 점성토지반의 포아송비

Hansbo는 점성토의 탄성계수가 보통 $150c_u \sim 300c_u$의 범위라 하였고, 비배수상태에서의 포아송비를 0.5라고 하면, σ_{rf}는 $(\sigma_{ro} + 5c_u)$에서 $(\sigma_{ro} + 6c_u)$의 범위가 된다고 하였다. 대부분의 경우에 파괴 시 방사응력은 $(\sigma_{ro} + 5c_u)$로 가정할 수 있으므로 이를 Mohr–Coulomb 파괴기준에 적용하면 쇄석말뚝의 극한지지력 q_u는 식 (5.9)와 같이 표현할 수 있다고 하였다.

$$q_u = (\sigma_{ro} + 5c_u) \frac{1 + \sin\phi_s}{1 - \sin\phi_s} \tag{5.9}$$

5.5.3 Hughes & Withers(1974)

Hughes와 Withers(1974)는 쇄석다짐말뚝의 팽창파괴를 프레셔미터 시험기의 팽창거동과 유사한 것으로 가정하고 극한지지력 q_u를 식 (5.10)과 같이 제안하였다.

$$q_u = \left[\sigma_{ro} + c_u \left\{ 1 + \ln \frac{E_c}{2c_u(1+\nu)} \right\} \right] \left(\frac{1 + \sin\phi_s}{1 - \sin\phi_s} \right) \tag{5.10}$$

여기서, σ_{ro} : 초기 유효방사응력

E_c : 점성토의 탄성계수

ϕ_s : 쇄석단일말뚝의 내부마찰각

ν : 점성토지반의 포아송비

5.6 쇄석말뚝 시스템

쇄석말뚝의 경우 무리형태로 설치되어지기 때문에 인접한 말뚝의 영향으로 구속효과 및 변형억제 등과 같은 상호작용이 하부기초 지반의 하중분담효과와 맞물려 복합적인 거동 특성을 나타나게 된다. 그러므로 이와 같은 상호작용을 정량적으로 평가하여 설계에 적절히 반영해야 한다. 또한 쇄석다짐말뚝 위에 성토하중이 작용하였을 경우 쇄석말뚝과 연약지반의 하중전이 특성이 각각 설명돼야 한다.

쇄석말뚝을 연약지반 속에 설치하고 그 위에 성토를 실시하면 쇄석말뚝으로 지지된 성토체 내에 발달하는 지반아칭현상에 의해 성토하중은 쇄석말뚝과 연약지반이 분담하여 지지하게 된다.[3,4] 따라서 이러한 기초의 형태를 쇄석말뚝 시스템이라 부른다.

본 절에서는 성토지지말뚝 이론을 쇄석말뚝 시스템 해석에 적용하여 쇄석말뚝의 하중전이 및 극한지지력을 산정해본다. 즉, 본 절에서는 이러한 쇄석말뚝 시스템의 하중분담 원리와 쇄석말뚝 극한지지력의 이론적 배경을 설명한다.

5.6.1 쇄석말뚝 시스템의 하중분담 원리

Hong et al.(2007)의 단독캡말뚝공법의 지반아칭해석을 위한 기하학적 모델을 나타내면 그림 5.14와 같다.[7] 이와 같은 3차원 성토지지말뚝에 대한 연구 성과를 쇄석말뚝 시스템에 적용할 수 있다.[3,4] 즉, 원주형 조립재 쇄석말뚝 위의 성토지반 속에 발달하는 지반아칭해석을 위한 기하학적 모델은 그림 5.14와 동일하게 취급할 수 있다.

그림 5.15는 원주형 쇄석말뚝의 설치 평면도이다. 말뚝의 직경이 d이고, 말뚝중심간격이 D_1, 말뚝중심간 순간격이 D_2인 쇄석말뚝 시스템에서 검토대상단면은 대각선방향 쇄석말뚝의 단면이 된다. 따라서 대각선방향 말뚝중심간격이 $D_1{}'$(앞에서 표현한 s와 동일하다)이고 순간격은 $D_2{}'$가 된다. 여기서 원주형 조립재 쇄석말뚝 위의 성토지반 속에는 돔형의 지반아치[4]가 발달하므로 3차원 극좌표를 활용한 구공동확장이론을 이용할 수 있다.

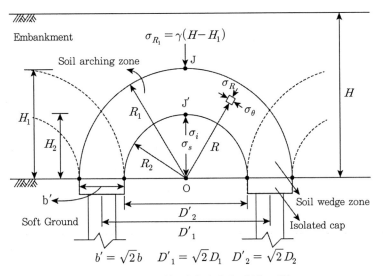

그림 5.14 3차원 지반아치의 해석모델[7]

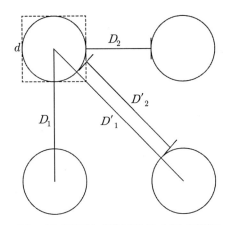

그림 5.15 원주형 쇄석말뚝의 설치 평면도

돔형 지반아치의 정상부에서는 연직방향의 힘만을 고려하며 지반아칭영역 내에서 응력은 모두 동일하다고 하면 전단응력성분은 0으로 간주할 수 있으므로 지반아치 정상부에서의 미소요소는 그림 5.16과 같다.

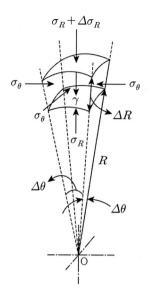

그림 5.16 3차원 극좌표에서의 미소요소 응력성분

이와 같은 미소요소의 반경방향 힘의 평형을 고려하여 정리하면 식 (5.11)로 나타낼 수 있다.

$$\frac{d\sigma_R}{dR} + \frac{2(\sigma_R - \sigma_\theta)}{R} = -\gamma \tag{5.11}$$

여기서, σ_R : 미소요소의 반경방향 수직응력

σ_θ : 미소요소의 법선방향 수직응력

R : 반경방향 거리

γ : 성토지반의 단위중량(반경방향의 물체력)

법선방향 수직응력 σ_θ는 Mohr의 소성이론에 근거하면 $\sigma_\theta = N_\phi \sigma_R + 2cN_\phi^{1/2}$이 되므로 이를 식 (5.11)에 대입하면 식 (5.12)와 같이 나타낼 수 있다.

$$\frac{d\sigma_R}{dR} + \frac{2\sigma_R(1 - N_\phi) - 4cN_\phi^{1/2}}{R} = -\gamma \tag{5.12}$$

식 (5.12)는 1계선형미분방정식에 해당하며, 일반해는 다음과 같이 구해진다.

$$\sigma_R = A R^{2(N_\phi - 1)} + \gamma \frac{R}{2N_\phi - 3} - \frac{2c N_\phi^{1/2}}{N_\phi - 1} \tag{5.13}$$

아치 정상부에서 $R = R_1 = (D_1' + d')/2$일 때, $\sigma_{R1} = \gamma(H - R_1)$이 성립하는 경계조건을 대입하면 적분상수 A를 식 (5.14)와 같이 구할 수 있다.

$$A = \gamma \left\{ \sigma_{R1} - \frac{R_1}{2N_\phi - 3} \right\} R_1^{2(1 - N_\phi)} - \frac{2c N_\phi^{1/2}}{N_\phi - 1} R_1^{2(1 - N_\phi)} \tag{5.14}$$

적분상수 A를 다시 식 (5.13)에 대입하면 식 (5.15)를 얻을 수 있다.

$$\sigma_R = \gamma \left\{ H - R_1 - \frac{R_1}{2N_\phi - 3} \right\} \left(\frac{R}{R_1} \right)^{2(N_\phi - 1)} + \gamma \frac{R}{2N_\phi - 3} - \frac{2c N_\phi^{1/2}}{N_\phi - 1} \left\{ 1 - \left(\frac{R}{R_1} \right)^{2(N_\phi - 1)} \right\} \tag{5.15}$$

아칭영역 내부 경계의 응력 σ_i는 $R = R_2 = D_2'/2$일 때의 응력이므로 이를 식 (5.15)에 대입하면, 식 (5.16)과 같이 나타낼 수 있다.

$$\sigma_{R2} = \sigma_i = \gamma \left\{ H - R_1 - \frac{R_1}{2N_\phi - 3} \right\} \left(\frac{R_2}{R_1} \right)^{2(N_\phi - 1)} + \gamma \frac{R_2}{2N_\phi - 3} - \frac{2c N_\phi^{1/2}}{N_\phi - 1} \left\{ 1 - \left(\frac{R_2}{R_1} \right)^{2(N_\phi - 1)} \right\} \tag{5.16}$$

연약지반상에 작용하는 수직응력이 쇄석말뚝 사이의 연약지반면에 균일하게 작용한다고 가정하면, 말뚝 사이 중앙점인 0점에서의 응력 σ_s는 다음과 같다.

$$\sigma_s = \sigma_i + R_2 \gamma \tag{5.17}$$

따라서 성토로 인하여 원형 쇄석말뚝에 작용하게 되는 연직하중 P_v는 식 (5.18)과 같이 나타낼 수 있다.

$$P_v = 전체\ 성토하중 - 연약지반에\ 작용하는\ 하중$$

$$= \gamma H D_1^2 - \sigma_s \left(D_1^2 - \frac{\pi d^2}{4} \right) \tag{5.18}$$

5.6.2 쇄석말뚝 극한지지력의 이론적 배경

쇄석말뚝이 허용지지력 이상의 외부 축하중을 받게 되면 파괴된다. 이러한 쇄석말뚝의 파괴가 일어나기 직전에 쇄석말뚝이 받는 하중은 최대하중이 되고 이를 극한지지력이라고 한다. 이동규(2008)는 쇄석말뚝의 파괴를 고찰한 바 있다.[2,5]

쇄석말뚝과 같은 조립재는 점착력이 없기 때문에 구속압력이 주어지지 않으면 지지력을 갖기 힘들다. 그러나 쇄석말뚝이 연약지반에 타설되면 연약지반에 의해 측방으로 지지되기 때문에 쇄석말뚝은 지지력을 갖게 된다.

그림 5.17(a)의 쇄석말뚝(점선으로 도시한 부분)은 주변에 아무것도 지지되어 있지 않기 때문에 두부에 수직하중을 가하기도 전에 부서지지만 그림 5.17(b)처럼 쇄석말뚝 주변에 구속조건이 형성되면 구속압력에 의해 지지력을 갖게 된다.

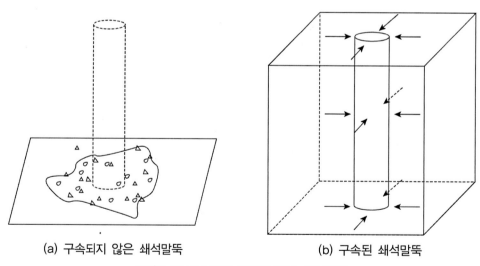

(a) 구속되지 않은 쇄석말뚝   (b) 구속된 쇄석말뚝

그림 5.17 구속력의 유무에 따른 쇄석말뚝

즉, 쇄석말뚝의 지지력은 외부에 구속조건이 형성되어야 발생하기 때문에 쇄석말뚝만으로 고려할 수는 없다. 따라서 쇄석말뚝의 극한지지력을 평가하기 위해서 연약지반의 구속압력을

고려하여 산정한다.

지중압력은 그림 5.18에 나타난 것처럼 지반의 단위중량(γ)과 심도(H_n)로 구성된 식으로 나타낼 수 있다. 일반 토사지반이라면 단위중량과 토압계수(K)가 일정하기 때문에 깊이에 따라서 지중압력이 선형적으로 변한다.

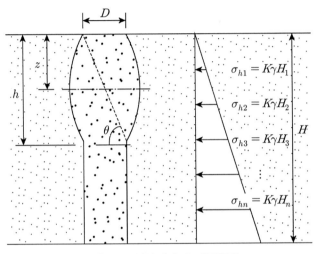

그림 5.18 연약지반의 지중응력

상부지층은 하부지층보다 구속압력이 작기 때문에 상부지층에서 먼저 파괴가 일어난다. 이때 초기에 벌징현상이 먼저 일어난 후에 전단파괴가 나중에 발생한다. 전단파괴가 구속압력이 0인 지표면부터 파괴각(θ)에 이르는 지점까지 일어난다고 가정하면 전단파괴가 발생하는 깊이(h)는 식 (5.19)로 표현할 수 있다.

$$h = D\tan\theta = D\tan\left(45 + \frac{\phi_s}{2}\right) \tag{5.19}$$

여기서, h : 전단파괴가 발생하는 깊이(m)

　　　　D : 쇄석말뚝두부의 직경(m)

　　　　θ : 쇄석말뚝의 파괴각$\left(45° + \dfrac{\phi}{2}\right)$

　　　　ϕ_s : 쇄석말뚝의 내부마찰각(°)

그림 5.19에 도시된 것처럼 지반의 피괴영역 내의 심도에서 미소요소의 거동을 보면 쇄석말뚝은 연약지반을 측방으로 밀려는 특성을 가지고 있으며 연약지반은 쇄석말뚝에 의해 밀리는 경향이 있다. 그러므로 쇄석말뚝과 연약지반에 작용하는 수직응력의 합을 수평응력으로 환산할 때 각각 주동토압계수와 수동토압계수를 적용한다.

쇄석말뚝은 점착력이 없는 조립재로 이루어졌기 때문에 z 깊이에서 작용하는 파괴 시의 수평지중응력 σ_{sh}는 Rankine의 토압론을 이용하여 식 (5.20)처럼 나타낼 수 있다.

$$\sigma_{sh} = (\sigma_{rf} + \gamma_s z) K_{sa} \tag{5.20}$$

여기서, σ_{sh} : z 깊이에서의 쇄석말뚝의 수평지중응력(t/m²)

$\quad\quad K_{sa}$: 쇄석말뚝의 주동토압계수

$\quad\quad \sigma_{rf}$: 쇄석말뚝의 극한지지력(파괴 시 단위하중)(t/m²)

$\quad\quad \gamma_s$: 쇄석말뚝의 건조단위중량(t/m³)

$\quad\quad z$: 벌징파괴 발생심도(h)의 평균심도(m)

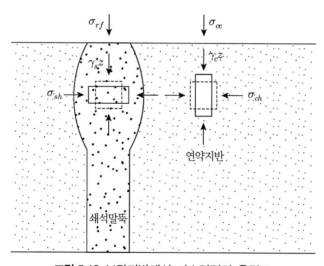

그림 5.19 보강지반에서 미소면적의 응력도

한편 연약지반은 점착력이 존재하는 물성으로 이루어졌기 때문에 z 심도에서 작용하는 파괴 시의 수평지중응력 σ_{ch}는 Rankine의 토압론을 이용하여 식 (5.21)처럼 나타낼 수 있다.

$$\sigma_{ch} = (\sigma_{ce} + \gamma_c z)K_{cp} + 2c\sqrt{K_{cp}} \tag{5.21}$$

여기서, σ_{ch} : 연약지반에서 z 심도의 지중수평응력(t/m^2)

$\quad\quad\quad\sigma_{ce}$: 연약지반표면에 작용하는 수직응력(t/m^2)

$\quad\quad\quad K_{cp}$: 연약지반의 수동토압계수

$\quad\quad\quad\gamma_c$: 연약지반의 건조단위중량(t/m^3)

$\quad\quad\quad c$: 연약지반의 비배수전단강도(t/m^2)

$\quad\quad\quad z$: 벌징파괴 발생 평균심도(h)(m)

앞에서 말한 바와 같이 쇄석말뚝의 평균수평응력과 연약지반의 평균수평응력이 같다는 식 (5.22)의 가정으로 식 (5.23)을 유도할 수 있다.

$$\sigma_{sh} = \sigma_{ch} \tag{5.22}$$

$$\sigma_{rf} = \left\{(\sigma_{ce} + \gamma_c z)K_{cp} + 2c\sqrt{K_{cp}}\right\}K_{sp} - \gamma_s z \tag{5.23}$$

단, 여기서 $1/K_{sa} = K_{sp}$ 이다.

식 (5.23)을 Mohr의 응력원으로 표현하면 그림 5.20처럼 나타낼 수 있다. 그림 5.20에서 점선은 연약지반에 대한 파괴포락선이며 실선은 쇄석말뚝에 대한 파괴포락선을 나타낸다.

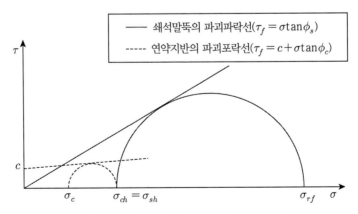

그림 5.20 쇄석말뚝 보강지반에서 Mohr원

연약지반과 쇄석말뚝은 동시에 파괴되며 연약지반과 쇄석말뚝의 수평응력은 서로 같다는 조건하에 그림처럼 나타낼 수 있다.

따라서 연약지반의 z 깊이의 지중응력(σ_c)에 연약지반의 수동토압계수(K_{cp})를 적용하고 여기에 쇄석말뚝의 수동토압계수(K_{sp})를 적용하면 쇄석말뚝의 극한지지력(σ_{rf})가 된다.

쇄석말뚝의 극한지지력(σ_{rf})은 식 (5.23)에 식 (5.19)의 평균값 $z = h/2$를 대입하면 식 (5.24)와 같이 나타낼 수 있다.

$$\sigma_{rf} = \left\{ \left(\sigma_{ce} + \gamma_c \frac{D}{2} \tan\theta \right) K_{cp} + 2c \sqrt{K_{cp}} \right\} K_{sp} - \gamma_s z$$

여기서, $\theta = 45° + \phi/2$를 대입하면

$$\sigma_{rf} = \left\{ \left(\sigma_{ce} + \gamma_c \frac{D}{2} \tan\left(45° + \phi/2 \right) \right) K_{cp} + 2c \sqrt{K_{cp}} \right\} K_{sp} - \gamma_s z \qquad (5.24)$$

여기서, σ_{rf} : 쇄석말뚝의 극한지지력(t/m^2)

σ_{ce} : 연약지반 표면에 작용하는 수직응력(t/m^2)

γ_s : z 깊이에서 쇄석말뚝의 건조단위중량(t/m^3)

γ_c : z 깊이에서 연약지반의 건조단위중량(t/m^3)

D : 쇄석말뚝의 초기두부직경(m)

K_{sp} : 쇄석말뚝의 수동토압계수($K_{sp} = \tan^2(45° + \phi_s/1)$)

K_{cp} : 연약지반의 수동토압계수($K_{cp} = \tan^2(45° + \phi_c/2)$)

ϕ_s : 쇄석말뚝의 내부마찰각(°)

ϕ_c : 연약지반의 내부마찰각(°)

θ : 말뚝의 파괴각(°)

c : 연약지반의 비배수전단강도(t/m^2)

5.7 계측관리

5.7.1 공내재하시험에 의한 관리

(1) 시험의 원리

프레셔메타 시험(pressuremeter test)은 대표적인 공내재하시험이다. 즉, 기초의 설계 및 시공관리에 필요한 자료, 즉 지반의 횡방향 변형계수(E_p), 횡방향 지반반력계수(K_h), 비배수 전단강도(c_u), 정지토압계수(K_o) 등의 토질정수를 현장에서 직접 얻을 수 있는 원위치 공내 재하시험방법이다.

Louis Menard(1975)가 고안한 메나드 프레셔메타 시험(menard pressuremeter test)이 가장 보편적으로 사용된다.[9] 메나드 프레셔메타 시험은 그림 5.21에서 보는 바와 같이 보링 기 또는 천공기를 이용하여 천공 후 공내에 고무튜브로 된 탐사봉(probe)을 삽입하고 물 또는 가스압으로 탐사봉을 팽창시켜 공벽에 수평으로 압력을 가한다. 이때 발생된 변형량과 압력 등을 현장에서 직접 구하는 원위치 현장시험의 일종이다.

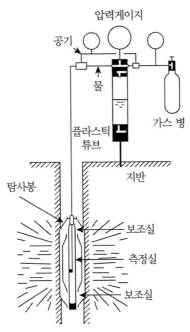

그림 5.21 프레셔메타 시험 개념도

시험기구의 특징은 탐사봉이 그림 5.21에서 보는 바와 같이 연직방향으로 세 개의 작은 압력실(cell)로 나뉘어 있다. 위아래의 압력실은 보조실(guard cell)로서 중앙부의 측정실(measuring cell)이 팽창할 때 단부의 영향을 최소화하고 탐사봉이 원통형 기둥모양으로 부플려 지도록 유도하는 역할을 한다. 측정실은 물로 채워지며 압력에 의해 공벽이 방사방향으로 팽창되도록 되어 있다. 시추공의 크기에 따라 사용하는 탐사봉의 제원은 표 5.1과 같다.

표 5.1 탐사봉(Probe)의 제원

시추공 규격	탐사봉의 직경(mm)	시추공의 직경(mm)	
		최소	최대
EX	32.0	34.0	38.0
AX	44.0	46.0	52.0
BX	58.0	60.0	66.0
NX	74.0	76.0	80.0

그림 5.22는 프레셔메터 시험 결과를 정리한 그림이다. 프레셔메타 시험은 공내에서 1.0~1.5m 깊이별로 연속적으로 수행하며 각 시험마다의 압력 증가는 10단계로 나누어 균등하게 계단식으로 가한다. 매 단계별 가압량의 크기는 예상파괴압(한계압)의 1/10 정도로서 각 하중 증가에 대한 측정셀의 체적변화량을 그림 5.22(a)에서 보는 바와 같이 15초, 30초, 60초 간격으로 기록한다.

시험 시작 시 고무막과 공벽을 밀착시키기 위하여 대략 1kg/cm^2 정도의 예비압을 주며, 시험은 가능한 한계압(limit pressure)에 도달할 때까지 수행한다. 최소 크리프압(creep pressure)에 도달하지 못하면 변형계수(E_p)값을 구하지 못하므로 시험의 성과는 무의미하게 된다(그림 5.23 참조).

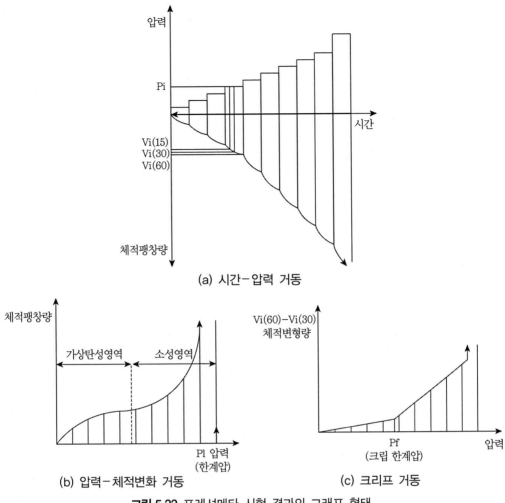

(a) 시간-압력 거동

(b) 압력-체적변화 거동

(c) 크리프 거동

그림 5.22 프레셔메타 시험 결과의 그래프 형태

(2) 프레셔메타 변형계수(E_p)

프레셔메타 시험은 시추공벽이 파괴될 때까지 압력을 가하여 압력-체적변화 관계를 그리면 그림 5.23과 같은 그림이 얻어진다.

이 그림에서 압력 P_o에서 P_i까지의 변형곡선을 시추공 굴진시 발생된 변형이 원상태로 회복될 때까지의 경로를 보여준다. 따라서 P_i는 정지토압이 된다. 이 곡선이 가상탄성영역(pseudo-elastic phase)이며 $P_i - P_y$를 지나서 한계압(limit pressure)에 이르면 지반은 파괴상태가 된다. P_y와 P_u 사이는 소성영역(plastic phase)이라고 한다.

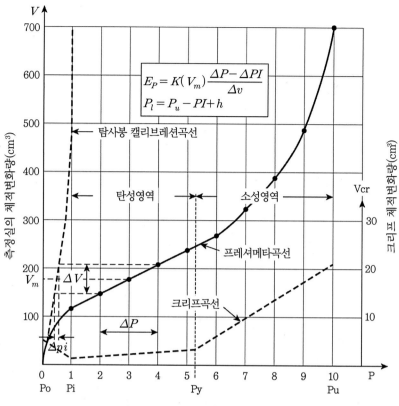

그림 5.23 압력－체적변화 관계곡선

지반의 횡방향 변형계수(E_p)는 탄성영역 내 체적과 압력 사이의 관계에서 평균경사에 해당하므로 다음 식으로 계산할 수 있다.

$$E_p = K_{(vm)} \frac{\Delta P - \Delta P_i}{\Delta V} \, (\text{kg/cm}^2) \tag{5.25}$$

여기서, $K_{(vm)}$: 탐사봉의 형상계수＝$2(1+\nu)(V_o + V_m)$

　　　ΔV : 체적변화량(cm³)

　　　ΔP : 압력증가량(kg/cm²)

　　　ΔP_i : 탐사봉 강성에 대한 보정(kg/cm²)

　　　ν : 포아송비

　　　V_o : 정지상태에서의 측정실 체적(cm³)

V_m : 증가압력 ΔP에 따른 체적변화량(cm³)

표 5.2 탐사봉의 형상계수(K)

탐사봉(Probe)의 형태	시추공의 지름(mm)	V_o(cm³)	$K=2(1+\nu)(V_o+V_m)$
EX	34.0	535.0	
AX	44.0	535.0	2,000
BX	60.0	535.0	
NX	76.0	790.0	2,700

(3) 한계압(limit pressure)

한계압이란 시추공벽에 작용하는 등방하중에 의해 지반이 파괴를 일으킬 때 재하된 극한하중을 의미한다. 이 값은 프레셔메타 곡선(그림 5.23 참조)에서 직접 구할 수는 있으나 일반적으로는 편의상 초기 시추공의 체적을 V라고 할 때(정지상태), 압력 증가에 의하여 ΔV만큼 체적 팽창을 일으켜 팽창된 체적량이 초기 시추공의 체적(V)과 같을 때의 압력을 한계압으로 한다.

표준 탐사봉의 초기체적이 600cc($V_o = 535\text{cm}^3 + V_i$)이므로 $\Delta V / V = 1$ 조건은 측정실의 체적이 약 $V=700$cc 정도일 때이다. 따라서 그림 5.24와 같이 소성영역의 시험값을 대수용지에 표시하여 체적 700cc에 해당되는 가로축(압력)의 값을 찾으면 한계압을 얻게 된다.

한편 표 5.3은 토질별 한계압(P_l)과 변형계수(E_p)의 대표값을 정리한 표이다(Louis Menard, 1975). 만약 유용한 시험치가 없다든가 참고자료가 없을 때는 이들 값을 사용할 수도 있다. 그러나 이 표는 어디까지나 대표값에 대한 추천이므로 크게 신뢰하지 않는 것이 바람직하다.

표 5.3 토질별 한계압(P_l)과 변형계수(E_p)와의 관계(Louis Menard, 1975)

흙의 종류	한계압(P_l)(kg/cm²)	변형계수(E_v)(kg/cm²)
이토(peat)	2~15	0.2~1.5
연약한 점토(soft clay)	5~30	0.5~3.0
중간 점토(medium clay)	30~80	3.0~8.0
굳은 점토(stiff clay)	50~400	6.0~20.0
느슨한 실트질 모래(loose sity sand)	5~20	1.0~5.0
실트(silt)	20~100	2.0~15.0
모래 및 자갈(sand & gravel)	50~400	12.0~15.0
최근 성토(recent fill)	5~50	0.5~3.0
오래된 성토(old fill)	40~150	4.0~10.0

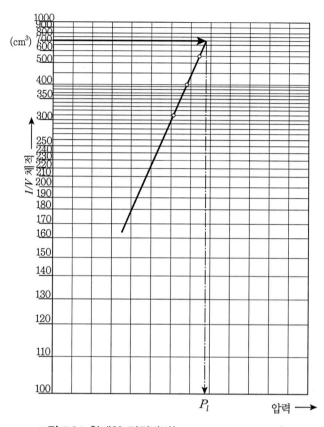

그림 5.24 한계압 결정방법(Louis Menard, 1975)

(4) 크리프압(creep pressure)

크리프란 어떤 물체에 작용된 하중의 크기가 변하지 않음에도 불구하고 시간이 지남에 따라 변형이 발생되는 현상을 말한다. 프레셔메타의 부피측정에 의한 크리프양은 식 (5.26)과 같다.

$$V_{cr} = V_{60} - V_{30} \tag{5.26}$$

여기서, V_{cr} : 측정 크리프양(measured creep)

$\quad\quad\quad V_{60}$: 압력증가 60초 후의 부피 측정치

$\quad\quad\quad V_{30}$: 압력증가 30초 후의 부피 측정치

그림 5.23에서 보듯이 $V_{cr} - P$ 곡선은 세 개의 곡선으로 이루어지는데, 정지토압 P_i에서 측정된 부피 V_{cr}값이 최소부피값을 갖고 P_y지점에서부터 부피가 갑자기 증가한다. 이 P_y지점에서의 압력을 크리프압(creep pressure)이라 한다.

토질의 크리프 특성을 나타내는 계수로 크리프계수(creep coefficient) f_c를 사용하는데, 식 (5.27)과 같이 정의된다.

$$f_c = \frac{V_{cr}}{V_{p2} - V_{p1}} \times 100 (\%) \tag{5.27}$$

여기서, f_c : 크리프계수

$\qquad V_{cr}$: 정지토압 P_i에서의 측정부피

$\qquad V_{p2}$: 압력 P_2 재하 후 60초 후의 측정부피

$\qquad V_{p1}$: 압력 P_1 재하 후 60초 후의 측정부피

탄성영역의 평균크리프계수는 압력$(P_y + P_i)/2$에서 계산된다. 크리프계수의 값이 큰 흙은 장기침하량이 큰 흙이다.

5.7.2 말뚝재하시험에 의한 관리

(1) 재하시험방법

쇄석말뚝의 재하시험은 일반 말뚝의 재하시험과 같은 원리로서 하중제어방식에 의하며 두 차례에 걸쳐 실시한다. 1차시험의 재하하중은 설계하중의 1.0배를 사용하며 하중재하방법은 1/5씩 단계별로 증가시킨다. 각 단계의 하중은 15분 동안 유지시키며 최대하중 재하후 12시간을 유지시킨다. 시간당 침하속도가 0.05mm 이하가 될 때까지 적절한 시간 간격으로 침하량을 측정한다. 하중제거는 하중재하단계에서와 같이 1/5씩 제거하며 각 단계의 하중제거는 15분 동안 유지시킨다.

2차시험은 재하하중을 설계하중의 1.5배로 하며 재하방법은 1차시험과 동일하다. 하중－침하곡선, 하중－경과시간 곡선, 침하량－시간 곡선 등을 작도하여 항복하중 또는 극한하중을 구한다. 허용지지력은 이렇게 판정된 항복하중 또는 극한하중에 적절한 안전율을 고려하여

구한다. 즉, 극한하중으로부터 허용지지력을 구할 경우는 안전율을 3으로 하고 항복하중으로부터 허용지지력을 구할 경우는 안전율을 2로 한다.

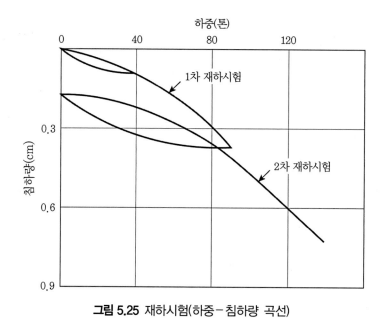

그림 5.25 재하시험(하중−침하량 곡선)

(2) 항복하중의 판정

항복하중의 판정은 하중−침하량 곡선만으로 곤란할 경우도 있다. 항복하중은 하중제어방식에서 얻어진 하중−침하량−시간 관계 곡선에서 구할 수가 있다. 관계곡선 작도방법에 따라 그림 5.26에 도시한 바와 같이 $P-S$ 곡선법, $S-\log t$ 곡선법, $P-\Delta S/\Delta \log t$ 곡선법, $\log P-\log S$ 곡선법이 있으며 작도 후 곡선성상을 구하기 어려울 경우 네 가지 방법에 의한 값을 종합적으로 판단하여 구한다.

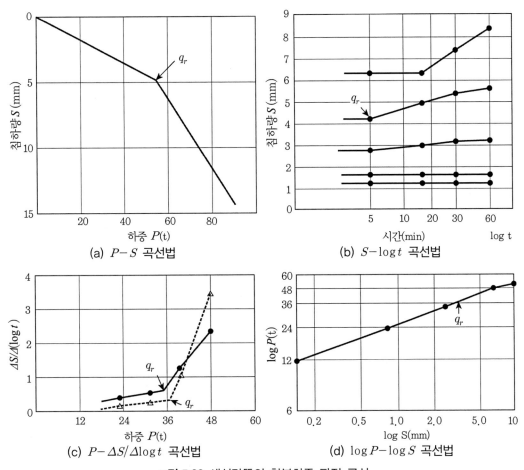

(a) $P-S$ 곡선법

(b) $S-\log t$ 곡선법

(c) $P-\Delta S/\Delta \log t$ 곡선법

(d) $\log P-\log S$ 곡선법

그림 5.26 쇄석말뚝의 항복하중 판정 곡선

참고문헌

1. 김동민(1996), 동치환공법에 의한 쇄석말뚝기초의 지지력에 관한 연구, 중앙대학교 건설대학원 석사학위논문.

2. 이동규(2008), 쇄석말뚝 시스템의 지지력 특성에 관한 연구, 중앙대학교 일반대학원 석사학위논문.

3. 홍원표·이재호·전성권(2000), "성토지지말뚝에 작용하는 연직하중의 이론해석", 한국지반공학회논문집, 제16권, 제1호, pp.131~143.

4. 홍원표·이광우(2002), "성토지지말뚝에 작용하는 연직하중 분담효과에 관한 연구", 한국지반공학회논문집, 제18권, 제4호, pp.285~294.

5. 허세영(2009), 쇄석말뚝 시스템의 하중전이 특성에 관한 연구, 중앙대학교 일반대학원 석사학위논문.

6. DiMaggio, J.A.(1978), "Stone Column-A foundation treatment)(Insitu stabilization of cohesive soils)", Demonstration Project No.4-6, Fedral Highway Administration, Region 15, Demonstration Projects Division, Arilinton, VA., June, 1978.

7. Hong, W.P. and Lee, D.K.(2008), "A case study on bearing capacity of gravel column system", Proceeding of the 7th Japan/Korea Joint Semniar on Geotechnical Engineering, Oct. 31-Nov. 1, 2008, Ritsumeikan University, Shiga, Japan, pp.163~174.

8. Hughes, J.M.O., Withers, N.J. and Greenwood, D.A.(1975), "A field trial of the reinforcing effect of a stone column in soil", Geotechnique, Vol.25, No.1, pp.31~44.

9. Menard, L.(1978), "The use of dynamic consolidation to solve foundation problem off-shore", Proc. 7th Int. Harbour Conference, Antwerp.

쇄석말뚝 시스템의 하중전이

06 쇄석말뚝 시스템의 하중전이

6.1 쇄석말뚝 시스템의 하중분담

최근 세계적으로 해안지역의 개발이 활발해지면서 연약지반 개량 및 보강기술의 필요성이 증대되고 있다. 특히 연약지반상 건설공사 시 공기가 촉박하거나 연약지반의 활동파괴가 우려되는 경우, 다양한 연약지반 개량 말뚝 시스템의 현장 적용이 점차 증가하고 있다.[1] 그러나 연약지반 개량말뚝과 연약 점성토지반의 거동이 상호 복합적으로 발생하기 때문에 복합지반의 거동메커니즘을 이해하는 데 많은 어려움이 따른다.[9]

현재는 개량말뚝과 점성토가 혼재된 복합지반을 각각 개량말뚝과 점성토의 거동으로 구분하여 분석하는 기법이 설계에 사용되고 있다.[6] 그러나 다양한 설계인자들은 지반조건, 시공조건과 관련된 여러 요인에 영향을 받기 때문에 합리적인 산정이 상당히 어렵다. 그뿐만 아니라 국내의 경우 외국과는 지반특성이 상이함에도 불구하고 주로 외국의 경험적인 연구 결과에 의존하여 설계를 수행하고 있다.

대부분의 현장에서 주로 고치환율로 설계·시공되고 있는 실정이어서 합리적인 설계가 이루어지고 있다고 보기 어렵다.[10] 또한 개량말뚝의 타설 중에 이미 연약지반의 측방변위와 인접지반의 융기를 유발시킬 수 있기 때문에 연약지반 개량말뚝의 현장 적용성을 증대시키기 위해서는 가급적 치환율을 줄이는 방법이 강구되어야 한다.

따라서 상부 구조물조건 및 하부 연약지반 조건에 따른 연약지반의 변형거동 특성을 명확히 규명하고 국내 실정에 적합한 연약지반 전단파괴 예측 및 관리 기법을 마련하여 현장 여건에 따라 적절한 대책공법을 합리적으로 산정할 수 있도록 할 필요가 있다.

국내에서 주로 고치환율로 설계·시공되고 있는 조립재 말뚝의 합리적인 설계를 위해 최적

치환율 산정법 및 시공법을 개발하여 보다 경제적이고 안정적인 공법 적용이 가능하도록 할 필요가 있다. 이에 더불어 최근 해외에서 연구 및 현장적용이 활발한 다양한 연약지반 개량말뚝 시스템(조립재 말뚝, 심층혼합처리 혹은 고압분사기법으로 조성한 말뚝, 현장타설말뚝 등)에 대한 적절한 설계기술을 국내 특성에 맞게 개발·적용함으로써 현장조건을 고려한 보다 합리적인 연약지반 전단파괴 억지대책의 설계·시공이 가능하도록 할 필요가 있다.

이에 제6장에서는 개량된 지반의 조건에 따른 말뚝의 벌징파괴 및 하중전이를 규명하고 하중분담효과를 산정할 수 있는 방안을 설명하고자 한다. 쇄석말뚝으로 보강된 복합지반인 쇄석말뚝 시스템의 거동을 분석하는데 초점을 두었다. 이 분석에 의거 이론식을 확립·제안하고 제안된 이론식의 타당성을 검증한다.[2,3]

복합지반의 거동을 알아보기 위해서 단일쇄석말뚝과 무리쇄석말뚝으로 보강된 두 가지 모형실험을 기본적으로 수행하였다.[2] 연약지반의 구속력에 따른 쇄석말뚝의 지지력 변화를 알아보기 위해서 단일쇄석말뚝시험 수행 시 재하판을 사용하지 않는 실험과 재하판을 사용하여 재하한 모형실험 두 가지를 수행하였다. 그리고 말뚝 시료의 특징에 따른 지지력 변화를 관찰하기 위해서 주문진표준사, 재생골재, 쇄석골재를 사용하였다.[2]

모형실험의 결과를 이용하여 분석할 내용은 다음과 같다.

(1) 단일쇄석말뚝

① 응력-변형률(응력-변위 및 하중-변위)에 따른 지지력 산정
② 쇄석말뚝과 연약지반이 분담하는 하중 비교
③ 단일쇄석말뚝 파괴형상의 관찰
④ 말뚝 시료에 따른 지지력 변화 관찰
⑤ 이론식과 실험에 의한 단일쇄석말뚝의 지지력 비교 및 분석

(2) 무리쇄석말뚝

① 치환율에 따른 응력-변형률(응력-변위 및 하중-변위) 분석
② 쇄석말뚝과 연약지반이 분담하는 하중 비교
③ 치환율에 따른 응력집중비 분석
④ 말뚝간격에 따라 변하는 연약지반 분담하중 비교 및 분석
⑤ 연약지반이 분담하는 하중에 따른 쇄석말뚝의 지지력 변화 분석

⑥ 이론식과 실험에 의한 무리쇄석말뚝 지지력 비교 및 분석

6.2 쇄석말뚝 시스템의 모형실험

쇄석말뚝 시스템에 대한 모형실험을 통하며 쇄석말뚝의 보강효과를 설명하고자 한다.[2] 모형실험은 단일쇄석말뚝의 지지력측정실험, 무리쇄석말뚝의 지지력측정실험 및 쇄석말뚝의 파괴형상 관찰실험의 세 가지 종류를 실시한다.

단일쇄석말뚝 지지력측정실험은 쇄석말뚝 두부에만 재하하중을 가한 경우와 재하판을 이용해서 연약지반과 쇄석말뚝에 함께 재하하중을 가한 경우의 두 가지 모형실험을 실시하였다. 그리고 단일쇄석말뚝 지지력측정실험에서는 쇄석말뚝의 구성재료로 주문진표준사, 재생골재, 쇄석골재의 세 가지를 이용하여 모형실험을 실시하였다.

한편 무리쇄석말뚝 지지력측정실험에서는 다섯 가지의 연약지반 치환율에 따라서 쇄석말뚝을 설치하여 실시하였다. 또한 무리쇄석말뚝 지지력측정 모형실험에서는 쇄석말뚝의 직경(ϕ30)과 토조의 크기(300×300mm)를 고려하여 주문지 표준사만을 사용하였다.

6.2.1 사용시료

(1) 주문진표준사

흙입자 치수효과(size effect)를 고려하여 1mm 골재 대용으로 주문진표준사를 사용하기로 계획하였다. 모래는 균등계수가 6보다 크고 곡률계수가 1보다 크고 3보다 작을 경우에 입도가 양호하다고 평가한다. 하지만 주문진표준사의 균등계수와 곡률계수는 각각 1.91과 1.06이므로 입도분포가 균등하다고 할 수 있다. 또한 주문진표준사의 최대단위중량과 최소단위중량은 각각 1.62t/m³, 1.36t/m³이고 비중은 2.64이다. 내부마찰각은 38.5°로 측정되었다(이동규, 2008).[2]

(2) 재생골재

모형실험에 사용한 재생골재는 4번체와 8번체 사이의 골재를 사용하였다. 실제 현장에서 쇄석말뚝의 직경이 약 70~100cm이고 골재의 크기가 약 20~25mm인 점을 고려하면 쇄석말뚝의 직경이 3cm이기 때문에 약 1mm의 골재를 사용해야 한다.

그러나 1mm의 경우 재생골재의 특성이 제대로 발현되지 않기 때문에 약 2~4mm의 골재를 사용하였고 사용시료로써 주문진표준사도 계획한 것은 앞서 말한바와 같이 1mm 크기의 골재 대용으로 사용하기 위함이다.

모래일 경우 균등계수가 6보다 크고 곡률계수가 1과 3 사이일 때, 입도가 양호하다고 할 수 있다. 하지만 모형실험에 사용한 재생골재의 균등계수와 곡률계수는 각각 1.38과 0.92였으므로 모형시험에 사용한 재생골재의 입도분포는 균등하다고 할 수 있다. 그 밖에도 본 재생골재의 최대단위중량와 최소단위중량은 각각 1.47t/m³, 1.27t/m³이고 비중이 2.53이며 내부마찰각은 41.9°로 측정되었다(이동규, 2008).[2]

(3) 쇄석골재

쇄석골재도 재생골재와 마찬가지로 4번체와 8번체 사이의 골재를 사용하였다. 실제 현장에서 쇄석말뚝을 타설할 때 사용하는 골재도 일반적으로 입도분포가 균등하기 때문에 모형실험에서도 약 2~4mm의 비교적 균등한 입도의 골재를 사용하였다.

본 모형실험에 사용된 쇄석골재의 균등계수와 곡률계수는 각각 1.38과 0.92였으므로 입도 분포는 균등하다고 할 수 있다. 그 밖에도 쇄석골재의 최대단위중량와 최소단위중량은 각각 1.47t/m³, 1.27t/m³이고 비중은 2.53이며 내부마찰각은 41.9°로 측정되었다.

(4) 연약지반 점토

모형실험에서 연약지반을 조성하는 데는 점토를 사용하였다. 이 점토에 대한 atterberg limits 시험 결과 액성한계(LL)와 소성지수(PI)가 각각 64.45%와 35.14%로 측정되었으며(이동규, 21008), Casagrande의 소성도표를 사용하여 사용점토를 분류하면 CH로 분류되었다.

분류된 CH 점토의 특성은 고압축성 점토(high compressibility clay)로써 상대적으로 압축성과 건조강도가 크며 투수계수가 작다. 따라서 모형실험 시 많은 침하가 일어나고 배수가 잘되지 않을 것으로 예상된다.

물성시험의 결과, 점토의 액성한계가 64.45%이기 때문에 모형실험 수행 시에 점토의 함수비는 약 65%로 조성하였다. 그 밖에도 점토의 비중은 2.62이고 건조·습윤 단위중량은 각각 1.10t/m³와 1.75t/m³이다. 비배수전단강도는 일축압축실험을 실시한 결과 0.6t/m²으로 측정되었다.

6.2.2 모형실험장치

(1) 모형토조 및 재하판

모형토조의 최대치수는 30cm×30cm×45cm(너비×폭×높이)이다. UTM 시험기로 하중을 재하하는 동안 토조의 벽면이 뒤틀리거나 변형이 생기는 현상을 방지하기 위해서 1cm 두께의 철제로 제작하였다(그림 6.1). 말뚝타설 및 하중계를 설치하는 작업이 용이하도록 토조는 상·하부로 분리할 수 있게 제작하였다.

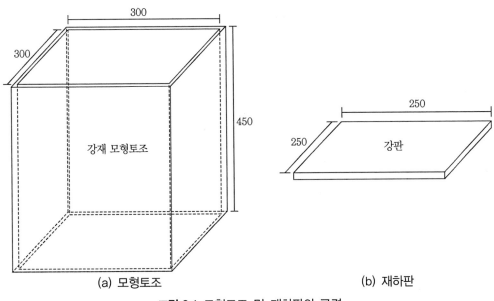

(a) 모형토조   (b) 재하판

그림 6.1 모형토조 및 재하판의 규격

(2) 말뚝조성도구

말뚝을 지반 속에 조성하기 위하여 케이싱, 오거, 다짐봉을 제작하였다(사진 6.1 참조). 케이싱의 규격(직경과 길이 : $d \times L$)은 30×350mm이고 30개를 제작하였다. 오거의 규격(직경과 길이 : $d \times L$)은 28×400mm이고 3개를 제작하였다. 한편 다짐봉의 규격(직경과 길이 : $d \times L$)은 28×400mm이고 3개를 제작하였다.

이는 실제 현장에서의 말뚝설치방법과는 다소 차이가 있다. 즉, 실제현장에서는 타설에 의해 쇄석말뚝이 지반 속에 설치되나 모형실험에서는 동적 에너지보다는 정적 에너지에 의해 쇄석말뚝이 지반 속에 조성된다. 이런 점은 실내모형실험에서의 한계이기 때문에 어쩔 수가 없다.

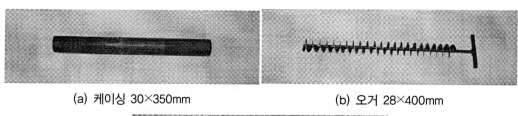

(a) 케이싱 30×350mm · (b) 오거 28×400mm

(c) 다짐봉 28×400mm

사진 6.1 말뚝조성도구

(3) 데이터 측정장치

데이터 측정장치로는 하중계(load cell), 토압계(earthpressure gage), 변위측정계(LVDT), 데이터로거(data logger)와 컴퓨터시스템으로 구성된다(그림 6.2 참조).

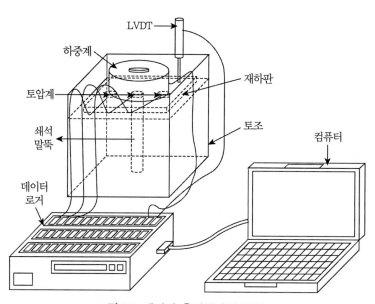

그림 6.2 데이터 측정장치의 구성도

그림 6.3은 그림 6.2의 데이터 측정장비의 구성도를 단일쐐기말뚝과 무리쐐기말뚝의 경우로 구분하여 각각의 경우에 대한 측정장비 설치 정면도를 도시한 그림이다.

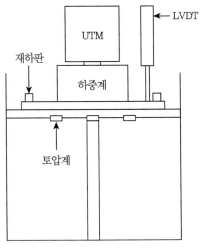

(a) 단일말뚝의 경우 측정장비 설치도

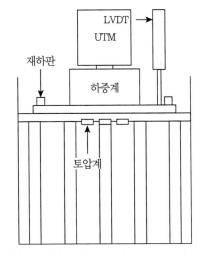

(b) 무리말뚝의 경우 측정장비 설치도

그림 6.3 데이터 측정장비의 설치 정면도

하중계는 복합지반에 작용되는 전체하중을 측정하기 위해서 재하판 상부에 설치한다. 복합지반의 지지력을 예상하여 5tonf 용량의 하중계를 사용한다. 그림 6.4는 하중계의 규격을 나타내고 사진 6.2는 하중계의 실제 사진이다.

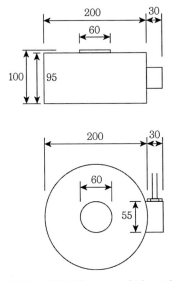

그림 6.4 하중계(load cell)의 규격

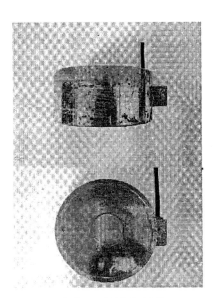

사진 6.2 하중계 사진

토압계는 쇄석말뚝 두부와 연약지반 표면의 응력을 측정하기 위하여 그림 6.3과 같이 복합지반의 표면에 설치한다. $\phi30$의 토압계는 쇄석말뚝의 두부에 설치하고 $\phi12$의 토압계는 연약지반의 표면에 설치한다.

쇄석말뚝의 지지력을 예측하여 5kg/cm² 용량의 토압계를 사용한다. $\phi12$와 $\phi30$ 토압계의 상세한 규격은 각각 그림 6.5(a) 및 (b)와 같으며 사진 6.3(a) 및 (b)는 이들 토압계의 실제 사진이다. 그리고 지반의 침하를 측정하기 위하여 100mm 용량의 변위측정계(LVDT)를 설치한다.[2]

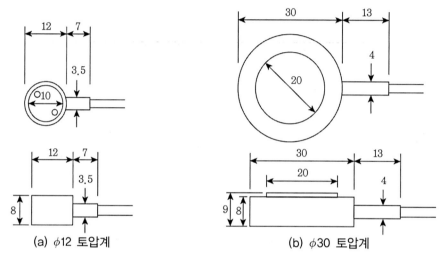

(a) $\phi12$ 토압계   (b) $\phi30$ 토압계

그림 6.5 토압계(earth pressure) 상세도

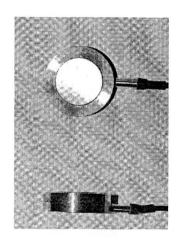

(a) $\phi12$ 토압계   (b) $\phi30$ 토압계

사진 6.3 토압계(earth pressure) 사진

모형실험 시 센서의 계측은 데이터로거를 이용하여 실시간으로 측정한다. 데이터로거는 1열에 10개의 센서를 설치할 수 있으며 3단에 걸쳐 총 30개의 센서에 대해 동시에 측정이 가능하다.

사진 6.4는 모형실험에 사용한 모든 장비를 나열한 사진이다.

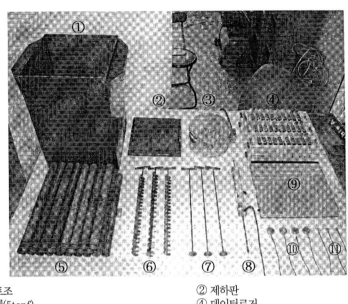

① 모형토조　　　　　　　　　　　　② 제하판
③ 하중계(5tonf)　　　　　　　　　　④ 데이터로거
⑤ 케이싱(30ea)　　　　　　　　　　⑥ 오거(3ea)
⑦ 다짐봉(3ea)　　　　　　　　　　⑧ 변위측정계(LVDT)
⑨ 노트북컴퓨터　　　　　　　　　⑩ ϕ30 토압계(4ea)
⑪ ϕ12 토압계(3ea)

사진 6.4 모형실험에 사용한 실험장비

6.2.3 모형실험계획 및 실험순서

모형실험의 목적은 쇄석말뚝으로 보강된 지반의 역학적 거동을 분석하기 위함이다. 말뚝의 두부와 연약지반의 표면에 토압계를 설치하고 각각의 응력을 측정하고 계산된 지지력과 비교한다.

재하방법은 3mm/min의 재하속도를 이용한 변위제어방법을 사용하였다. 전체실험계획은 표 6.1과 같으며 이에 대한 실험과정은 복합지반조성, 데이터 측정장비 설치, 하중제어 및 계측의 3단계로 나누어 실시한다.

약 65%의 함수비로 30cm 깊이의 연약지반을 조성하고 말뚝을 설치한다. 그런 후 토압계,

재하판, 하중계, 변위측정계를 순서대로 설치한다. 다음으로 UTM을 이용하여 하중을 재하시키고 계측값을 측정한다.

표 6.1 모형실험 계획표

분류	사용시료	치환율 (%)	간격비 (D_2/D_1)	중심간격 D_1(cm)	순간격 D_2(cm)	재하판 사용 유무
단일 쇄석말뚝	주문진표준사	–	–	–	–	×
	주문진표준사	–	–	–	–	○
	재생골재	–	–	–	–	×
	재생골재	–	–	–	–	○
	쇄석골재	–	–	–	–	×
	쇄석골재	–	–	–	–	○
	위 3종류의 물성을 이용한 말뚝의 파괴영역 관찰실험					
무리 쇄석말뚝	주문진표준사	6.4	0.71	10.5	7.5	○
	주문진표준사	12.6	0.60	7.5	4.5	○
	주문진표준사	16.7	0.54	6.5	3.5	○
	주문진표준사	23.4	0.45	5.5	2.5	○
	주문진표준사	34.9	0.33	4.5	1.5	○

6.2.4 지지력측정시험

(1) 단일쇄석말뚝시험

단일쇄석말뚝 지지력측정실험은 주문진표준사, 재생골재, 쇄석골재의 세 가지 종류의 시료를 이용하여 다음과 같은 방법으로 실시한다.

① 재하판을 사용하지 않은 단일쇄석말뚝 지지력측정실험 : Case 1
② 재하판을 사용한 단일쇄석말뚝 지지력측정실험 : Case 2

그림 6.6은 각각의 단일쇄석말뚝의 지지력측정실험을 위한 계획도이다. 우선 그림 6.6(a)는 쇄석말뚝 두부에만 하중을 재하시키는 실험으로 말뚝의 두부인 ①의 위치에만 토압계를 설치한다(Case 1).

한편 그림 6.6(b)는 쇄석말뚝과 연약지반을 동시에 재하시키는 실험으로 말뚝의 두부인 ①

의 위치와 연약지반의 표면인 ②와 ③의 위치에 각각 토압계를 설치한다(Case 2).

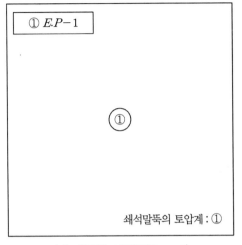
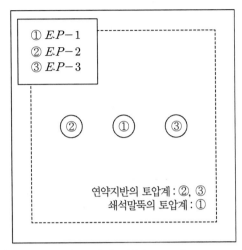

(a) 재하판 미사용(Case 1)　　　　　　(b) 재하판 사용(Case 2)

그림 6.6 단일쇄석말뚝의 토압계 설치 단면도

(2) 무리쇄석말뚝시험

무리쇄석말뚝 지지력측정실험은 표 6.2와 같은 계획으로 모형실험을 실시한다. 쇄석말뚝 두부에는 그림 6.7과 같이 $\phi 30$ 토압계를 4개 설치하고 연약지반 표면에는 $\phi 12$ 토압계를 3개 설치한다. 계획된 다섯 가지의 치환율은 그림 6.8과 같다.

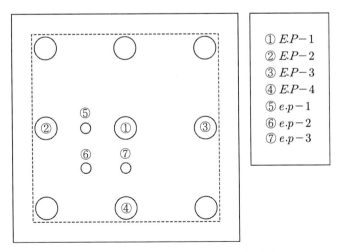

그림 6.7 무리쇄석말뚝의 토압계 설치 단면도

표 6.2 무리쇄석말뚝 모형실험의 계획치환율

분류	치환율(%)	간격비(D_2/D_1)	말뚝중심간격 D_1(cm)	말뚝순간격 D_2(cm)
무리쇄석말뚝	6.4	0.71	10.5	7.5
	12.6	0.60	7.5	4.5
	16.7	0.54	6.5	3.5
	23.4	0.45	5.5	2.5
	34.9	0.33	4.5	1.5

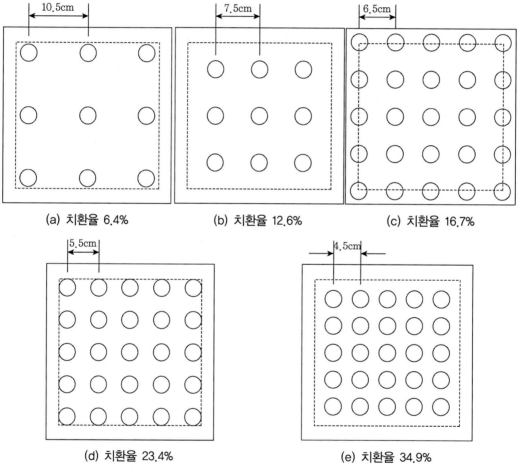

(a) 치환율 6.4%　　(b) 치환율 12.6%　　(c) 치환율 16.7%

(d) 치환율 23.4%　　(e) 치환율 34.9%

그림 6.8 무리쇄석말뚝 지지력측정실험을 위한 계획치환율

6.2.5 파괴영역 관찰시험

단일쇄석말뚝의 지지력측정실험이 완료된 후 말뚝의 파괴영역을 관찰하기 위한 실험을 계

획하였다.

  파괴된 말뚝의 표본을 수집하기 위하여 그림 6.9와 같이 밑면이 없는 투명 아크릴상자를 준비하였다. 상자는 곁에서 파괴단면을 관찰할 수 있도록 투명하게 제작되었으며 파괴된 말뚝의 최대직경과 길이를 고려하여 아크릴 상자의 가로×세로×높이를 100×50×200mm로 제작하였다.

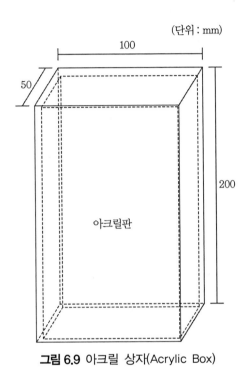

그림 6.9 아크릴 상자(Acrylic Box)

  말뚝을 수집하기 위해서 복합지반에 아크릴 상자를 삽입할 경우 상자의 파손이 없도록 3mm 두께의 아크릴판을 사용하였으며 변형이 생기지 않도록 각 모서리를 아크릴 본드를 사용하여 단단하게 접착하였다. 그리고 상자의 면과 점토 사이에서 발생하는 마찰력을 줄이기 위해서 분사용 윤활제인 4WD를 사용하였다.

  말뚝의 파괴영역을 관찰하기 위한 실험방법은 다음과 같다. 말뚝을 수집하기 위한 아크릴 상자를 준비하고 분사용 윤활제인 4WD를 상자의 안면과 겉면에 바른다. 윤활제를 바른 아크릴 상자의 한 단면(100mm)을 쇄석말뚝의 두부의 중심을 지나도록 올려놓는다.

  상자의 단면이 말뚝의 중심을 정확하게 수직으로 뚫고 지나갈 수 있도록 서서히 삽입한다. 삽입이 완료되면 파괴된 말뚝을 수집하기 위하여 개봉된 밑면을 가로×세로의 크기가 120×

60mm인 아크릴로 밀봉하고 시료가 새나가지 않도록 조심스럽게 회수한다.

파괴된 말뚝이 포함된 아크릴 상자 인발 시 인발을 쉽게 할 수 있도록 상자의 겉면에 인접해 있는 연약지반을 서서히 제거하면서 인발한다.

이상의 파괴된 말뚝을 수집하기 위한 실험과정을 정리하면 다음과 같이 6 단계로 정리할 수 있다(그림 6.10 참조).

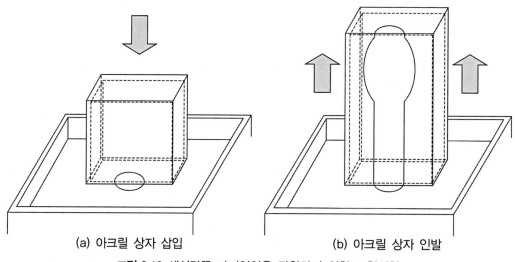

(a) 아크릴 상자 삽입   (b) 아크릴 상자 인발

그림 6.10 쇄석말뚝 파괴영역을 관찰하기 위한 모형실험

① 지지력측정실험 완료 후 데이터 측정장비를 모두 제거한다.
② 준비된 아크릴 상자의 안면과 겉면에 분사용 윤활제를 바른다.
③ 아크릴 상자의 한 단면(10cm)이 쇄석말뚝의 정중앙을 수직으로 관통하도록 천천히 삽입시킨다.
④ 아크릴 상자의 밑면을 밀봉하고 회수하기 위하여 상자의 겉면에 인접해 있는 연약지반을 서서히 제거한다.
⑤ 아크릴 상자의 밑면을 밀봉하고 회수한다.
⑥ 파괴된 쇄석말뚝의 표본을 관찰하고 필요한 정보를 수집한다.

파괴된 말뚝을 수집하고 말뚝의 파괴영역을 관찰하여 파괴영역의 길이, 파괴영역의 중심위치, 말뚝의 최대팽창직경, 말뚝두부의 최소직경과 파괴된 후의 직경 등을 관찰하여 말뚝의 파괴형상에 대해서 면밀히 분석한다.

분석 후 실험에 의해 측정된 파괴영역의 깊이와 제안된 이론식에 의해 계산된 파쇄영역의 깊이를 비교하고 이론식의 타당성을 입증한다.

6.3 모형실험 결과 및 고찰

6.3.1 파괴영역

(1) 주문진표준사

그림 6.11은 주문진표준사로 조성한 쇄석말뚝의 파괴영역을 관찰하기 위하여 수행한 실내 모형실험 결과를 깊이별 말뚝의 직경으로 정리한 그림이다.

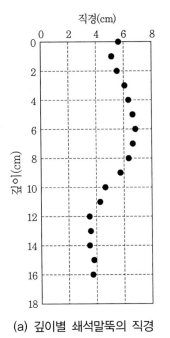

(a) 깊이별 쇄석말뚝의 직경 　　　　　(b) 파괴된 쇄석말뚝 형상

그림 6.11 주문진표준사로 조성된 쇄석말뚝에 대한 모형실험

쇄석말뚝두부의 초기 직경은 30mm였으며 파괴된 직후의 직경은 그림 6.11(a)에서 보는 바와 같이 56mm로 약 26mm 증가하였다. 파괴영역의 깊이는 약 116mm로 측정되었고 파괴영

역의 중앙깊이(60mm 깊이 정도)에서 쇄석말뚝의 직경은 약 70mm로 측정되었다.

식 (5.19)를 이용하여 계산한 파괴영역의 전체깊이 및 중심깊이를 모형실험 결과와 비교해 보면 표 6.3과 같다.

표 6.3 주문진표준사로 조성된 쇄석말뚝의 파괴영역의 이론예측과 시험 결과의 비교

	실험값(mm)	이론예측값(mm)	오차(%)
초기 직경(3cm)을 적용한 파괴영역의 깊이	116	62.1	46.5
변화된 직경(5.6cm)을 적용한 파괴영역의 깊이	116	116.1	0.1
초기 직경(3cm)을 적용한 파괴영역의 중앙깊이	60	31.1	48.3
변화된 직경(5.6cm)을 적용한 파괴영역의 중앙깊이	60	58.1	3.3

이 표를 살펴보면 쇄석말뚝이 파괴된 후의 직경을 적용한 경우가 쇄석말뚝의 초기직경을 적용한 경우보다 실험값과 이론예측값 사이의 오차율이 매우 적은 것을 알 수 있다. 따라서 이론식에 쇄석말뚝 두부의 직경을 적용할 경우 파괴된 후의 쇄석말뚝 두부의 직경을 측정하여 적용하는 것이 더욱 합리적이다.

그림 6.11(b)의 사진은 파괴된 쇄석말뚝의 사진이다. 사진을 살펴보면 표면의 바로 아랫부분에서 쇄석말뚝의 직경이 감소하였다가 팽창하는 것을 관찰할 수 있다. 쇄석말뚝이 재하판과 맞닿은 곳에서 표면마찰력이 발생하여 표면 바로 아랫부분의 직경이 감소한 것으로 판단된다.

오목한 부분부터 지하 116mm까지 쇄석말뚝의 직경은 팽창하였다. 이 부분에서 팽창이 발생한 이유는 지표면 근처의 지중응력이 지하에서의 지중응력보다 작게 발생하기 때문이다. 따라서 팽창은 지중응력, 즉 구속압력이 작게 발생하는 표면에서부터 발생한 것으로 판단된다.

그림 6.11(b)의 사진은 실험이 종료된 직후에 찍은 사진이기 때문에 점토와 맞닿아 있는 말뚝의 표면이 젖어 있는 것을 관찰할 수 있다. 또한 파괴영역이 끝나는 깊이인 116mm의 주변에 말뚝을 가로질러 젖어 있는 것을 관찰할 수 있다. 말뚝을 가로질러서 젖어 있는 이유는 쇄석말뚝이 파괴된 이후에 116mm를 중심으로 상부에서 발생한 팽창에 의해서 파괴된 영역의 쇄석말뚝 강성이 강해지고 상대적으로 강성이 약해진 116mm의 부분에서 전단파괴가 발생하면서 점토에 포함된 물이 스며든 것으로 판단된다.

(2) 재생골재

그림 6.12는 재생골재로 조성한 쇄석말뚝의 파괴영역을 관찰하기 위하여 수행한 실내모형

실험 결과를 깊이에 따른 말뚝의 직경으로 정리한 그림이다. 사용한 재생골재의 크기는 약 2~4mm이다. 쇄석말뚝의 직경(3cm)에 비해서 입자의 크기가 큰 재생골재를 사용하였기 때문에 실험 시 어려운 점이 많았다.

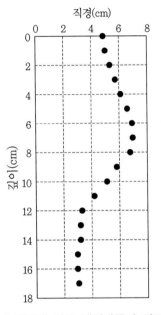

(a) 깊이에 따른 쇄석말뚝의 직경

(b) 파괴된 쇄석말뚝 형상

그림 6.12 재생골재로 조성된 쇄석말뚝에 대한 모형실험

UTM을 이용한 단일쇄석말뚝 지지력 측정실험을 수행 시 3mm/min의 재하속도로 하중을 가했다. 재생골재의 크기에 비해서 작은 직경을 가진 쇄석말뚝은 벌징이 생기기도 전에 대부분 좌굴이 발생하였다.

여러 번의 지지력측정실험을 거치고 재하속도를 0.5mm/min로 낮추고 하중을 재하시켜서 단일쇄석말뚝 지지력측정실험을 수행한 결과 그림 6.12(b)와 같은 파괴된 쇄석말뚝의 사진을 얻을 수 있었다. 그림을 살펴보면 전체적으로 오른쪽으로 약간의 좌굴이 발생한 것을 관찰할 수 있었다.

그림 6.12(a)는 쇄석말뚝이 파괴된 직후의 두부직경, 파괴영역 그리고 파괴영역의 중심을 쉽게 판단할 수 있도록 깊이에 따른 쇄석말뚝의 직경을 그래프로 도시한 그림이며 표 6.4는 식 (5.19)를 이용하여 계산한 파괴영역의 전체깊이 및 중심깊이를 모형실험 결과와 비교한 표이다.

표 6.4 재생골재로 조성된 쇄석말뚝의 파괴영역의 이론예측과 시험 결과의 비교

	실험값(mm)	이론예측값(mm)	오차(%)
초기 직경(3cm)을 적용한 파괴영역의 깊이	118	67.2	43.1
변화된 직경(5cm)을 적용한 파괴영역의 깊이	118	112.0	5.1
초기 직경(3cm)을 적용한 파괴영역의 중앙깊이	65	33.6	48.3
변화된 직경(5cm)을 적용한 파괴영역의 중앙깊이	65	56.0	13.8

표 6.4를 보면 재생골재를 이용한 단일쇄석말뚝의 파괴영역을 관찰하기 위한 모형실험의 결과에서도 주문진표준사에 대한 모형실험에서와 마찬가지로 파괴된 말뚝의 직경을 이용하여 이론식에 적용하는 것이 더욱 합리적인 것으로 판단된다.

즉, 쇄석말뚝의 초기직경인 3cm를 공식에 적용했을 경우에는 파괴영역의 예측깊이가 67.2mm로 약 43.1%의 오차율이 발생하였으나 파괴된 후의 쇄석말뚝의 직경인 5cm를 공식에 적용했을 경우에는 파괴영역의 깊이가 112.0mm로 계산되어 실제 파괴영역의 길이인 118mm와 약 5.1%의 오차밖에 발생하지 않았다.

재생골재를 사용한 모형실험의 결과는 주문진표준사를 사용한 모형실험의 결과보다 다소 정확성이 떨어진다. 하지만 계산한 결과와 오차율을 살펴보면 그 결과는 상당히 양호하였다.

(3) 쇄석골재

그림 6.13은 쇄석골재로 조성한 쇄석말뚝의 파괴영역을 관찰하기 위하여 수행한 실내모형실험 결과를 깊이별로 말뚝의 직경으로 정리한 그림이다. 쇄석골재는 내부마찰각이 51.6°로 일련의 모형실험에 사용된 세 가지 시료 중에서 내부마찰각이 가장 높다. 손으로 만져보면 주문진표준사 또는 재생골재에 비하여 쇄석골재는 상당히 모가 나있고 매우 거칠다. 사용된 쇄석의 입자 크기도 쇄석골재와 마찬가지로 4번체와 8번체 사이에 존재하는 2~4mm를 사용하였다.

쇄석골재의 입자의 크기 역시 말뚝의 직경에 비해 크기 때문에 여러 번의 실험에서 좌굴이 발생하였다. 결국, 재생골재를 사용한 실험과 동일하게 하중을 재하시킨 결과, 그림 6.13(b)와 같이 파괴된 쇄석말뚝을 관찰할 수 있었다.

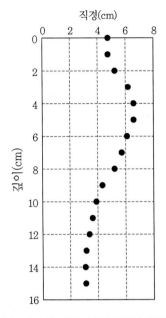

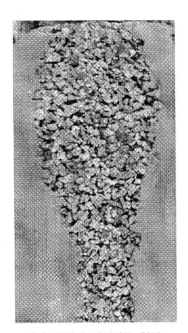

(a) 깊이에 따른 쇄석말뚝의 직경   (b) 파괴된 쇄석말뚝 형상

그림 6.13 쇄석골재로 조성된 쇄석말뚝에 대한 모형실험

표 6.5는 식 (5.19)를 이용하여 계산한 파괴영역의 전체깊이 및 중심깊이를 모형실험 결과와 비교한 표이다. 파괴된 쇄석말뚝 두부의 직경은 4.8cm로 측정되었다. 그리고 파괴영역의 깊이는 121mm로 측정되었다. 표 6.5을 보면 파괴영역의 깊이는 주문진표준사와 재생골재의 경우와 동일하게 파괴된 이후 발생한 쇄석말뚝의 직경을 적용하여 식 (5.19)로 쇄석말뚝의 파괴영역을 산정하는 것이 합리적임을 알 수 있다.

표 6.5 쇄석골재로 조성된 쇄석말뚝의 파괴영역의 이론예측과 시험 결과의 비교

	실험값(mm)	이론예측값(mm)	오차(%)
초기 직경(3cm)을 적용한 파괴영역의 깊이	121	86.1	28.8
변화된 직경(4.8cm)을 적용한 파괴영역의 깊이	121	137.8	13.9
초기 직경(3cm)을 적용한 파괴영역의 중앙깊이	50	43.1	13.8
변화된 직경(4.8cm)을 적용한 파괴영역의 중앙깊이	50	68.9	37.8

(4) 쇄석말뚝재료의 영향

위에서 주문진표준사, 재생골재, 쇄석골재를 이용한 단일말뚝의 파괴형상을 관찰하고 파괴

영역을 분석하였다.

표 6.6은 각각의 시료를 사용한 단일말뚝의 파괴영역의 깊이 및 파괴영역의 중심깊이를 비교 분석한 표이다. 모형실험에 사용되 세 재료의 내부마찰각은 각각 38.5°, 41.9°, 51.6°이었다.

표 6.6을 보면 말뚝 사용시료의 내부마찰각이 증가할수록 파괴영역의 깊이가 증가하는 경우에는 오차가 상당히 적게 나타나 양호한 값을 보인다. 하지만 쇄석골재와 같이 모가 많이 나고 거친 시료를 사용한 경우에는 다른 시료에 비해서 상당히 오차율이 크다.

표 6.6 단일쇄석말뚝에서 말뚝파괴영역의 비교

단일쇄석말뚝		파괴영역의 깊이			파괴영역의 중심 깊이		
사용시료	직경 (mm)	실험값 (mm)	이론값 (mm)	오차 (%)	실험값 (mm)	이론값 (mm)	오차 (%)
주문진표준사	56	116	116.1	0.1	60	58.1	3.3
재생골재	50	118	112	5.1	65	56.0	13.8
쇄석골재	48	121	137.8	13.9	50	68.9	37.8

하지만 실제 말뚝의 직경과 입자의 크기를 고려하고 치수효과(size effect)를 고려하여 모형실험을 수행한다면 오차율은 더욱 감소할 것으로 판단된다.

쇄석말뚝을 조성하기 위해 시료의 내부마찰각이 커지면 파괴된 쇄석말뚝의 두부직경은 감소하고 파괴영역의 깊이는 증가한다.

그림 6.14는 깊이에 따라 각각의 변화된 말뚝의 직경을 나타낸 그림이다. 두부의 직경은 주문진표준사, 재생골재, 쇄석골재의 순서대로 증가하였으나 파괴영역의 깊이는 감소하였다.

이것은 내부마찰각의 영향에 따른 것으로 판단된다. 내부마찰각이 커지면 파괴 후 말뚝두부의 직경의 증가량은 감소하고 파괴영역의 깊이는 증가하는 것으로 판단된다.

6.3.2 단일쇄석말뚝 지지력

(1) 재하판의 영향

그림 6.15는 쇄석골재를 사용하여 조성한 단일쇄석말뚝의 재하시험 결과를 도시한 그림이다. 이 그림에서 Case 1과 Case 2는 앞의 제6.2.4절의 모형실험 방법에서 설명한 바와 같이 재하판을 사용하지 않은 단일쇄석말뚝 지지력측정실험을 Case 1로 정의하였고 재하판을 사

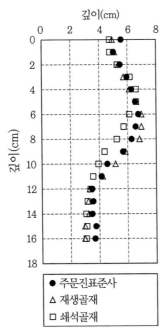

그림 6.14 단일쇄석말뚝의 파괴영역 비교

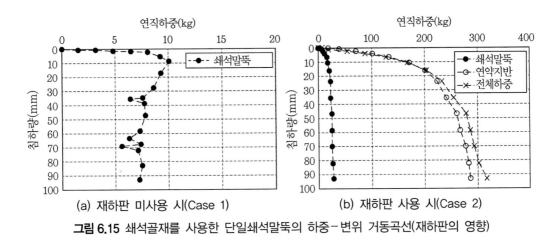

(a) 재하판 미사용 시(Case 1) (b) 재하판 사용 시(Case 2)

그림 6.15 쇄석골재를 사용한 단일쇄석말뚝의 하중-변위 거동곡선(재하판의 영향)

용한 단일쇄석말뚝 지지력측정실험은 Case 2로 정의한 바 있다.

　Case 2의 하중-변위곡선으로 쇄석말뚝과 연약지반에 작용하는 하중과 전체하중의 크기를 비교할 수 있다. 쇄석말뚝과 연약지반에 작용하는 하중의 합은 전체하중의 크기와 같아야 한다. 단일쇄석말뚝실험에서는 Case 2의 실험에서만 연약지반의 지표면에 수직하중이 작용한다. 따라서 그림 6.15(a)와 (b)를 비교해보면 재하판을 사용함으로써 쇄석말뚝의 지지력은 증가했으며 쇄석말뚝의 지지력 증가로 인하여 그림 6.15(b)에 나타난 것처럼 전체하중도 증가하였다.

그림 6.15의 하중-변위 거동곡선에 근거하여 모형실험 결과를 정리하면 표 6.7과 같다. 표 6.7에 의하면 Case 1보다 Case 2의 쇄석말뚝의 하중이 높게 측정되었다. 따라서 연약지반 지표면에 작용하는 수직응력은 쇄석말뚝의 지지력을 향상시키는 효과가 있다고 판단할 수 있다.

표 6.7 쇄석골재를 사용한 단일쇄석말뚝의 하중-변위 모형실험 결과(재하판의 영향)

case	재하판 유/무	극한하중(kg)	연약지반(kg)	재하중(kg)	침하량(mm)
1	무	10.07	0	10.07	8.41
2	유	23.62	242.23	255.90	35.84

(2) 쇄석말뚝재료의 영향

그림 6.16(a)는 주문진표준사, 재생골재 및 쇄석골재를 사용하여 쇄석말뚝을 조성하고 제하판을 이용하지 않고 실시한 모형실험의 결과를 비교한 그림이다. 주문진표준사를 쇄석말뚝 조성시료로 사용한 모형실험에서 극한지지력은 $0.55kg/cm^2$으로 측정되었고 재생골재와 쇄석골재를 조성시료로 사용한 모형실험에서 극한지지력은 각각 $0.59kg/cm^2$와 $1.4kg/cm^2$로 측정되었다.

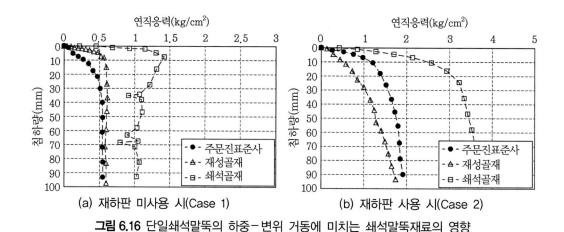

(a) 재하판 미사용 시(Case 1)　　　(b) 재하판 사용 시(Case 2)

그림 6.16 단일쇄석말뚝의 하중-변위 거동에 미치는 쇄석말뚝재료의 영향

그리고 선형탄성영역의 기울기를 살펴보면 쇄석골재, 재생골재, 주문진표준사의 순서로 완만한 것을 알 수 있다. 선형탄성영역의 기울기가 완만한 것은 기울기가 급한 것보다 강성이 강하다는 것을 나타낸다. 따라서 쇄석골재, 재생골재, 주문진표준사의 순서로 강성이 강하다.

모형실험에 사용한 재료의 내부마찰각은 각각 38.5°, 41.9°, 51.6°이었다. 주문진표준사와 재생골재의 내부마찰각은 미소한 차이를 보이는 반면 쇄석골재는 다른 두 재료보다 상당히 높은 내부마찰각을 보인다. 내부마찰각은 제안된 공식에서도 역시 중요한 요소로 작용한다.

이를 미루어 보아 복합지반에서 내부마찰각에 대한 거동은 다음과 같다고 판단할 수 있다. 만약 조립재의 주변에 구속압이 없으면 조립재는 스스로 자립하기 힘들다. 주문진표준사와 재생골재의 경우 구속압력이 없이 조성된다면 완전히 부서진다. 쇄석골재의 경우도 역시 부서지지만 부서진 높이는 다른 두 재료의 높이보다 상당히 높다. 이것은 내부마찰각 역시 말뚝의 지지력에 밀접한 관련이 있음을 증명한다.

조립재가 점토에 의해서 구속조건을 갖게 되면 그 지지력은 구속조건이 없는 경우에 비해서 상당히 증가하는 것을 알 수 있다.

결국 내부마찰각은 구속조건이 없는 경우에는 영향력을 거의 발휘하지 못하지만 구속조건이 갖춰지면 상당한 영향력을 나타낸다고 판단된다.

쇄석을 사용한 쇄석말뚝의 응력-변위 거동곡선을 보면 다른 두 응력-변위 곡선의 양상과는 사뭇 다르다. 주문진표준사와 재생골재를 사용한 말뚝의 응력-변위 곡선은 항복점(peak point)이 나타나지 않고 상당히 부드럽게 수렴하는 곡선으로 도시되고 있으나 쇄석골재를 사용한 응력-변위 곡선은 피크점이 나타나고 매우 거칠게 도시되고 있다. 이것은 쇄석골재 입자의 형상이 모가 나 있고 내부마찰각의 크기가 크기 때문에 말뚝의 두부에 하중이 재하되면 그 거동이 매우 불안정하기 때문이라고 판단된다.

말뚝이 극한상태에 도달하였을 경우 발생한 침하량을 보면 주문진표준사, 재생골재, 쇄석골재 순으로 51.08mm, 55.96mm, 8.41mm이다. 침하량 역시 내부마찰각과 밀접한 연관이 있음을 알 수 있다.

이러한 현상을 미루어보아 말뚝의 지지력, 침하량, 응력-변위 거동곡선의 경향 역시 내부마찰각과 밀접한 연관이 있음을 예측할 수 있다.

그림 6.16(b)는 재하판을 사용하여 말뚝의 두부와 연약지반의 지표면에 하중을 동시에 가한 case 2실험의 응력-변위 거동곡선이다.

주문진표준사와 재생골재의 응력-변위 곡선의 경향은 예상한 것과는 반대로 도시되었다.

이것은 두 조성재료들의 내부마찰각의 크기가 비슷하기 때문에 발생한 오차로 보인다. 하지만 두 시료에 비해서 내부마찰각이 약 10° 정도 큰 쇄석골재를 사용하여 단일말뚝 지지력측정 실험을 수행한 결과 상당히 큰 지지력이 측정되었다. 따라서 내부마찰각의 크기는 쇄석말뚝의 지지력과 상당히 밀접한 관련이 있다고 판단할 수 있다.

그림 6.16(b)의 응력-변위 거동곡선을 그림 6.16(a)의 응력-변위 곡선과 비교해 봤을 때 지지력의 크기가 상당히 증가한 것을 관찰할 수 있다. 이것은 연약지반의 지표면에 재하된 수직하중에 의해서 쇄석말뚝의 측면에 발생한 구속압력의 크기가 증가했기 때문이라고 예상된다. 따라서 구속압력의 크기와 내부마찰각은 말뚝의 지지력에 상당한 연관이 있다고 판단된다.

(3) 응력분담비

그림 6.17은 주문진표준사, 재생골재, 쇄석골재를 사용하여 조성한 쇄석말뚝에 실시한 모형실험 결과 측정된 응력분담비를 비교한 그림이다. 홍원표 연구팀에서는 이 응력분담비를 성토지반의 지반아칭 개념을 도입하여 설명하였으며,[4,5,8] Vesic(1972)은 구공동확장이론의 적용을 시도한 바 있다.[11] Bujang and Faisal(1983)도 성토지지말뚝에 관한 연구에서 쇄석말뚝과 연약지반의 하중분담에 대하여 논한 바 있다.[7] 이들 연구는 모두 말뚝과 지반이 서로 상호작용에 의해 영향을 미치고 있음을 설명하고 있다.

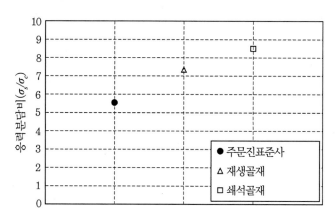

그림 6.17 단일쇄석말뚝의 쇄석말뚝재료에 따른 응력분담비

본 모형실험에서 각 변의 길이가 25×25cm인 재하판을 사용하여 직경 3cm의 단일쇄석말뚝으로 보강된 지반의 지표면에 재하시켰을 때 응력분담비는 다음과 같다.

쇄석말뚝의 재료로 주문진표준사를 사용하였을 경우에는 응력분담비가 5.59로 측정되었으며 재생골재를 사용하였을 때는 7.31로 측정되었으며 쇄석골재를 사용하였을 때는 8.53으로 측정되었다.

연약지반의 조건을 일정하게 하고 말뚝의 물성이 달라지면 응력분담비가 달라지는 것을 본 실험을 통하여 확인할 수 있었다. 여기서 말뚝의 물성이라 함은 말뚝시료의 내부마찰각이 가장 중요한 물성이라 할 수 있다.

따라서 내부마찰각은 말뚝과 연약지반 사이의 응력분담비에 영향을 주는 것을 본 실험을 통하여 확인 할 수 있었다.

(4) 이론예측지지력과 실험치의 비교

그림 6.18은 이론식으로 산정된 쇄석말뚝의 지지력과 모형실험으로 측정한 쇄석말뚝의 지지력을 비교한 그림이다. 이 그림에 의하면 실험값은 이론예측치와 상당히 양호한 결과를 보이고 있으며 지지력이 커질수록 이론값이 다소 크게 산정되는 경향이 있다.

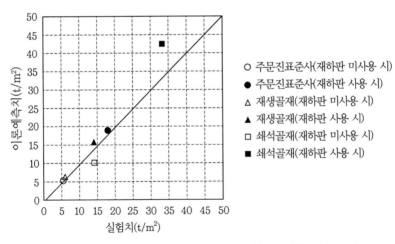

그림 6.18 단일쇄석말뚝의 지지력의 이론예측과 실험 결과의 비교

6.3.3 무리쇄석말뚝 지지력

(1) 하중 - 변위 거동

그림 6.19는 무리쇄석말뚝에 대한 모형실험에서 측정된 하중과 변위 거동을 도시한 그림이

며 표 6.8은 다섯 가지 치환율에 대한 무리쇄석말뚝의 모형실험 결과를 정리한 표이다. 그림 6.19 및 표 6.8을 보면 치환율이 최소일 때 쇄석말뚝의 극한지지력은 연약지반이 분담하는 하중의 크기보다 작다. 치환율이 증가하여 12.6%일 때 쇄석말뚝의 극한지지력과 연약지반이 분담하는 하중의 크기가 같아진다. 치환율이 점점 더 증가하여 34.9%일 때 쇄석말뚝의 극한지지력은 연약지반이 분담하는 하중의 크기보다 커진다. 따라서 치환율이 증가할수록 전체하중에서 쇄석말뚝이 분담하는 하중의 크기가 커진다.

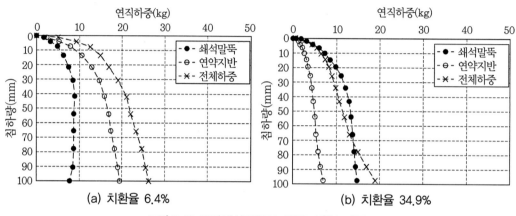

(a) 치환율 6.4%　　　　(b) 치환율 34.9%

그림 6.19 무리쇄석말뚝의 하중−변위 거동

전체하중을 살펴보면 치환율이 증가할수록 감소하는 것을 알 수 있다. 이것은 하나의 단일 쇄석말뚝을 기준으로 분담하는 연약지반의 유효면적을 계산하는 단위셀 개념을 도입했기 때문에 치환율이 증가할수록 연약지반의 유효면적이 줄어들었기 때문이다. 하지만 치환율이 증가함에 따라서 전체하중에서 쇄석말뚝이 분담하는 하중의 비율이 증가하는 것을 보아 치환율이 증가하면 말뚝에 의한 보강효과가 더욱 증가한다는 것을 알 수 있다.

표 6.8 무리쇄석말뚝의 하중−변위 모형실험 결과

치환율 (%)	무리쇄석말뚝의 극한지지력(kg)	연약지반 (kg)	전체하중 (kg)	침하량 (mm)
6.4	8.83	15.79	20.98	41.93
12.6	9.49	8.36	18.25	48.03
16.7	9.84	5.73	11.32	42.14
23.4	12.29	6.10	15.96	54.00
34.9	13.26	4.97	11.73	54.45

치환율이 증가할수록 극한상태에 도달하기 위한 침하량이 증가하는 것을 알 수 있다. 치환율이 낮으면 작은 하중으로 극한상태에 빠르게 도달하고 치환율이 높으면 큰 하중으로 극한상태에 서서히 도달하는 것을 알 수 있다.

한편 그림 6.20은 전체작용하중과 전체분담하중 크기를 비교한 그림이다.

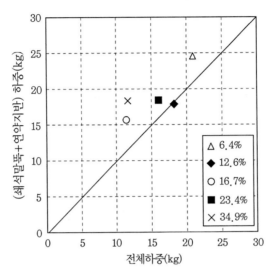

그림 6.20 전체하중과 전체분담하중 크기의 비교

(2) 치환율의 영향

연약지반에 조성된 쇄석말뚝은 연약지반에 의해서 발생하는 수평응력(구속압력)에 의존한다. 쇄석말뚝은 연약지반의 파괴가 일어나면 잇따라 파괴가 일어난다. 연약지반의 지지력을 상실하면 쇄석말뚝도 지지력을 상실하기 때문이다.

표 6.9는 쇄석말뚝과 연약지반 그리고 복합지반의 지지력을 나타낸다. 치환율이 증가하면 쇄석말뚝과 연약지반 그리고 복합지반의 지지력이 증가하는 것을 알 수 있다.

표 6.9 치환율에 따른 말뚝의 극한지지력 변화

치환율(%)	6.4	12.6	16.7	23.4	34.9
쇄석말뚝	1.25	1.34	1.39	1.74	1.88
연약지반	0.15	0.17	0.16	0.26	0.38
복합지반	0.19	0.32	0.27	0.53	0.58

이러한 복합지반의 거동은 다음과 같이 해석할 수 있다. 복합지반의 지표면에 하중이 재하되기 시작하면 쇄석말뚝과 연약지반은 재하되는 하중을 분담하게 된다. 연약지반이 분담하는 하중은 쇄석말뚝의 구속력으로 작용하여 쇄석말뚝의 지지력을 증가시킨다. 재하되는 하중이 계속적으로 증가하면 쇄석말뚝의 지지력 역시 계속적으로 증가하여 극한상태에 이르게 된다. 그리고 증가된 쇄석말뚝의 지지력에 의해서 복합지반의 지지력 역시 증가한다.

따라서 연약지반의 지표면에 작용하는 수직응력이 증가하여 분담하는 응력이 커지면 연약지반의 강성 및 쇄석말뚝에 작용하는 구속압이 증가하여 쇄석말뚝의 지지력이 향상된다. 결국 쇄석말뚝으로 연약지반을 보강하면 지반의 지지력이 증가한다.

그림 6.21은 연약지반의 지지력에 대한 쇄석말뚝의 지지력을 도시한 그림이다. 쇄석말뚝의 지지력은 연약지반의 지지력이 증가하면 함께 증가한다. 하지만 쇄석말뚝 지지력은 치환율이 증가하면 그 증가량이 서서히 감소하여 약 35% 치환율에서의 증가량은 거의 0에 가까워진다. 따라서 약 35% 이상의 치환율로 설계하는 것은 비효율적이라고 판단할 수 있다.

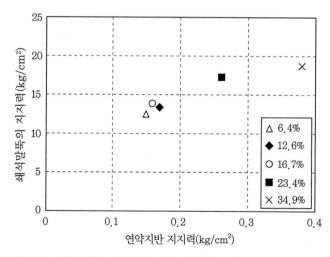

그림 6.21 연약지반 지지력에 따른 쇄석말뚝의 지지력 변화 비교

실제 쇄석말뚝 설계에서 치환율 35% 또는 40% 이하로 설계하는 것도 효율적인 연약지반의 보강효과를 나타내기 위해서이다.

치환율 12.6%와 16.7%의 쇄석말뚝 극한지지력을 살펴보면 전체적인 경향에서 벗어나는 것을 관찰할 수 있다. 이 치환율의 중심간격은 각각 5.5cm와 6.5cm로 매우 미소한 차이가 나기 때문에 모형실험을 수행할 때 발생한 오차로 판단된다. 하지만 전체적인 지지력의 경향은 치환율이 중가할수록 중가한다.

그림 6.22는 치환율에 따른 지지력(단위하중, 즉 연직응력으로 표시)을 나타내는 그림이다. 이 그림에서 쇄석말뚝은 연약지반과 밀접한 연관이 있다는 것을 확실하게 판단할 수 있다.

쇄석말뚝의 극한지지력(연직응력)은 전체적으로 서서히 증가하였으나 16.7% 이후의 치환율에서는 급격하게 증가하였다. 연약지반의 극한지지력(연직응력) 역시 전체적으로 서서히 증가하였지만 16.7% 이후의 치환율에서는 급격하게 증가하였다. 이렇게 전체적인 경향이 비슷한 것은 쇄석말뚝은 연약지반과 밀접하게 연관이 있다는 것을 나타낸다.

그림 6.22에서 이론식에 의해서 산정된 쇄석말뚝의 극한지지력(제5장(식 (5.24)) 참조)은 측정된 극한지지력과 상당히 비슷한 경향을 나타내고 있다. 저치환율에서 이론값은 측정값과 상당히 유사하다. 그러나 고치환율에서 이론값과 측정값 사이에 오차율이 증가하는 것은 치환율이 증가하면서 근접한 쇄석말뚝에 의한 간섭효과가 발생했기 때문이라고 판단된다.

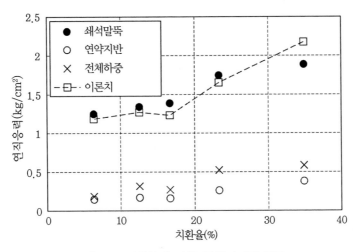

그림 6.22 치환율에 따른 극한지지력 비교

(3) 이론예측지지력과 실험치의 비교

그림 6.23은 이론식에 의해서 산정된 쇄석말뚝의 극한지지력(제5장(식 (5.24)) 참조)과 실험에 의해 측정된 쇄석말뚝의 극한지지력의 정확도를 비교하기 위해서 나타낸 그림이다.

그림 속 대각선에 근접할수록 이론식에 의한 예측이 정확함을 의미하는데, 그림 6.23에서 보는 바와 같이 무리쇄석말뚝의 극한지지력에 대한 이론예측값은 실험치와 상당히 양호한 일치를 보이고 있다.

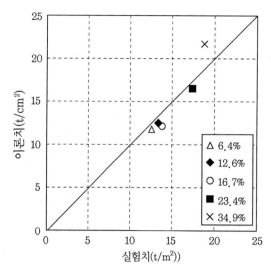

그림 6.23 극한지지력의 실험값과 이론예측의 비교

표 6.10은 다양한 치환율에 대한 모형실험 결과를 이론예측치와 함께 비교정리한 표이다. 이 표에 의하면 오차율은 아래 식과 같이 쇄석말뚝의 실험 지지력과 이론적 지지력 사이의 오차로 산정된다. 표 6.10에 의하면 전체적으로 5~15%의 오차율을 보이고 있어 이론식은 무리 쇄석말뚝의 극한지지력을 잘 예측할 수 있다고 할 수 있다.

$$오차율 = \frac{(실험\ 지지력 - 이론\ 지지력)}{이론\ 지지력} \times 100\%$$

표 6.10 무리쇄석말뚝의 극한지지력의 실험값과 이론예측값의 비교

치환율 (%)	지지력			이론 지지력 (kg/cm^2)	침하량 (mm)	변형률 (%)	오차율 (%)
	복합지반 (kg/cm^2)	연약지반 (kg/cm^2)	쇄석말뚝 (kg/cm^2)				
6.4	0.19	0.15	1.25	1.19	41.93	13.98	5
12.6	0.32	0.17	1.34	1.26	48.03	16.01	6
16.7	0.27	0.16	1.39	1.22	42.14	14.05	14
23.4	0.53	0.26	1.74	1.66	54.00	18.00	5
34.9	0.58	0.38	1.88	2.15	54.45	18.15	13

참고문헌

1. 김동민(1996), 동치환공법에 의한 쇄석말뚝기초의 지지력에 관한 연구, 중앙대학교 건설대학원 석사학위논문.

2. 이동규(2008), 쇄석말뚝 시스템의 지지력 특성에 관한 연구, 중앙대학교 일반대학원 석사학위논문.

3. 허세영(2009), 쇄석말뚝 시스템의 하중전이 특성에 관한 연구, 중앙대학교 일반대학원 석사학위논문.

4. 홍원표·이재호·전성권(2000), "성토지지말뚝에 작용하는 연직하중의 이론해석", 한국지반공학회논문집, 제16권, 제1호, pp.131~143.

5. 홍원표·이광우(2002), "성토지지말뚝에 작용하는 연직하중 분담효과에 관한 연구", 한국지반공학회논문집, 제18권, 제4호, pp.285~294.

6. Bardal, R.D. and Bachus, R.C.(1983), "Design and construction of stone granular piles and sand drains in the soft Bangkok Clay", In-Situ Soil and Rock Conference, Paris, pp.11~118.

7. Bujang, B.K.H. and Faisal, H.A.(1994), "Pile embankment of soft clay : comparison model field performance", Proc., 3rd International Conference on Histories in Geotechnical Engineering, Missouri, Vol.I, pp.433~436.

8. Hong, W.P., Yun, J.M. Seo, M.S.(1999), "Failure modes in pilled embankment", Korean Geotechnical Society, Vol.15, No.4, pp.207~220.

9. Hong, W.P.(2005), "Lateral soil movement induced by unsymmetrical surcharges on soft grounds in Korea", Special Lecture, Proc. IW-SHIGA 2005, Japan, pp.135~154.

10. Hughes, J.M.O., Withers, N.J. and Greenwood, D.A.(1975), "A field trial of the reinforcing effect of a stone column in soil", Geotechnique, Vol.25, No.1, pp.31~44.

11. Vesic, A.S.(1972), "Expansion of cavities in infinite soil mass", Journal of the Soil Mechanics and Foundation Engineering Division, ASCE, Vol.98, No.SM3, pp.265~290.

쇄석말뚝의 현장실험 사례

07 쇄석말뚝의 현장실험 사례

7.1 공사개요 및 지반특성

7.1.1 유류저장탱크

사례 현장은 전남 여천시 월내동 호남정유공장 부지 내에 위치하며, 유류저장용 원형 탱크 (12개소)의 기초형식은 동치환공법에 의한 쇄석말뚝공법이 채택되었다.[1,2,5] 본 지역은 원래 구릉지였는데, 탱크 설치를 위하여 구릉지를 절성토한 지역이며, 성토고는 15m 이내이다. 유류저장탱크의 규모는 직경이 55.2~85.9m, 높이 21.95m, 설계하중이 25t/m²으로서, 일반구조물에 비해 비교적 큰 중량의 구조물에 속한다. 공사시방서에 규정된 탱크기초의 허용침하량 및 지지력은 다음과 같다.[7]

① 수압시험 시 허용침하량   : 300mm
② 수압시험 후 허용침하량   : 150mm
③ 탱크기초바닥의 부등침하 시 허용경사 : 1/180 이내
④ 탱크셸의 부등침하 시 허용경사   : 1/360 이내
⑤ 허용지지력   : 25.0t/m²

본 현장에 설치할 12개의 유류탱크 제원은 표 7.1과 같으며 이들 유류탱크 설치 평면도는 그림 7.1과 같다. 이들 표와 그림에서 보는 바와 같이 1A와 1B 유류탱크의 직경은 85.90m로 가장 크며 2A, 2B, 2C, 2D, 2E, 2F유류탱크의 직경은 55.20m로 가장 작다. 그러나 유류탱크

의 높이는 12개 모두 21.95m로 동일하다.

표 7.1 유류탱크 제원표[1]

탱크 No.	규격		설계하중(t/m^2)	탱크 형식	비고
	직경(m)	높이(m)			
1A(20D-704)	85.90	21.95	25.0	CONE ROOF TYPE	
1B(20D-705)	85.90	21.95	25.0	CONE ROOF TYPE	
1C(20D-415)	56.90	21.95	25.0	CONE ROOF TYPE	
1D(20D-417)	56.90	21.95	25.0	CONE ROOF TYPE	
1E(20D-416)	56.90	21.95	25.0	CONE ROOF TYPE	
1F(20D-418)	56.90	21.95	25.0	CONE ROOF TYPE	
2A(20D-179)	55.20	21.95	25.0	CONE ROOF TYPE	
2B(20D-176)	55.20	21.95	25.0	CONE ROOF TYPE	
2C(20D-180)	55.20	21.95	25.0	CONE ROOF TYPE	
2D(20D-177)	55.20	21.95	25.0	CONE ROOF TYPE	
2E(20D-181)	55.20	21.95	25.0	CONE ROOF TYPE	
2F(20D-178)	55.20	21.95	25.0	CONE ROOF TYPE	

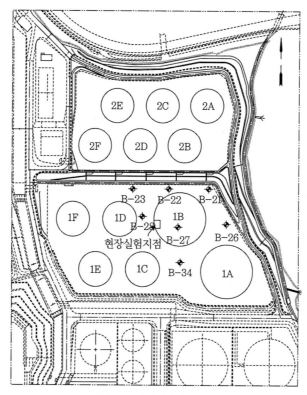

그림 7.1 사례 현장 평면도

7.1.2 지반특성

현장실험은 그림 7.1에 도시한 바와 같이 탱크 1B지역에서 수행하였다. 본 지점에서 실시된 시추조사는 그림 7.1에서 보는 바와 같이 조사번호가 B-21, B-22, B-23, B-27, B-28, B-34인 6개소에서 실시하였으며, 대표지반의 지층단면도는 그림 7.2와 같다.

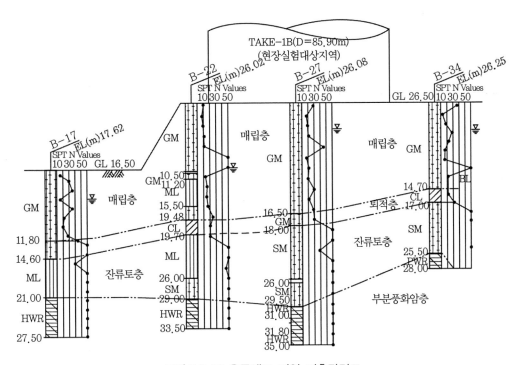

그림 7.2 1B 유류탱크 지역 지층단면도

대체로 지표면으로부터 0~3.0m는 실트질 모래자갈(GM, GL)층이 위치하고 3.0~9.0m는 실트(ML, MH)층이 위치하며 그 하부 지반은 실트질 자갈(GM)층이 존재한다.

① 성토매립층(G.L.±0~G.L.-16.0M) : 주변 구릉지를 절취, 운반하여 매립된 성토층으로서 실트질 모래자갈과 실트로 혼재된 지층이다. 표준관입시험에 의한 N값은 3~18 정도의 연약~보통의 단단한 컨시스턴시를 나타내고 있다.

② 퇴적층(G.L.-16.0~G.L.-18.0M) : 실트 섞인 점토질 자갈층(GM)으로 분류되며 2m 정도로 얇게 분포한다. 표준관입시험에 의한 N값은 18 정도로서 단단한 컨시스턴시를 나

타내고 있다.

③ 풍화잔류토층(G.L. −18.0~G.L. −29.5M) : 실트질 모래층(SM)으로 분류되며, N값은 29~
50 정도의 중간~조밀한 상대밀도를 나타낸다.

7.1.3 쇄석말뚝의 설계 및 시공

(1) 쇄석말뚝(stone pile)의 설계

그림 7.3은 쇄석말뚝의 단면도를 도시한 그림이다. 동치환공법에서 국부적인 파괴(local shear failure)로 인한 부등침하를 방지하기 위해서는 말뚝의 간격과 상부 슬래브(slab)의 두께는 다음 조건을 만족하여야 한다(Serge Varaksin, 1981).[1] 쇄석말뚝의 간격을 5.0m로 할 경우 위의 식 (7.1) 및 (7.2)의 두 조건을 만족한다.

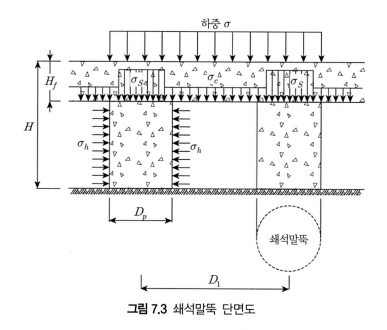

그림 7.3 쇄석말뚝 단면도

$$4H_f > (D_1 - D_p) < H \tag{7.1}$$

$$2 < D_1/D_p < 4 \tag{7.2}$$

여기서, H_f : 상부 두께(1.0m)(그림 7.3 참조)

H : 말뚝의 길이(7.0m)

D_1 : 말뚝 사이의 중심간 간격(5.0m)

D_p : 말뚝의 직경(2.5m)

(2) 쇄석말뚝의 배치

쇄석말뚝의 규격은 직경 2.5m로 말뚝타입심도는 6~7m로 하였으며, 말뚝의 배치는 말뚝과 주변 흙의 면적비가 20% 정도의 치환효과를 얻을 수 있도록 하였다. 쇄석말뚝은 두 단계에 걸쳐 배치하였다. 각 단계(Series)별 쇄석말뚝의 간격은 7.0m로 하며, 3단계에서는 전 면적에 표면마무리 동다짐(Ironing)을 실시하여 지표면이 균등한 다짐이 되도록 하였다.[6,8] 그림 7.4는 단계별 쇄석말뚝의 배치순서도이며 그림 7.5는 탱크기초 대표단면도이다. 우선 1단계에서 쇄석말뚝을 7m 간격으로 배치하고 2단계에서는 1단계에 설치한 쇄석말뚝 사이에 2단계 쇄석말뚝을 배치한다. 이로 인하여 쇄석말뚝은 단계별로 항상 7m 간격을 유지할 수 있다.

쇄석말뚝의 배치형태는 탱크 내부는 사각형 격자형으로 계획하였으며, 탱크 쉘(Tank Shell) 하부는 그림 7.6에서 보는 바와 같이 쉘 원주를 따라 배치하였다. 그림 7.6은 동치환공법으로 설치한 유류탱크기초에 시공한 쇄석말뚝의 배치도이다.

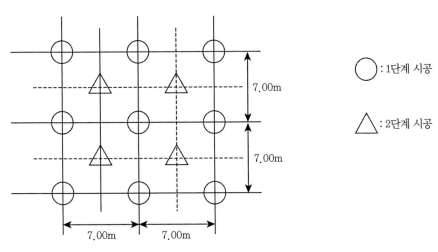

그림 7.4 쇄석말뚝 배치순서도

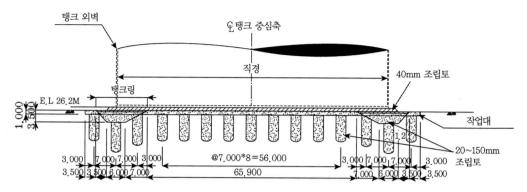

그림 7.5 탱크기초 대표단면도

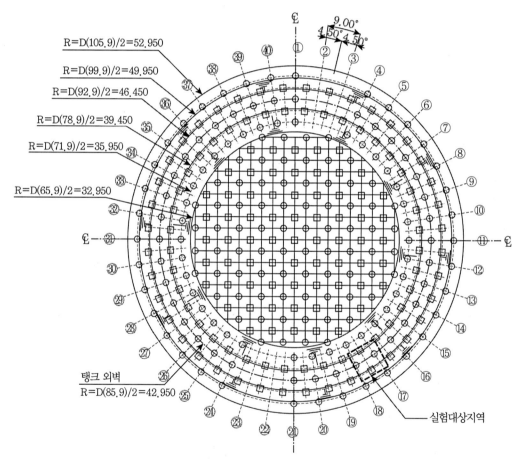

그림 7.6 동치환공법에 의한 유류탱크기초 쇄석말뚝 배치도

(3) 쇄석말뚝의 시공

타격에너지(tamping energy)는 제1단계에서는 750tm로서 25t의 추를 30m 높이에서 낙하시키며, 제2단계에서는 550tm로서 25t의 추를 12m 높이에서 낙하하도록 계획하였다.

사용한 추(pounder)의 규격은 지역별 반응도에 따라 1~2단계의 타격을 위해서는, 강재로 된 무게 25ton. $3.5m^2$ 크기의 육각형 형태를 사용하였으며, 마무리작업(ironing)은 무게 15ton, $3.5m^2$ 크기의 육각형추(pounder)를 사용하였다. 쇄석기둥에 사용된 재료는 최대 150mm 크기의 잘 혼합된 깬 돌을 사용하였으며, 쇄석말뚝 타설 후에는 타격에 의해 부분적으로 파쇄되어 상대밀도가 상당히 증가하였다.

표 7.2 타격에너지

단계	격자간격(m)	추중량(ton)	낙하고(m)	타격에너지(tm)
1	7*7	25	30	750
2	7*7	25	22	550
표면마무리	25*25	15	20	300

7.2 침하량 및 연직응력

7.2.1 침하량

동치환공법에 의한 쇄석말뚝기초의 타설 후 잔류침하를 예측하기 위하여 일부 구간에 성토재하를 실시하고 하중－침하 거동을 측정하였다.[3,4]

재하하중을 위한 성토는 그림 7.7과 같이 성토높이를 6.0m로 하였으며 상단 성토폭을 10m로 하고 1:1.67 구배로 하였다. 재하하중에 의한 총침하량은 6.0cm이었으며, 침하는 약 2주간에 걸쳐 발생되었다(그림 7.8 참조).

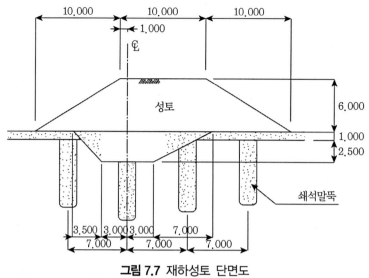

그림 7.7 재하성토 단면도

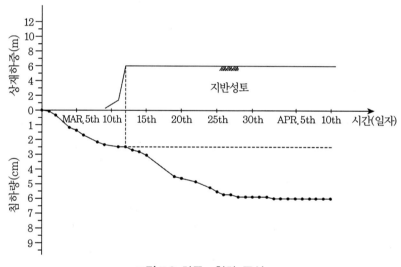

그림 7.8 하중－침하 곡선

7.2.2 연직응력

(1) 계측기 설치

현장실험지역에서 동치환공법(Dynamic Replacement Method)에 의한 쇄석말뚝기초의 응력집중현상을 고찰하기 위하여 쇄석말뚝 두부상단과 말뚝 사이 지반에 계측기를 그림 7.9와 같이 설치하였다. 계측기의 종류는 재하하중을 측정할 수 있는 계측기로 하중계(Load Cell)

와 토압계를 시용하였으며, 말뚝과 말뚝 사이에 토압계 1개소를 그림 7.9와 같이 설치하였다. 쇄석말뚝 상단에 토압계를 설치하는 것은 별 어려운 점이 없었으나, 하중계는 접촉 단면이 너무 작아서 하중계 1개로 집적 매설하여서는 소기의 정밀한 자료를 얻기 곤란할 것으로 판단되어, 3개의 하중계를 삼각형 모양으로 배치하고 상하 두꺼운 철판을 그림 7.10과 같이 부착하여 설치하였다. 계측기 설치 후 하중재하는 그림 7.11(a)의 A-A 단면도(그림 7.9 참조)에서 보는 바와 같이 상부에 6.0m 높이로 성토하여 성토하중 재하를 수행하였다. 그림 7.11(b)는 6m의 성토가 없는 B-B 단면(그림 7.9 참조) 구간에서의 단면도이다.

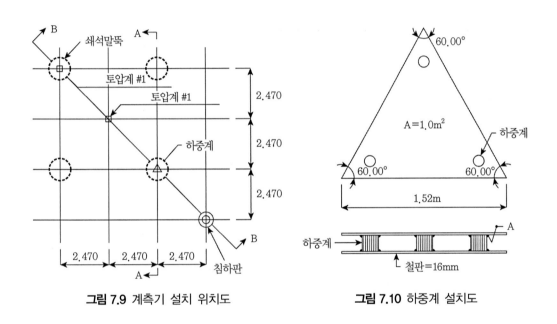

그림 7.9 계측기 설치 위치도

그림 7.10 하중계 설치도

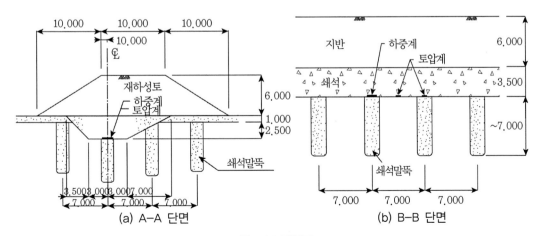

(a) A-A 단면

(b) B-B 단면

그림 7.11 단면도

(2) 연직응력 측정 결과

침하량 측정 결과는 그림 7.12와 같으며 측정 결과를 정리하면 다음과 같다.

① 쇄석말뚝 상단에 설치한 하중계의 응력 측정값은 지반침하가 증가됨에 따라 증가하여 최종적으로는 $6.2t/m^2$로 측정되었다.
② 쇄석말뚝 상단에 설치한 토압계의 응력 측정값은 지반침하가 진행됨에 따라 점점 증가하여 최종적으로는 $9.0t/m^2$로 측정되었다.
③ 말뚝과 말뚝 사이 지반에 설치한 토압계의 응력은 $2.0t/m^2$로 측정되었다.

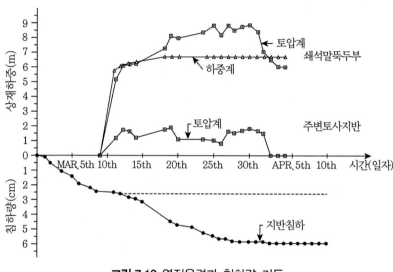

그림 7.12 연직응력과 침하량 거동

7.3 프레셔메타 시험

현장실험지역에서 실시한 쇄석말뚝 타설 전후의 프레셔메타 시험 결과,[9] 쇄석말뚝 사이 주변지반의 값은 그림 7.13(a)와 같으며, 쇄석말뚝 중심부의 값은 그림 7.13(b)와 같다.

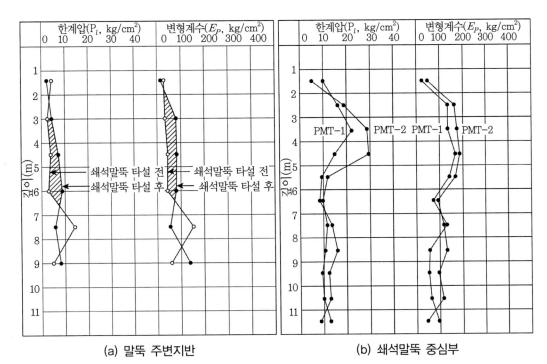

(a) 말뚝 주변지반   (b) 쇄석말뚝 중심부

그림 7.13 말뚝 주변지반의 프레셔메타 시험 결과

프레셔메타 시험에 의한 쇄석말뚝의 한계압(P_l) 및 변형계수(E_p) 측정값은 쇄석말뚝 타설 전 보다 쇄석말뚝 타설 후의 값이 약 50% 정도 증가하였다. 증가요인은 동치환공법에 의한 타설방법에 따라 타격에너지에 의한 주변지반의 다짐효과로 판단된다. 쇄석말뚝 타설 전후의 주변지반과 쇄석말뚝의 프레셔메타 시험 결과는 표 7.3과 같다.

표 7.3 프레셔메타 시험 결과

구분		한계압(kg/cm²)	변형계수(kg/cm²)	비고
쇄석말뚝		12	130	
주변지반토사	타설 전	4	40	
	타설 후	6	60	

7.4 실험 결과 분석

7.4.1 응력집중계수

(1) 실측에 의한 응력집중계수

토압계 및 하중계를 사용하여 실험한 결과 쇄석말뚝두부에 작용하는 최대연직응력(σ_s)은 하중계의 경우 6.2t/m², 토압계의 경우 9.0t/m²이었으며, 말뚝주변지반에서의 토압계에 의한 최대연직응력(σ_c)의 측정값은 2.0t/m²이었다. 따라서 실측값에 의한 응력집중계수($n = \sigma_s/\sigma_c$)는 $n = 3.1 \sim 4.5$로 산정된다.

(2) 프레셔메타 시험에 의한 응력집중계수

쇄석말뚝과 주변지반에 작용하는 연직응력 관계는 동일변형률(equal strain)조건에 따라 식 (7.3)이 성립한다.

$$\epsilon_v = \frac{\Delta h}{h} = \frac{\sigma_c}{E_c} = \frac{\sigma_s}{E_s} \tag{7.3}$$

여기서, ϵ_v : 연직방향의 변형률(vertical strain)

σ : 평균연직응력

σ_c : 말뚝 주변토사에 작용하는 연직응력(그림 7.3 참조)

σ_s : 쇄석말뚝에 작용하는 응력(그림 7.3 참조)

E_c : 말뚝 주변토사의 변형계수(elastic modulus)

E_s : 쇄석말뚝의 변형계수(elastic modulus)

Δh : 연직방향의 침하량

h : 점토층의 두께

H_f : 쇄석슬래브의 두께(그림 7.3 참조)

따라서 연직응력비인 응력집중계수는 변형계수비와 같다고 할 수 있으며 식 (7.4)와 같이 표시할 수 있다.

$$n = \sigma_s / \sigma_c = E_s / E_c \qquad\qquad (7.4)$$

본 현장실험에서 프레셔메타 시험에 의한 주변 토사의 프레셔메타 변형계수(E_{pc})는 약 60kg/cm²이고, 쇄석말뚝의 변형계수(E_{ps})는 약 160kg/cm²이었다. 프레셔메타 변형계수(E_p)와 흙의 변형계수(E_s)와의 관계에서 $a = E_p / E_s$이므로, 주변지반의 흙은 실트층으로서 $a=$1/3, 쇄석말뚝은 $a=$1/4을 본 현장실험 결과에 적용하여 E_s, E_c를 구하면 각각 640kg/cm², 180kg/cm²이 된다. 따라서 응력집중계수를 구하면 $n = \dfrac{640}{180} = 3.55$가 된다.

(3) 외국 실험 결과와의 비교

본 실험 결과에서 얻은 응력집중계수(n) 값과 외국의 실험 예를 쇄석말뚝간격(D_1)과 말뚝 순간격(D_2)과의 관계도를 그리면 아래 그림 7.14와 같다. 표 7.4는 외국의 여러 기관에서 사용되는 응력집중계수를 취합 정리한 표이다. 이와 같이 외국의 쇄석말뚝 전문회사들은 성토사면 또는 옹벽, 교량교대기초의 측방토압에 대한 활동방지를 목적으로 쇄석말뚝공법을 적용하였다.

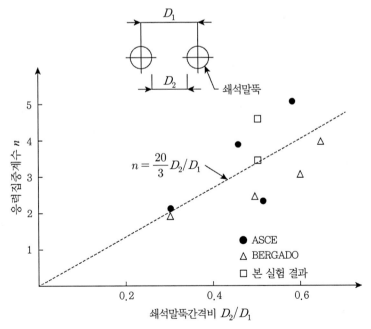

그림 7.14 응력집중계수(n)와 말뚝간격비(D_2/D_1)와의 관계도[1]

표 7.4 쇄석말뚝기초로 보강된 측방유동지반에서 응력집중계수의 적용[1]

기관	응력집중계수(n)	내부마찰각 $\phi(°)$	안전율(F_s)
Vibroflotation Foundation Company	2.0	42	1.25~1.5
GKN Keller	2.0	45 40	1.3~1.4
PBQD	1.0~2.0	42	1.3
Japaneses	3~5	30~35	1.2~1.3

PBQD는 성토기간 또는 재하하중에 의해 압밀이 진행되는 동안의 응력집중계수(n)로는 표 7.4에서 보는 바와 같이 1.0을 사용하고 있으며, 압밀침하가 완료된 후에 사용하는 응력집중계수(n)로는 2.0을 사용하고 있다. 그러나 일본에서 측정된 압밀침하 완료 후의 응력집중계수(n)는 3~5이었다.

7.4.2 기초의 연직응력

(1) 말뚝두부에 작용하는 연직응력

그림 7.15는 쇄석말뚝의 단면도와 말뚝두부에 작용하는 연직응력 σ_s와 주변지반에 작용하는 연직응력 σ_c을 도시한 그림이다.[3,4]

토압계, 하중계를 사용하여 구한 응력집중계수(n)을 이용하여 쇄석말뚝의 두부에 작용하는 연직응력을 산정하면, $\sigma_s = \dfrac{n\sigma}{1+(n-1)\alpha_s}$ 식으로부터 구한 n(응력집중계수)은 3.1~4.5, σ(평균연직응력)는 25.0t/m^2, α_s(치환율)는 0.20 이므로, 쇄석말뚝두부에 작용하는 연직응력(σ_s)은 54.58~66.18t/m^{2}이 된다.

그러나 프레셔메타 시험을 통하여 구한 응력집중계수를 이용하여 쇄석말뚝두부에 작용하는 연직응력을 산정하면 위에서 설명한 σ_s식으로부터 $n=3.1$~4.5, $\sigma=25.0$t/m^{2}에서 $n=3.1$~ 4.5, $\sigma=25.0$t/m^2, $\alpha_s=0.20$이므로 연직응력(σ_s)은 58.77t/m^{2}이 된다.

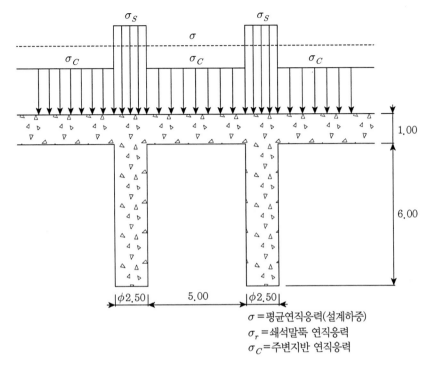

σ = 평균연직응력(설계하중)
σ_r = 쇄석말뚝 연직응력
σ_C = 주변지반 연직응력

그림 7.15 쇄석말뚝 단면도

(2) 쇄석말뚝 주변지반에 작용하는 연직응력

토압계, 하중계를 사용하여 구한 응력집중계수(n)를 이용하여 말뚝주변지반에 작용하는 연직응력(σ_c)을 산정하면 $\sigma_c = \dfrac{\sigma}{1+(n-1)\alpha_s}$ 에서 $n = 3.1{\sim}4.5$, $\sigma = 25.0\mathrm{t/m^2}$, $\alpha_s = 0.20$이므로 연직응력(σ_c)은 $17.60{\sim}14.70\mathrm{t/m^2}$이 된다. 그러나 프레셔메타 시험에 의해 구한 응력집중계수 n을 이용하여 구하면 연직응력은 $16.56\mathrm{t/m^2}$이 된다.

따라서 현장실험을 통하여 구한 응력집중계수 n과 연직응력과의 관계를 도시하면 그림 7.16과 같이 된다.

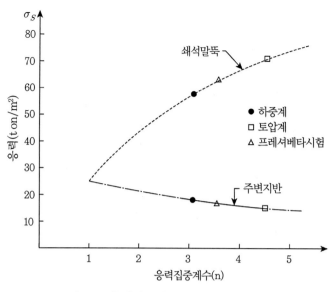

그림 7.16 응력집중계수와 연직응력의 관계

7.5 쇄석말뚝기초의 허용지지력 및 침하량

7.5.1 쇄석말뚝기초의 허용지지력

(1) 쇄석말뚝의 지지력

말뚝 1본당의 소요지지력이 250~300t 정도인 대구경 말뚝으로서 재하시험에 의한 말뚝의 지지력 확인은 하중재하가 곤란하므로, 프레셔메타 시험에 의한 지지력에 의한 지지력 확인 방법을 채택하였다.

① 벌징파괴(bulging failure) 시의 허용지지력

벌징파괴 시의 지지력은 Serge Varakin(1982) 공식을 적용하면 $q_{ult} = P_{lc} \dfrac{1 + \sin\phi_s}{1 + \sin\phi_s}$에서 p_{lc}=6kg/cm^2, ϕ=42°, 안전율 (F_s)=3일 때 말뚝 1본당 허용지지력은 495.2ton/본이다.

② 관입파괴(punching failure) 시의 허용지지력

김동민(1996)은 쇄석말뚝의 현장실험에서 말뚝 1본당 허용지지력을 344.6ton/본으로 산정하였다.[1] 개략적인 산정과정은 다음과 같으며 자세한 산정과정은 참고문헌[1]을 참조하기로 한다.

관입파괴 시의 지지력은 Louis Menard(1975) 공식 $q_{ult} = \Delta q + K(P_{lc} - u)$으로 산정하였다.[9] 여기서 K는 지지력계수로 $K=1.8$이었으며 쇄석말뚝 하부의 실트층의 한계압(P_l)은 프레셔메타 시험 결과에서 10kg/cm^2 정도로 구했다. 이때 지하수위는 −3.0m에 있을 경우($u = 0.3$kg/cm^2)로 안전율은(F_s)=3으로 가정하였다. 그 결과 쇄석말뚝 1본당 허용지지력을 344.6ton/본으로 산정하였다.[1]

쇄석말뚝 1본당 관입파괴 허용지지력은 344.6ton이며 벌징파괴 허용지지력은 495.2ton보다 작으므로 현장실험지역의 쇄석말뚝 파괴형태는 관입파괴로 발생할 것으로 판단된다. 따라서 쇄석말뚝의 허용지지력 q_a =344.6ton > 소요지지력 q =288.5ton으로서 충분한 지지력을 갖고 있다고 판단된다.[1]

(2) 말뚝주변지반의 지지력

쇄석말뚝 주변지반의 지지력은 Louis Menard(1975) 공식 $q_{ult} = KP_{lc}$을 적용하여 산출한다. 여기서 P_{lc} =6kg/cm^2, K =0.8, F_s =3.0인 경우 허용지지력은 q_a =16.0t/m^{2}이므로 소요지지력 16.5t/m^{2}에 대체로 만족한다.

7.5.2 쇄석말뚝기초의 침하

(1) 무처리 시의 예상침하량

실험지역에서 쇄석말뚝을 타설하지 않고 무처리한 경우의 시험성토하중에 의한 예상침하량을 산정하면 식 (7.5)와 같다.

$$S = S_i + S_c \tag{7.5}$$

여기서, S : 총침하량

S_i : 즉시침하 또는 탄성침하량

S_c : 압밀침하량(1차압밀)

① 탄성침하량

포화된 점토지반에 놓인 기초의 탄성침하량은 Janbu et al.(1956) 식을 사용한다.[10]

$$S_i = \mu_1 \mu_0 \frac{q_0 B}{E_c} \tag{7.6}$$

여기서, μ_o : D/B의 함수인 계수

μ_1 : H/B의 함수인 계수

B : 시험성토폭(30.0m)

H : 성토층의 심도(12.0m)

E_c : 지반의 변형계수($1,200t/m^2$)

② 압밀침하량

압밀침하 대상층인 실트층에 대한 압밀침하량은 Terzaghi(1943) 이론식으로 산정한다.[11]

$$S_c = \frac{C_c}{1 + e_0} H \log \frac{P_o + \Delta P}{P_0} \tag{7.7}$$

③ 총침하량

김동민(1996)은 성토고 6.0m의 경우에 대한 탄성침하량을 3.5cm로 산정하였고, 압밀침하량을 49.3cm로 산정하였다.[1] 총침하량은 탄성침하량과 압밀침하량과의 합이므로 52.8(= 3.5＋49.3)cm이 된다.

(2) 쇄석말뚝 타설 후의 침하량

쇄석말뚝 타설 후 시험성토 6.0m 재하에 의한 최종침하량은 6.0cm이었으며, 2주 동안에 걸쳐 진행되었다.

(3) 침하량 비교분석

실험지역에서 침하량 분석 결과 무처리 시 예상침하량이 52.8cm 이고, 쇄석말뚝 타설시 측정된 침하량은 6.0cm이었다. 따라서 침하량 감소효과는 약 89%로서, 이는 쇄석말뚝 타설로 강성이 큰 재료에 의한 치환효과와 쇄석말뚝 타설시 타격에너지(Tamping Energy)에 의한 다짐효과 등 복합적인 현상으로 판단된다.

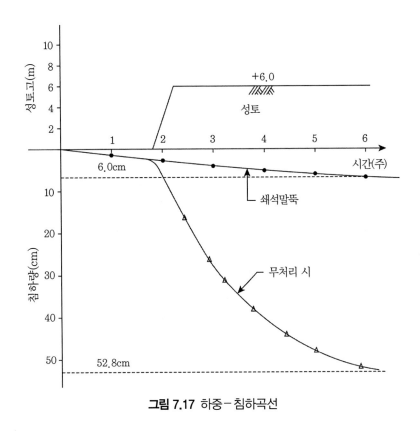

그림 7.17 하중－침하곡선

(4) 예상잔류침하량

현장침하량 조사로 잔류침하량을 예측하면 다음과 같다. 쇄석말뚝기초 타설 후 구조물이 완성된 후에 기초지반의 잔류침하량은 현장에서 시험시공을 통하여 실측한 자료를 활용하면 예측이 가능하다. 시험시공 시 재하성토고는 6.0m이었으며, 침하량은 6.0cm이었다. 따라서 설계하중 $25.0t/m^2$에 대한 예상침하량을 산정하면 다음과 같다.

$$S = \frac{설계하중}{시험재하하중} \times 실측침하량$$

$$= \frac{21.9}{6.0 \times 1.80} \times 6.0$$

$$= 13.9\text{cm} < S_a = 30.0\text{cm}$$

참고문헌

1. 김동민(1996), 동치환공법에 의한 쇄석말뚝기초의 지지력에 관한 연구, 중앙대학교 건설대학원 석사학위논문.

2. 이동규(2008), 쇄석말뚝 시스템의 지지력 특성에 관한 연구, 중앙대학교 일반대학원 석사학위논문.

3. 홍원표·이재호·전성권(2000), "성토지지말뚝에 작용하는 연직하중의 이론해석", 한국지반공학회논문집, 제16권, 제1호, pp.131~143.

4. 홍원표·이광우(2002), "성토지지말뚝에 작용하는 연직하중 분담효과에 관한 연구", 한국지반공학회논문집, 제18권, 제4호, pp.285~294.

5. 허세영(2009), 쇄석말뚝 시스템의 하중전이 특성에 관한 연구, 중앙대학교 일반대학원 석사학위논문.

6. DiMaggio, J.A.(1978), "Stone Column-A foundation treatment)(In-situ stabilization of cohesive soils)", Demonstration Project No.4-6, Fedral Highway Administration, Region 15, Demonstration Projects Division, Arilinton, VA., June, 1978.

7. Hong, W.P. and Lee, D.K.(2008), "A case Study on Bearing Capacity of Gravel Column System", Proceeding of the 7th Japan/Korea Joint Semniar on Geotechnical Engineering, Oct. 31-Nov. 1, 2008, Ritsumeikan University, Shiga, Japan, pp.163~174.

8. Hughes, J.M.O., Withers, N.J. and Greenwood, D.A.(1975), "A field trial of the reinforcing effect of a stone column in soil", Geotechnique, Vol.25, No.1, pp.31~44.

9. Menard, L.(1978), "The use of dynamic consolidation to solve foundation problem off-shore", Proc. 7th Int. Harbour Conference, Antwerp.

10. Janbu, N., Bjerrum, L., and Kjaernsli, B.(1956), "Soil mechanics applied to some engineering problems", In Norwegian with English summary, Norwegian Institute Publication 16, 93pp.

11. Terzaghi, K.(1943), Theoretical Soil Mechanics, Wiley, New York.

초고층 건물의 기초공사

08 초고층 건물의 기초공사

8.1 서 론

인구의 도시 밀집현상을 해결하기 위한 방안으로 채택되고 있는 도심 재개발 과정에서 기존의 복잡한 도심의 역할을 분산시켜 수직적 확장 등 사회적 경제적 요구에 부응하기 위해서 초고층 건물이 현저하게 증가됨과 동시에 도시환경의 중요성이 더욱 강조되고 있다.

여기서 초고층 건물이 지향해야 할 목표와 방향은 "고층화의 시대적 요구에 부응하여 초고층 건물은 사회적·기능적·경제적 효율성과 생활하며 일하고 휴식하는 장으로서 안락하고 쾌적한 환경을 이룰 수 있도록 준비해야 한다."라는 Fazlur R. Kahn 박사의 주장과 같이 명확하게 설정할 수 있다.

도시나 국가의 랜드마크(Landmark)로도 점차 강조되고 있는 초고층 건물은 도심 속의 도시개념으로 현대의 도시기능과 제도가 반영되는 대형프로젝트로서 최첨단 공학기술 및 설계, 신재료, 경제적 시공기술이 더욱 요구되는 시점에 와 있다.

초고층 건물은 지상으로 상당한 공간을 차지하지만 그 높이를 지지하기 위해서는 그에 못지않게 깊은 지하기초공간을 필요로 한다. 이 깊은 지하기초공간을 마련하기 위해서는 상당한 굴착기술이 요구된다. 이에 제8장에서는 초고층 건물의 지하기초공간을 굴착하는 공법으로 이용되는 원형 지중연속벽공법에 대하여 설명한다.

즉, 제8장에서는 초고층 건물의 기초를 축조하기 위해 마련하는 지하공간을 확보하기 위한 지하기초굴착공법 중 원형 지중연속벽 내부를 굴착할 때 발생하는 지중연속벽체의 거동을 파악하기 위해 대형 원형 지중연속벽이 적용된 한 사례 현장에 지중경사계를 설치하고 굴착에 따른 원형 지중연속벽의 벽체거동을 관찰한다.

8.1.1 초고층 건물

초고층 건물은 층수 또는 높이에 따라 정확히 구분되어 있지 않으며 관점에 따라 상대적으로 정의되고 있다. 우리나라의 경우도 초고층 건물에 대해 명확하게 정의되어 있지 않고, 내진설계에 의한 구조안전 확인 대상물은 21층 이상 건물을 초고층 기준으로 볼 수가 있겠으나 통상 30층 이상, 높이 100m 이상의 고층 건물이 초고층 건물로 간주되었다.

지난 2010년 1월 4일 높이 828m의 162층 '부르즈 할리파' 초고층 건물의 준공식이 거행됨으로써 전 세계의 이목이 집중되었다. 이와 동시에 중동지역은 초고층 건물 건설 붐의 일환으로 '부르즈 할리파' 건물이 준공되기 전 사우디아라비아가 이미 해안도시 제다에 '1 마일타워(1,620m)'의 건설 계획을 발표했고, 쿠웨이트 역시 '실크 오브 실크(1,000m 이상)'의 초고층 빌딩 건설계획을 발표함에 따라 전 세계 초고층 건물의 높이 경쟁에 또다시 불을 지피는 역할을 하게 되었다.

현존하는 100층 이상의 초고층빌딩 10개 중 7개가 아시아 지역에 있을 정도로 서방세계에 비해 높이에 대한 관심이 많은 중동 및 아시아권에 100층 이상의 건물 신축이 늘어나는 이유는 단기간에 국가나 지역의 이미지를 부각시킬 수 있는 장점 때문으로 해석된다. 국제초고층 건축협회(CTBUH)는 2015년까지 50층 이상 건물 공사가 상당한 호황을 이룰 것으로 추정한 바 있었다.

이밖에 초고층 건물 건설의 중심이 1931년에 준공된 미국 엠파이어스테이트빌딩 이후 미국에서 아시아권역으로 옮겨진 배경에는 건물의 높이를 결정하는 데 결정적인 역할을 하는 공사용 자재 및 인력, 엘리베이터 등의 높은 기술 발달이 있었던 것으로 보인다.

현재 국내에서는 100층 이상의 초고층빌딩에 대한 건설계획이 지자체별로 경쟁적으로 발표되고 있는 실정이며, 100% 실행될 것이라는 확신은 아직 없는 실정이다. 서울지역에서는 이미 잠실롯데타워II가 건설되었고,[5] 사업추진이 가시권에 들어 있는 초고층빌딩은 상암동의 DMC 타워와 삼성동의 현대자동차빌딩 등이며, 건설 추진 중인 곳도 상당하다. 서울 이외 지역에서는 인천송도와 청라지역, 부산중구지역의 롯데월드 등 여러 지역에서 사업이 추진 중에 있다.

초고층 건물 건설 붐에 대해서는 사업을 바라보는 시각의 차이에 따라 '우려와 기대'의 상반된 반응이 나타나고 있다. 우려하는 시각의 예를 들면 1931년 준공된 엠파이어스테이트빌딩이 엠티빌딩(텅 빈 건물)으로 불릴 만큼 경제공황이 나타난 점, 1997년에 준공한 말레이시아

쿠알라룸프루의 페트로나스타워가 동아시아 금융위기를 촉발시켰다는 점과 같이 경제적으로 어려움을 야기할 수 있다는 점을 들 수 있다. 그 밖에도 준공과 함께 입주율 100%를 달성하지 못하여 투자비 낭비로 사회에 부정적 영향을 줄 수 있다는 점도 우려하는 시각으로 들 수 있다.

반면에 긍정적 시각의 예로는 대규모 투자 사업으로 인하여 고용창출과 지역경제 활성화에 크게 기여할 수 있다는 점을 들 수 있다. 그 밖에도 완공 후 지역의 랜드마크(Landmark)로 새로운 상권 형성에 기여할 수 있다는 주장도 긍정적 시각의 예로 들 수 있다.

8.1.2 원형 지중연속벽

이러한 대규모 투자 사업의 초고층빌딩을 건축하기 위해 다각적인 건축공법이 연구·개발되었다. 즉, 초고층의 층수를 효율적으로 건축하기 위한 단계별 일원화된 시공방법들이 개발, 논의 되고 공사기간의 단축 및 상부구조물의 안전한 지지를 위한 흙막이공법도 프로젝트 진행 개념에 맞춰 적용되어 시공되었다.

기초공사 흙막이공법의 적용에는 현장상황, 지질상태, 주변 상황 등 다양한 여건이 고려된다. 초고층 건물의 경우 초고층부의 공사기간이 critical path 공정으로 전체 공사기간을 단축시킬 수 있는 원형 지중연속벽 굴착공법은 기초 코어부의 선 시공을 위한 흙막이공법의 대안으로 채택된다. 이 공법은 지보재 없이 지하굴착을 진행할 수 있어 지하공간의 활용이 용이하다.

필요시 Ring-Beam의 보강에 따른 안정성도 확보할 수 있고, 장비간의 복잡한 동선으로 공정계획 차질이 생기지 않으므로 원형 지중연속벽이 영구 및 임시 흙막이벽체로 설계에 적용되고 있다.

그러나 현재 이러한 원형 지중연속벽은 공용하중상태(working load state)에서 정확한 설계지침 및 벽체의 거동이 정확하지 않다. 따라서 안전하고 경제적인 원형 지중연속벽의 설계 시공을 위해서는 지하공간굴착 시 원형 지중연속벽의 거동을 면밀히 조사 분석해볼 필요가 있다. 이에 제8장에서는 원형 지중연속벽에 대한 거동을 실제 지중경사계 계측기록을 이용하여 분석해보고자 한다. 이 분석 결과는 흙막이굴착 설계 시 큰 도움이 될 수 있다.

초고층 건물에서는 일반적으로 지하 4~6층 정도는 굴착공사가 이루어지기 때문에 지표면 아래로 20~30m 이상 굴착하게 된다. 또한 대부분 도심지에 위치하는 관계로 주변에 다른 건물이 인접해 있거나 지하에 각종 매설물이 지나가고 있어 굴토 시 수압이나 토압 변경에 의한 지반침하가 발생할 적지 않은 문제가 발생된다. 또한 흙막이벽 시공 시 굴착면의 변위 발생은 필연적이며 지중연속벽과 같은 강성벽체를 시공할 때도 지반이완은 발생하는 것으로 알려져 있다.[10]

초고층 건물 축조공사는 다수의 신기술 적용 및 프로젝트 콘셉트에 맞는 알맞은 공법의 선정 등 기술집약형 공사로 진행되며 critical path 공정의 코어부 우선시공이 전체적인 공사 기간에 중요한 요소로 작용한다. 이와 같은 많은 이점 때문에 원형 지중연속벽은 초고층 건물 지하공간 굴착공사에 영구 흙막이공법 및 임시 흙막이공법으로 많이 사용되고 있다.

이러한 원형 지중연속벽의 거동은 굴착이 일어난 상부 벽체에서만 내측으로 변위가 발생하며 굴착을 하지 않는 위치는 거의 수평변위가 없는 것으로 조사되었다.[6]

또한 상단부 굴착 시보다 하단부 굴착 시 토압 저감량이 더욱 커지는 것은 지반의 심도가 깊어질수록 굴착에 따른 수평변위의 감소율이 커지는 것으로 아칭효과에 의한 하중재분배가 원인인 것으로 판단된다.[11]

이와 같이 다양한 연구가 지속적으로 진행되고 있으나 현재 국내의 원형 수직구 설계방법은 확립되어 있지 못한 상태이다. 일반적으로 상부 토사층에서는 작용토압을 벽체의 특성에 따라 주동토압 및 정지토압을 획일적으로 적용하고 있으며 하부 암석층에서는 암반의 강도특성에 따라 작용외력을 적용하지 않거나, 수평터널과 동일한 설계개념에 의하여 설계가 이뤄지고 있는 상황이다.

따라서 원형 지중연속벽이 적용된 흙막이 굴착현장의 내부 굴착 시 원형 지중연속벽의 내부변위를 관찰하여 공용하중상태에서 원형 지중연속벽의 전체적인 거동을 분석할 필요가 있다.

8.2 원형 지중연속벽 공법

8.2.1 원형 지중연속벽의 장점

원형 지중연속벽은 외부하중이 가해졌을 때 이들 외부하중이 한 점에서 만날 수 없다는 점이 특별하다. 즉, 그림 8.1에서 보는 바와 같이 선대칭의 압력 'p'를 받는 반경 'R'을 가지는 얇은 원형벽체를 생각해보면 힘의 평형상태도는 외부의 압력이 벽에 압축의 'hoop force'로 작용하게 되는 것을 보여준다. 여기서 N_h(hoop force)는 식 (8.1)의 관계에 의해서 적용된 외부의 압력과 관련 있으며, 이것은 그림 8.1에서 벽 부분의 자유물체도로 표현된다.

$$N_h = pR \tag{8.1}$$

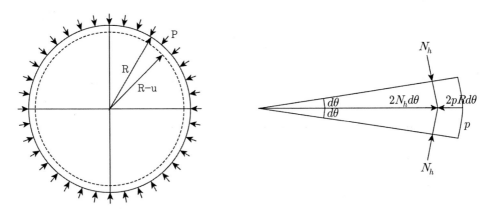

그림 8.1 벽체 부분의 자유물체도

외부힘의 균형을 맞추기 위해서 어떠한 추가적인 지지도 요구되지 않으며, 이것은 hoop force가 물성(물질의 특성)의 한계를 넘어서지 않는다면 원형 지중연속벽이 본질적으로 안정되어 있는 이유이다. 반경방향 변위에 적용된 압력과 관련된 원주강성(circumferential stiffness) ΔR은 다음과 같이 정의될 수 있다.

$$p = Et\Delta R / R^2 \tag{8.2}$$

이전에 언급한 바와 같이 원형 지중연속벽은 평면의 지중연속벽과 비교하여 많은 장점이 있다. 버팀보지지공법이나 앵커지지공법에서와 같은 지보재가 필요 없으며 굴착작업 역시 굴삭기와 앵커설치 장비 사이의 복잡한 공정계획상의 충돌 없이 빠르게 이루어질 수 있다.

본질적으로 안정된 원형 지중연속벽의 또 다른 장점은 벽체의 안정성을 확보하기 위한 근입장이 줄어든 점에 있다. 근입장의 다른 기준인 수압에 대한 안정성(예 : piping)과 기초의 안정성은 고려되어야 하지만 선단부의 역학적 안정을 위한 근입장은 불필요하다.

8.2.2 이론적 근거

흙막이굴착공사 시 흙막이벽체는 수직·수평 방향으로 거동하며, 지반거동은 지반조건, 지하수위, 적용공법 등 여러 가지 조건에 따라 크게 좌우된다. 지반거동 중 최대수평변위를 굴착깊이로 나누어 정규화한 벽체 안정도는 견고한 점토, 잔류토, 사질토 지반에서 0.2~0.5% 정도로 보고되고 있다.[11]

원형 지중연속벽 배면지반의 거동은 지표근처 저심도에서는 주로 중력에 의존하며, 세 가지 응력성분인 연직응력(σ_z)과 수평응력인 반경방향응력(σ_r) 및 접선방향응력(σ_θ)의 영향을 받는 3차원 거동 특성을 나타낸다.[22] 원형 지중연속벽을 적용한 지반굴착은 주변지반이 수평방향 및 연직방향으로 변형을 일으키는 응력이완으로 모사할 수 있다. 과도한 응력이완은 영구 소성변형을 발생시켜 주변지반에 항복을 유발하는데, 이는 지지압력의 크기, 벽체변위, 소성영역의 크기 등에 의존한다. 원형 지중연속벽 굴착 시 응력이완은 주변지반의 응력재분배를 유발하고 이는 연직방향 및 수평방향으로 지반아칭을 발생시킨다.

Terzaghi(1943)[20] 및 Terzaghi & Peck(1967)[21]은 "아칭효과는 전단응력에 의해 발생하며 주변지반보다 과도한 변위를 받은 흙입자가 항복상태에 도달하여 주변지반으로 응력을 전달함으로써 전체적으로 응력이 재분배되고 항복상태에 도달한 토체의 응력이 작아지는 현상"이라고 설명하였다. 그는 바닥의 일부 개구부를 판으로 막아놓은 상자에 흙이 채워져 있는 상태에서 판을 아래로 이동시킬 때 흙입자들 간에 발생하는 응력 변화를 이용해서 지반아칭효과를 설명하였다.

그림 8.2와 같이 흙을 담은 상자의 바닥에 설치된 판이 아래로 이동하면 판 위에 있는 흙 또한 아래로 이동하게 된다. 이때 상자에 담긴 흙의 강도가 충분히 크다면 판과 함께 아래로 이동하는 흙과 주위의 안정된 부분의 흙 사이에 마찰이 발생하며, 이 마찰력에 의해 아래로 이동하는 흙의 자중 중 일부가 안정된 흙으로 전달된다. 결국 아래로 이동하는 판의 주변에 있는 흙에 작용하는 연직응력은 증가하는 반면, 판위에 존재하는 흙에 작용하는 연직응력은 감소하게 된다. 이러한 하중전이 메커니즘에 의해 발생하는 아칭효과는 곡물을 저장하는 silo나 도랑에 암거를 배설하고 흙을 되메울 때, 그리고 수평이동하는 벽체배면에서도 발생한다.

지반아칭효과는 중력방향에 대해서 크게 연직방향 및 수평방향으로 발생하는 것으로 구분할 수 있다. 많은 연구자들은 이러한 지반아칭효과를 고려하여 토압분포를 연구하였는데, 대부분은 평면변형 조건에서의 토압에 대한 연직방향 아칭의 영향을 고려한 연구이다. 지반의 파괴면이나 벽면마찰에 의한 연직방향 아칭이 발생하게 되면 하중이 안정된 지반이나 벽체로 전이되면서 하부에서의 하향 연직응력이 감소하고 따라서 벽체에 작용하는 수평토압도 감소하게 된다.

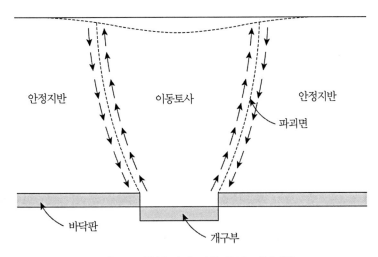

그림 8.2 아칭효과에 의한 응력 재분배[3]

　연직방향 지반아칭을 고려한 토압에 대한 연구는 많은 연구자들에 의해 수행되었다. 예를 들면 Janssen(1895)은 silo에 저장된 곡물에 작용하는 연직응력과 수평응력의 비를 가정함과 동시에 silo에 저장된 곡물이 미소두께의 수평요소들로 구성되어 있다는 가정 하에 각 미소수평요소에 대한 힘의 평형을 이용하여 silo에 작용하는 압력을 미분방정식을 이용하여 이론적으로 유도하였다.[7]

　Marston & Anderson(1913)[17]은 지중암거에 작용하는 토압을 규명하였다(Handy, 1985).[13] Kingsley(1989)[16]는 Handy(1985)[13]의 좁은 굴착 면에서의 최소주응력 현수선 아치를 이론적으로 검증하였다.

　Kellogg(1993)는 고랑형태의 대칭굴착면에 대하여 굴착벽면 마찰에 의한 지반아칭의 영향을 고려한 되메움 토압에 대하여 연구하였다.[15] 문창열(1999)은 고랑형태의 좁은 비대칭 굴착면에 대한 지반아칭의 영향을 고려한 되메움 토압에 대하여 연구하였으며,[2] Atkinson & Potts(1997)[18]는 터널의 안정과 간련하여 지반아칭을 연구하였다.

　수평방향 지반아칭을 고려한 토압에 대한 연구도 몇몇 연구자들에 의해 수행되었다. 예를 들면 Berrzantzev(1952),[9] Karafiath(1953),[14] Steinfeld(1958),[19] Prater(1977)[18] 등은 원

통형벽체에 작용하는 토압분포를 예측하기 위해 수평방향 지반아칭에 의한 토압감소효과를 고려하였다.

원형 지중연속벽에서는 연직방향 지반아칭뿐만 아니라 원형단면 굴착으로 인하여 수평방향지반아칭도 발생하게 된다. 그림 8.3과 같이 Fara & Wright(1963)은 원형 지중연속벽을 굴착하게 되면 처음에는 반경방향응력과 접선방향응력이 초기응력과 같지만 굴착 후 굴착면 주변지반입자가 이동하면서 탄성거동 시에는 반경방향응력이 감소하고 접선방향응력은 증가하게 된다.[12]

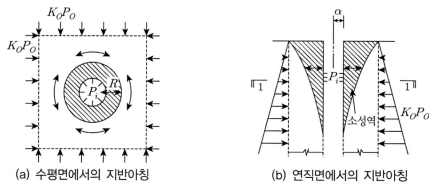

(a) 수평면에서의 지반아칭   (b) 연직면에서의 지반아칭

그림 8.3 원형 지중연속벽 배면지반의 지반아칭(Fara & Wright, 1963)[12]

지속적인 응력이완이 발생하면 탄소성 거동을 일으키고, 이때 접선방향응력은 탄성영역에서는 더욱 증가하고 소성영역에서는 다시 감소하게 됨을 수학적으로 증명하였다.[3]

수평반경방향응력(σ_r)의 이완은 수평면에서의 접선방향응력(σ_θ, hoopstress)의 증가를 유발하며, 아랫방향으로 볼록한 응력궤적(Handy, 1985)을 나타내는 연직지반아칭은 지반이 하향 이동한 만큼 소성영역의 크기가 증가했을 때 나타난다. 여기서 충분한 지지압력이 작용하여 안정된 지반아치가 유지된다면 붕괴되지 않는다.

결과적으로 붕괴를 방지하기 위한 하중이 필요하며 이 하중이 벽체에 작용하는 주동토압이다. 따라서 원형 지중연속벽에 설치된 원통형 흙막이 벽체에 작용하는 토압은 수평 및 연직 지반아칭 발생으로 인하여 연직지반아칭만이 발생하는 평면변형조건의 토압보다 작아진다.[4]

Karafiath(1953), Steinfeld(1958)와 Prater(1977) 등은 수평면에서의 지반아칭에 의한 토압감소를 고려하기 위하여 연직응력에 대한 접선응력의 비인 수평면(radial plane)에서의 토압계수 λ를 도입하였다.[14,19,18] Wong & Wright(1988b)은 원통형 벽체 배면지반이 탄성상태에서 소성상태에 도달함에 다른 응력상태를 그림 8.4와 같이 설명하였으며, 탄성상태에서는 초기 연직응력 σ_z가 접선응력 σ_θ보다 크지만, 벽체변위가 증가함에 따라 소성상태에 도달하면서 점차 $\sigma_z = \sigma_\theta$, 즉 $\lambda = 1$이 됨을 설명하였다.[23]

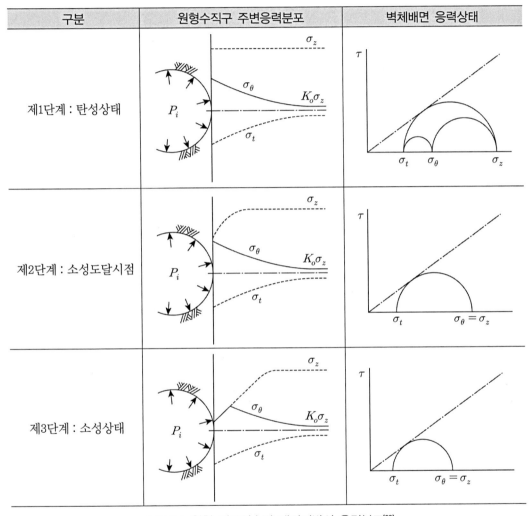

구분	원형수직구 주변응력분포	벽체배면 응력상태
제1단계 : 탄성상태		
제2단계 : 소성도달시점		
제3단계 : 소성상태		

그림 8.4 원형 지중연속벽 배면지반의 응력분포[23]

8.2.3 시공 순서

지하연속벽 공법은 굴착된 토량에 비례하여 안정액을 공급하면서 지하수의 유입을 차단하고 굴착면이 붕괴되는 것을 막아주는 공법이다. 토사굴착에 알맞게 고안된 BC-cutter 또는

bucket로 설계된 소정의 깊이까지 굴착한 후 철근망을 근입한 후 콘크리트를 타설하여 지중에 철근콘크리트 벽체를 조성하는 공법이다. 이러한 작업을 반복함으로써, 지중에 연속된 철근콘크리트 벽체를 조성하는 공법으로 일반적인 시공 순서 흐름도는 그림 8.5에 정리된 바와 같으며 단계별 순서에 따른 특징은 다음과 같다.

(1) 측량〈패널, 분할〉

전체적인 연속벽을 시공하기 위해 각각 primary panel과 secondary panel로 분할하고 실제 측량을 실시하여 굴착에 용이하도록 안내벽(guide wall)을 지표부에 설치하고 정밀 시공을 위한 위치를 표시한다.

(2) 안내벽 설치

지반굴착 시 장비의 연직성을 확보하고 지표면 공벽의 붕락사고를 방지하기 위해 설계된 폭, 높이, 위치에 정확히 측량을 실시하여 안내벽(guide wall)을 설치한다.

(3) 트렌치 굴착

인접한 primay panel을 우선 굴착 후, 중간의 secondary panel을 시공한다. 이는 각각 panel의 인터로킹, 전체적인 벽체의 일체화 및 품질시공을 위하여 인접한 primary panel의 양쪽 끝단을 secondary panel 굴착 시 현장 시방에 맞게 소정의 폭으로 BC-cutter로 콘크리트도 동시에 굴착한다.

(4) 슬라임 처리

굴착 시 품질이 안 좋아진 안정액을 cleaning하는 작업으로 compressor를 이용한 air-lift 방법으로 안정액 속의 sludge와 부유물 등을 슬라임처리소(desanding plant)로 보낸다.

(5) 검측 및 수직도 테스트

연속벽 굴착 시 BC-30 cutter(굴착장비)에 부착되어 있는 초음파 측정기(DM-684)를 이용하여 수직도를 유지관리하며, 최종 굴착이 완료되고 난 후, KODEN(수직도 측정 장비)으로 굴착심도 H에 대한 허용기준 내($H/300$)로 수직도가 형성되었는지 확인한다.

(6) end-pipe 설치

콘크리트 타설 시 철근망의 유동을 방지하고 접합부 부분의 커푸집 및 차수 역할을 목적으로 설치한다.

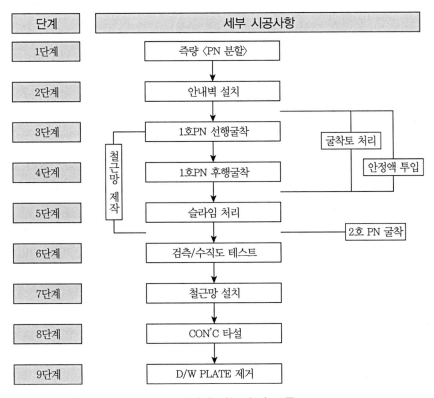

그림 8.5 단계별 시공 순서 흐름도

(7) 철근망 조립 및 설치

현장에서 조립한 철근망에 각종 sleeve, dowel bar, plate 등을 설치하고 슬라임 처리 완료 후 굴착된 트렌치에 삽입한다.

(8) 콘크리트 타설

수중 콘크리트 타설용 파이프인 트레미관(tremie pipe)을 삽입하여 콘크리트를 타설한다. 콘크리트는 굴착선단부에서 트레미관을 통해 타설되며, 트레미관은 콘크리트에 3m 이상 묻힌 상태로 계속된 타설이 이루어져야 한다.

(9) 작업공정의 반복

시공과정 (1)~(9)의 과정을 순차적으로 반복 시공하며, 지중에 연속된 철근콘크리트 벽체를 조성한다.

8.2.4 외국시공사례

홍콩의 경우 구룡반도의 서쪽에 있는 가우룽역에 위치한 유니언스퀘어의 일부로 건설되어진 국제상업센터(ICC Tower)의 지하굴착을 위하여 원형 지중연속벽이 시공되었다.

원형 지중연속벽은 초고층 코어부의 선시공을 위한 가설 흙막이벽체로 적용되는 경우와 영구벽체 및 기초로 적용된 사례가 있으며, 2010년 완공된 홍콩의 국제상업센터의 경우 표 8.1에 정리된 바와 같이 직경 76m, 굴착깊이 26m, 연속벽 두께 1,500mm이며, 단면 보강을 위하여 2개소에 Ring-Beam이 설치된 원형 지중연속벽이 영구벽체 및 기초로 사용되었다.

표 8.1 ICC tower 흙막이 개요

프로젝트명	건물 높이	층수	원형 지중연속벽 직경	원형 지중연속벽 두께	지하굴착 깊이
국제상업센터 (International Commerce Center)	484m	118층	76m	1,500mm	26m

사진 8.1은 홍콩의 국제상업센터 공사 현장에서 원형 지중연속벽이 시공될 때의 현장전경 모습이다.

| (a) 흙막이 내부 굴착모습 | (b) 현장전경 |

사진 8.1 국제상업센터 흙막이 굴착현장

싱가포르의 경우 싱가포르의 랜드마크로 Marina bay sands hotel을 시공하면서 지하굴착과 지하구조물 공사를 동시에 진행하였으며, 상부구조물의 critical path에 토목공사의 영향을 최소화하기 위하여 흙막이벽으로 원형 지중연속벽이 사용되었다.

3개의 Tower동 중 Tower 1과 Tower 2는 무지보 원형 지중연속벽으로 시공되었고, Tower 3은 원형 폐합이 어려워 버팀보로 지지된 지중연속벽으로 시공되었다.

표 8.2에서 보는바와 같이 직경 75~103m, 두께 1,200~1,500mm, 굴착깊이 14.8m인 원형 지중연속벽이 시공되었다.

표 8.2 Marine bay sands hotel 흙막이 개요

프로젝트명	건물 높이	층수	원형 지중연속벽 직경	원형 지중연속벽 두께	지하굴착 깊이
IR (International Resort)	207m	55층	75~103m	1,200~1,500mm	14.8m

3개 층의 지하 토압을 버팀보 없이 지지하여 지반의 안정성을 확보하였고, 이러한 원형 지중연속벽체로 인해 버팀보의 지지가 필요 없는 대공간을 확보하여 자재와 장비의 원활한 진입으로 공사를 진행할 수 있었다.

사진 8.2(a) 및 (b)는 싱가포르 Marina bay sands hotel의 원형 지중연속벽 배치도 및 시공 전경이며, 시공 단계별 Tower, Phase 1, Phase 2, Phase 3로 구분하였으며, 시공단계에 따른 시공구역(Zonning)을 나타내었다.

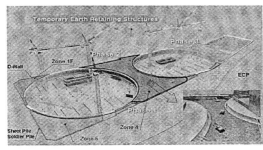

(a) 흙막이 배치도	(b) 시공전경

사진 8.2 싱가포르 Marina bay sands hotel 흙막이 굴착현장

8.3 원형 지중연속벽 현장적용 사례

8.3.1 현장개요

(1) 주변 상황

당 현장 주변은 사진 8.3과 같이 북측으로는 백화점과 인접하고, 서측과 동측은 각각 영도대교와 부산대교가 인접해 있고, 남측으로는 해안과 바로 인접하여 있다.[17]

해안과 인접한 구간은 Diphragm wall 및 Underpinning이 시공되어 있으며, 시공 중 인접 구조물 및 해수에 의한 리스크가 매우 높다.

현장 주변 주요 건물은 다음과 같다.

① 동측 : 부산대교(1980년 1월 30일 개통된 아치형 다리(아치교))
② 서측 : 영도대교(1934년 11월에 준공한 도개교)
③ 남측 : 해안과 바로 인접해 있으며 부산대교, 영도대교를 통해 영도와 연결
④ 북측 : 롯데백화점 광복점(지하 6층, 지상 20층 규모)

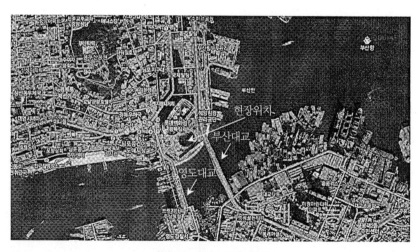

사진 8.3 현장 주변전경

(2) 지반특성

주변 일대의 산계는 부지 서북측의 고원견산(EL503.9m)으로부터 남측 영도의 봉래산에 이

르러 있으며, 이러한 산계의 영향으로 부지 내의 기반암은 비교적 얕은 심도에서 형성되어 있다.

지질발달 상태는 중생대 백악기 유천농군의 화산암류인 안산암질 화산각력암과 안산암류가 기반암으로 이루어졌으며, 이를 신생대 제4기 층적층이 피복하고 있다.

당 현장 조사지역의 시추조사 시 채취된 암석 Core 상태를 관찰한 결과 조사지역에서는 동래단층의 영향이 나타나지 않는 것으로 판단된다.

그림 8.6에 지반조사 위치를 나타냈다. 현장 북측 부산지하철 1호선 라인을 따라 백화점구 조물에서 영도대교까지 지반조사를 실시하였고, 현장 남측 해안을 따라 영도대교에서 부산대교를 지나 백화점 구조물까지 진행하였다. 원형 지중연속벽의 흙막이공법이 적용될 부지는 과거 해안을 매립한 지역이다.

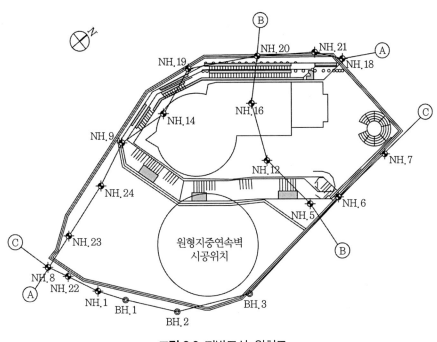

그림 8.6 지반조사 위치도

그림 8.7은 그림 8.6에 도시된 A–A′ 단면에 대한 지층단면도를 표시하였으며, 부지 내륙에 위치한 NH-9, NH-14, NH-19, NH-20번 시추공은 암반층이 비교적 상부에 위치하는 것으로 조사되었으나, 바다와 인접한 NH-8번 시추공에서는 G.L. -35m 이하로 암반층이 깊게 분포하는 것으로 조사되었다.

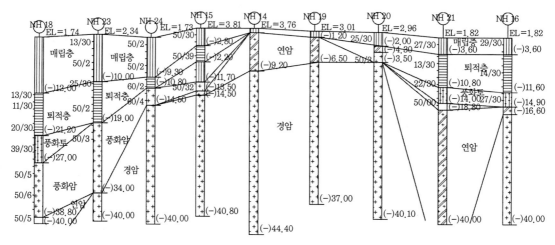

그림 8.7 A-A′ 지층단면도

그림 8.8(a)에는 내륙 및 바다 구간의 지층현황 파악을 위한 B-B′ 단면에 대한 지층단면도를 표시 하였으며, 육지에서 원거리에 위치하는 시추공일수록 암반이 깊게 분포하는 일반적인 지층현황을 보이고 있다.

바다를 매립한 구간의 BH-1, BH-2, BH-3번 시추공이 포함된 C-C′ 단면의 지층 단면도를 그림 8.8(b)에 표시하였다. 토사층은 비교적 균일한 심도에 분포하고 있으나, 풍화암 및 기반암은 시추공에 따라 최대 20m의 심도 차이를 나타내며 분포하고 있다.

(3) 원형 지중연속벽

본 연구대상 현장에 축조되는 건물은 한국의 부산에 건설되는 초고층 건물로, 초고층 Core부 선시공을 위하여 원형 지중연속벽이 적용되었다. 표 8.3에서 보는 바와 같이 직경 40m에 굴착깊이 33m의 대단면력이 요구되는 흙막이벽체로, 버팀보의 지지 없이 내부 굴착을 진행하였다. EL-16m 위치에서 Ring-Beam이 설치되었고, EL-20m부터 연암이 출현된 곳은 underpinning 공법이 적용되었다.

본 원형 지중연속벽 외측으로는 해안과 인접하여 해수의 영향이 현장 진행의 가장 큰 위험으로, 최외곽 해안을 따라 1차 지중연속벽이 기 시공되어진 상태이다.

원형 지중연속벽의 두께는 대단면력이 요구되는 현장인 만큼 2차원, 3차원 수치해석으로부터 편토압에 의한 거동분석을 거쳐 1,000mm에서 1,200mm로 시공되었으며, 엄지말뚝으로는 H-298*201*9*14 말뚝이 사용되었다.

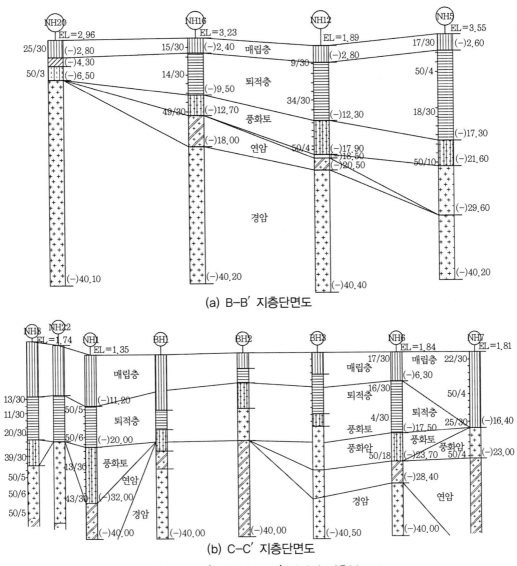

(a) B-B′ 지층단면도

(b) C-C′ 지층단면도

그림 8.8 B-B′ 단면과 C-C′ 단면의 지층분포도

표 8.3 흙막이 개요

지중연속벽 직경(m)	지중연속벽 두께(m)	지중연속벽 길이(m)	굴착깊이(m)	콘크리트 강도(kg/cm²)	철근강도
40	1.0~1.2	252	33	450	SD300 SD400, SD500

사진 8.4는 원형 지중연속벽을 적용하여 흙막이 굴착시공한 후 내부 굴착을 완료한 상태의 현장전경 사진이다.

사진 8.4 흙막이 내부 굴착 후 전경

(4) 계측계획

그림 8.9에는 계측계획 평면도를 표시하였다. 지중경사계(Inclinometer)를 원형 지중연속벽 원주에 팔방향으로 설치하였다. 원형 지중연속벽이 시공될 때 지중경사계도 함께 벽체 내부에 설치되었다. 지하공간 굴착 공사는 버팀보 같은 지지가 없기 때문에 효율적인 지하공간을 활용할 수 있어, 내부굴착 진행속도가 빠른 점을 감안하여 일일 8개소의 전체 지중경사계 계측을 실시하여 벽체의 수평변위를 관찰하였다.

변위발생 방향과 부호는 그림 8.10과 같이 설정하고 계측을 진행하였다. 지중경사계의 계측방법은 다음과 같다.

① 경사계관의 상부 보호마개를 열고 pulley assembly를 설치한다.
② pulley assembly와 데이터 수집 장치를 연결한다.
③ 50cm 간격으로 측정데이터를 입력한다.
④ A 방향과 B 방향을 측정하여 데이터 입력한다.
⑤ 계측수행 시 특이사항 기재한다.
⑥ data를 정리 후 분석한다.

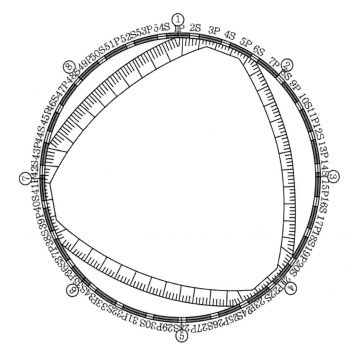

그림 8.9 계측계획 평면도

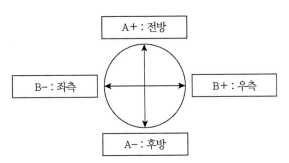

그림 8.10 변위 발생 방향 및 부호

8.3.2 굴착심도에 따른 벽체의 변위거동

굴착심도에 따른 원형 지중연속벽의 수평변위 및 수직변위는 벽체 및 배변지반의 안정성을 평가하는 데 매우 중요한 사항이다. 당 현장에서는 원형 지중연속벽 벽체에 그림 8.9에 표시한 위치에 여덟 개의 지중경사계를 설치하여 굴착깊이에 따른 벽체의 전체적인 거동양상을 관찰하였다.

그림 8.11은 원형 지중연속벽에 설치한 여덟 개의 지중경사계 중 대표적으로 No.1 경사계

설치위치에서 측정한 원주방향(그림 8.11(a) 참조)과 접선방향(그림 8.11(b) 참조)의 변위를 굴착심도별로 도시한 결과이다. 이 계측도면에는 세 종류의 굴착심도에서 측정한 값을 함께 정리 비교하였다. 즉, EL-15m 깊이까지 굴착한 경우에서 한번, EL-20m 깊이까지 굴착한

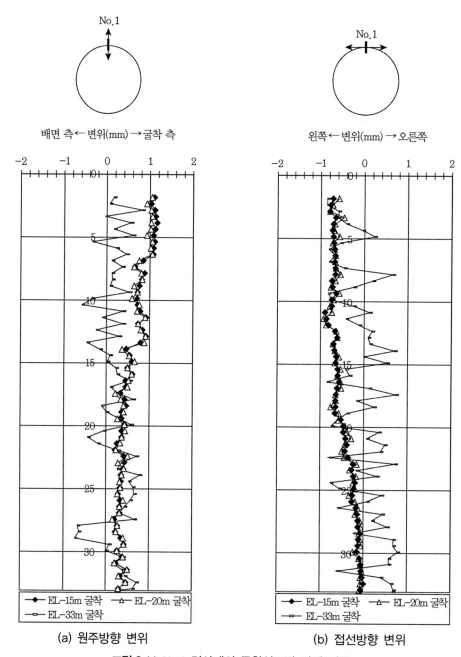

(a) 원주방향 변위   (b) 접선방향 변위

그림 8.11 No.1 경사계의 굴착심도별 벽체 거동

경우에서 또 한 번, 최종 EL-33m 깊이까지 굴착한 경우에서 또 한 번, 총 3번의 굴착심도로 구분하여 그림 8.11에 도시하였다.

우선 그림 8.11(a)의 원주방향 변위의 전체적인 벽체의 수평변위양상을 보면 강성벽체 두부에서 굴착부측(+방향)으로 수평변위가 발생하였고 굴착이 진행됨에 따라 수평변위량은 약간 감소되었음을 알 수 있다. 반면에 그림 8.11(b)의 접선방향 변위는 그다지 크게 발생하지 않았다. 이들 그림에서 보는 바와 같이 원형 지중연속벽은 수평변위가 크게 발생하지 않고 안정되어 있음을 볼 수 있다.

그림 8.12에는 원형 지중연속벽에 설치된 여덟 개의 계측기로 측정된 수평변위가 가장 많이 발생된 두부의 수평변위를 굴착심도에 따라 정리·도시하였다. 본 현장은 원형 지중연속벽을 적용한 현장으로 원형 지중연속벽의 Hoop action이 작동하기 때문에 일반 지중연속벽의 굴착심도(H)에서의 허용기준 범위인 $H/300$을 적용하지 않고 $H/500$를 적용하였다.

그림 8.12에서 보는 바와 같이 굴착작업을 진행하는 내내 발생된 전체적인 수평변위량은 아주 작은 값으로 측정되었다. 즉, 모든 측정지점에서 각 굴착심도(H)에서의 허용기준 범위($H/500$) 내로 발생하였다.

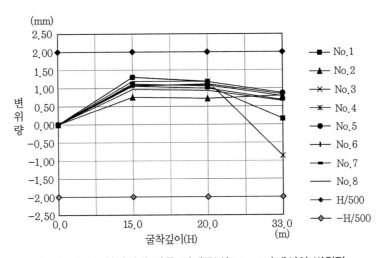

그림 8.12 굴착깊이에 따른 벽체두부(G.L.-1m)에서의 변위량

그림 8.13(a)에서는 20m 지반굴착 시 강성벽체의 두부수평변위량을 파악하기 위하여 여덟 개소의 경사계에서 굴착이 진행됨에 따라 측정된 원주방향 두부수평변위량을 경사계 측정 위치별로 정리·분석하였다.

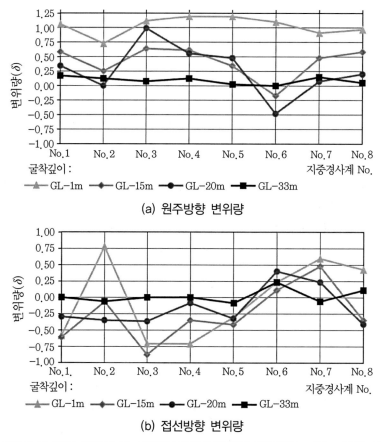

(a) 원주방향 변위량

(b) 접선방향 변위량

그림 8.13 측정 지점별 및 심도별 벽체두부에서의 변위량(GL-20m 굴착 시)

즉, 원형 지중연속벽의 두부(GL-1m)에서의 원주방향 수평변위량은 그림 8.13(a)에서와 같이 다른 굴착심도(GL-15m, -20m, -33m)에서의 벽체두부 수평변위량보다 상대적으로 수평변위량이 크게 나타났으며 대부분 굴착 측(+방향)으로 발생하였다.

그러나 원형 지중연속벽의 두부에서의 접선방향 수평변위량은 그림 8.13(b)에서 보는 바와 같이 측정위치에 관계없는 변위양상을 보였으며, 특징을 반영할 만한 두부수평변위량 특성은 나타내지 않았다.

8.3.3 Ring-Beam 설치 전후의 안전성

그림 8.14는 Ring-Beam 설치 전후의 벽체의 거동을 비교함으로써 원형 지중연속벽의 안전성을 비교한 그림이다.

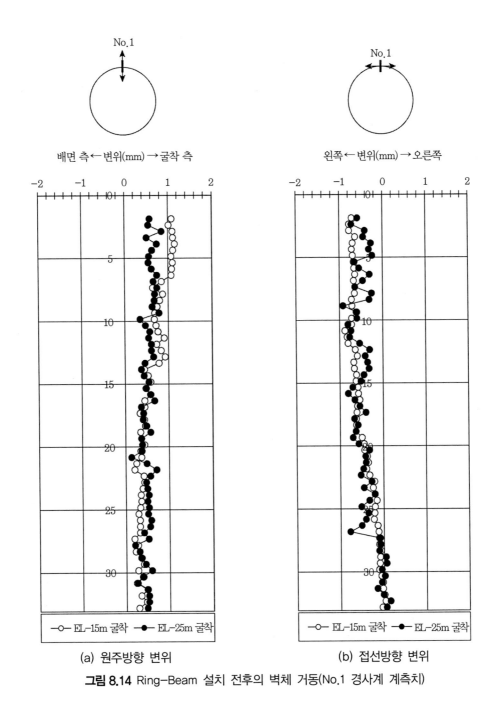

그림 8.14 Ring-Beam 설치 전후의 벽체 거동(No.1 경사계 계측치)

(a) 원주방향 변위   (b) 접선방향 변위

Ring-Beam은 지표면하 GL-16m 위치에 원형 지중연속벽에 설치하였다. 이 Ring-Beam의 설치를 위한 작업을 진행하기 위하여 GL-20m까지 굴착하였다. 그러므로 Ring-Beam이 원형 지중연속벽의 안전에 미치는 영향을 파악하기 위하여 Ring-Beam이 설치되기 전의 GL-15m

굴착 시의 수평변위와 Ring-Beam이 설치된 후인 GL-25m 굴착 시의 수평변위를 비교하였다. 이 수평변위의 비교에서는 No.1 경사계의 계측 결과를 대표적으로 선정하여 비교·도시하였다.

우선 그림 8.14(a)의 원주방향 수평변위량에서 보는바와 같이 GL-15m 깊이까지 굴착 시의 수평변위량보다 GL-25m 깊이까지 굴착 시에 수평변위량이 전체적으로 줄어든 것을 확인할 수 있었다. 따라서 Ring-Beam 설치로 인하여 수평변위량이 줄어들었다는 것은 그 만큼 안전성이 향상되었음을 의미한다.

그러나 접선방향 수평변위는 그림 8.14(b)에서 보는 바와 같이 그다지 큰 변화는 보이지 않고 있다. 오히려 접선방향 변위는 Ring-Beam 설치 후 다소 증가하는 경향을 보였다.

8.3.4 원형 지중연속벽의 단면형상 변화

원형의 강성벽체가 굴착이 진행됨에 따라 원형 지중연속벽의 단면형상이 어떻게 변하는지 알아보기 위하여, 굴착깊이에 대해 아주 미소한 변위량을 실제 발생한 수평변위량에 근거하여 배율을 조정하고 확대한 뒤, 배율 조정된 좌표로 위치를 그림 8.15와 같이 도시하여 전체적인 단면형상의 변화를 확인하였다.

우선 그림 8.15(a)에서는 GL-5m 측정위치에서 굴착깊이별(GL-15m 굴착 시, GL-25m 굴착 시, GL-33m 굴착 시) 실제 수평변위량을 근거로 배율 조정된 좌표 값을 산출하여 굴착이 진행됨에 따른 전체적인 강성벽체의 단면형상의 거동을 도시하였다. 이 그림으로부터 원형 지중연속벽의 전체적인 단면형상은 굴착이 진행됨에 따라 축소되는 것으로 확인되었다. 즉, 굴착부 측으로 수평반위가 발생하여 원형 지중연속벽의 단면이 줄어드는 경향을 보였다.

그림 8.15(b)에서는 GL-15m 측정위치에서 굴착깊이별(GL-15m 굴착 시, GL-25m 굴착 시, GL-33m 굴착 시) 실제 수평변위량을 근거로 배율 조정된 좌표 값을 산출하여 굴착이 진행됨에 따른 전체적인 강성벽체의 단면형상을 표시하였다. 그림 8.15(a)에서 본 GL-5m 측정위치에서 측정한 단면형상처럼 전체적으로 축소되는 형상이었으나 GL-5m 측정위치에서는 배면 측에서 굴착 측으로 이동된 경사계가 GL-15m 측점위치에서는 굴착 측에서 배면 측으로 이동하는 경향 등 동일한 경사계가 일정한 방향으로 비슷한 거동양상을 보이지는 않는 것으로 확인되었다.

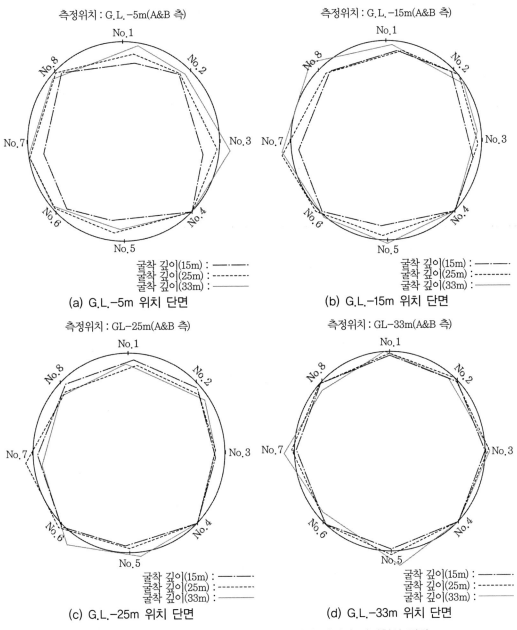

측정위치 : G.L.−5m(A&B 측)

굴착 깊이(15m) : ───·───
굴착 깊이(25m) : ─────
굴착 깊이(33m) : ─────

(a) G.L.−5m 위치 단면

측정위치 : G.L.−15m(A&B 측)

굴착 깊이(15m) : ───·───
굴착 깊이(25m) : ─────
굴착 깊이(33m) : ─────

(b) G.L.−15m 위치 단면

측정위치 : GL−25m(A&B 측)

굴착 깊이(15m) : ─────
굴착 깊이(25m) : ─────
굴착 깊이(33m) : ─────

(c) G.L.−25m 위치 단면

측정위치 : GL−33m(A&B 측)

굴착 깊이(15m) : ───·───
굴착 깊이(25m) : ─────
굴착 깊이(33m) : ─────

(d) G.L.−33m 위치 단면

그림 8.15 굴착에 따른 원형 지중연속벽체의 깊이별 단면형상 변화

한편 그림 8.15(c)는 GL−25m 측정위치에서 굴착깊이별(GL−15m 굴착 시, GL−25m 굴착 시, GL−33m 굴착 시) 실제 수평변위량을 근거로 단면형상을 도시한 그림이다. GL−25m 측정위치에서 측정한 단면형상은 GL−5m 측정위치와 GL−15m 측정위치에서 측정한 단면형상

과 크게 다른 양상을 보이지는 않았으며 전체적으로 배면 측에서 굴착 측으로 변위가 발생하는 양상은 동일하게 확인되었다.

끝으로 그림 8.15(d)에서는 최종굴착깊이인 GL−33m 측정위치에서 굴착깊이별로(GL−15m 굴착 시, GL−25m 굴착 시, GL−33m 굴착 시) 측정된 수평변위량을 근거로 배율 조정된 좌표값을 산출하여 굴착이 진행됨에 따른 전체적인 강성벽체의 단면형상을 도시하였다. 이 그림에서 보는 바와 같이 최종굴착깊이인 GL−33m 측정위치에서는 수평변위가 GL−33m까지 굴착되기 이전에는 거의 발생하지 않았으며 단면형상의 변화도 없었던 것으로 확인되었고, 최종굴착깊이인 GL−33m 깊이까지 굴착이 진행되었을 때 비로소 수평변위가 미소하지만 굴착 측에서 배면 측으로 나타난 것으로 확인되었다.

이와 같이 그림 8.15로부터 여러 측정심도에서 원형의 강성벽체가 굴착심도에 따라 단면형상이 어떻게 변화하는지 확인해본 결과, 전체적인 경향을 반영하는 일정한 단면형상, 즉 대칭이나 확대 및 축소의 형상은 발생되지 않았으나, 굴착이 진행됨에 따라 전체적으로 강성벽체가 배면 측에서 굴착 측의 내측방향으로 수평변위가 발생되었음을 확인할 수 있었다. 또한 굴착을 하지 않는 깊이 위치에서는 수평변위가 거의 발생되지 않았음을 확인할 수 있었다.

참고문헌

1. 김경렬 등(2012), "아칭효과를 고려한 원형수직터널의 토압 특성분석(1) - 원심모형실험 연구 - ", 한국지반공학회논문집, 제28권, 제2호, pp.23~31.

2. 문창열(1999), "비대칭 좁은 공간에서의 되메움 토압에 관한 연구", 한국지반공학회논문집, 제15권, 제4호, pp.261~277.

3. 신영완(2004), 사질토 지반에 설치된 원형수직구의 흙막이벽에 작용하는 토압, 한양대학교 박사학위논문, pp.9~12.

4. 신영완 등(2006), "국내외 수직구 설계기술에 관한 연구", 한국지반공학회 학술발표회논문집, pp.2013~2115.

5. 양희정(2009), "초고층빌딩 지하공간 시공을 위한 원형 굴착 기술", 롯데건설(주)기술동향보고서.

6. 이성진 등(2010), "원형수직구 시공단계별 거동특성 분석", 대한토목학회 학술대회, Vol.2010, No.10, pp.650~653.

7. 조재석(2013), 초고층 건물의 지하공간 굴착을 위한 원형 지중연속벽의 거동에 관한 연구, 중앙대학교 일반대학원 석사학위논문.

8. Akinson, J.H. and Potts, D.M.(1977), "Stability of a shallow circular tunnel in cohesionless soil", Geotechque, Vo.27, No.2, pp.203~215.

9. Berezantzev, V.G.(1952), "An axial-symmetric problem of limit equilibrium in cohesionless medium", Moscow.

10. Britto, A.M. and Kusakabe, O.(1982), "Stability of axisymmetric excavations", Geotechnique, Vol.32, No.3, pp.261~270.

11. Clough, G.W. and O'Rourke, T.D.(1990), "Construction induced movement of in-situ walls", Proceeding of Design and Performance to Earth Retaining Structures.

12. Fara, H.D. and Wright, F.D.(1963), "Plastic and elastic stresses around a circular shaft in a hydrostatic stress field", Society of Mining Engineers, pp.319~320.

13. Handy, R.L.(1985), "The arch in soil arching", J. of Geotech. Engrg, Division, ASCE, Vol.111, No.3, pp.302~318.

14. Karafiath, L.(1953), "On some problems of earth pressure", Acta Tech. Acad. Sci, Hung, pp.328~357.

15. Kellogg, C.G.(1993), "Vertical earth loads on buried engineered works", J. of Geotech. Engrg, Division, ASCE, Vol.119, No.3, pp.487~506.

16. Kingsley, H.W.(1989), "Technical note of arch in soil arching", J. of Geotech. Engrg, Division, ASCE, Vol.115, No.3, pp.415~497.

17. Marson, A. and Anderson, A.O.(1913), "The theory of loads on pipes in ditches and tests of cement and clay drain tile and sewer pipe", Iowa Engineering Experiment Station, Iowa State College, Ames, Iowa, Bulletin 31, p.181.

18. Prater, E.G.(1977), "An examination of some theories of earth pressure on shaft linings", Canadian Geotechnical Jounal, Vol.14, pp.91~106.

19. Steinfield, K.(1958), "Uber den erddruck auf schacht und brunnenwandungen", Contibution to the Foundation Engineering Meering, Hambrug, German Soc. of Soil Mech. Found. Eng., pp.111~126.

20. Terzaghi, K.(1943), Theoretical Soil Mechanics, John Wiley and Sons, New York, pp.202~215.

21. Terzaghi, K. and Peck, R.B.(1967), Soil Mechanics in Engineering Practice, John Wiley and Sons, New York, pp.267~268.

22. Wong, R.C.K. and Kaiser, P.K.(1988a), "Design and performance evaluation of vertical shafts : rational shaft design method and verification of design method", Can. Geotech. J., Vol.25, pp.320~337.

23. Wong, R.C.K. and Kaiser, P.K.(1988b), "Behavior of vertical shafts : reevaluation of model test results and evaluation of field measurments", Can Geotech. J., Vol.25, pp.338~352.

지하철구에 작용하는 토압

CHAPTER

09 지하철구에 작용하는 토압

9.1 서 론

우리나라는 1960년대 말경부터 각종 건설사업이 활발하게 실시되어 오고 있다. 특히 최근 고도의 산업발전과 도시화로 인한 도심지의 인구집중으로 각종 사회간접시설의 부족 현상이 초래됨에 따라 각종 infrastructure의 건설에 많은 노력과 투자를 기울이고 있다. 효율적인 국토의 이용방법으로 대표적인 것이 지하공간의 활용이며 이에 부합하여 최근 대형 지하구조물 및 도심지 교통난을 해소하기 위한 지하철공사 등이 증대되고 있는 실정이다.

이 중 주요 도시에 건설하는 지하철 건설공법으로는 두 가지 공법이 적용되고 있다. 하나는 개착식 굴착공법이고 다른 하나는 터널식 굴착공법이다. 개착식 굴착공법은 지표면에서 지하철구가 건설될 위치까지 먼저 굴착한 후 지하철구를 축조하는 순타공법으로 이미 저자의 이전 서적 흙막이말뚝[6]과 흙막이굴착[7]에서 자세히 설명한 바 있다. 반면에 터널식 굴착공법에 적용되는 터널공법으로는 NATM 공법과 쉴드공법이 주로 적용된다. 현재 지하철 건설 시에 가장 큰 문제점은 개착식 굴착공법에서는 지하철 설계 시 지하철구에 작용하는 측방토압을 어떻게 정하는가 하는 문제이고 터널식에서는 지보형식을 어떻게 정하는가 하는 문제이다.

지하철구와 같은 지하구조물의 건설은 지상구조물과는 달리 주변지반 및 지하수문제 등 불확실한 요소를 많이 내포하고 있기 때문에 설계시공에 상당한 어려움이 따른다. 이러한 지하철구의 합리적인 설계를 위한 중요한 고려요소 중에 하나가 지하철구에 작용하는 토압이다. 즉, 올바른 설계를 실시하기 위해서는 지하철구에 작용하는 토압을 정확히 산정할 수 있어야 한다. 또한 우리나라에서 지하철구 설계에 사용하고 있는 토압이 우리나라 실정에 적합한지 여부도 검증해볼 필요가 있다.

지하철구는 주변지반으로부터 압력을 받게 된다. 주변지반으로부터 지하철구에 가하여 지는 하중은 흙과 구조물의 상호거동에 의존하기 때문에 구조물 또는 지반만을 단독으로 고려하여 결정해서는 안 된다. 그러므로 지반하중을 받는 구조물을 올바르게 설계하기 위해서는 지반과 구조물의 상호작용에 대한 연구가 수행되어야 한다.

흙막이벽을 사용하는 개착식공법에 의해 지하철을 구축할 경우에는 흙막이벽이 변형하기 때문에 정지토압보다도 매우 작은 토압이 흙막이벽에 작용할 때가 많다.

그러나 지하철 구체의 측벽과 같이 거의 변형하지 않는다고 생각되는 강성벽체에 대해서는 시공직후에 작은 토압이 작용하여도 기간이 경과함에 따라 증대하여서 정지토압에 가까운 토압으로 되는 것을 생각하게 한다. 이 때문에 일반적인 경우 측벽에 작용하는 최대토압으로 정지토압을 적용하여 설계를 실시하고 있다. 그러나 지하철구체에 작용하는 토압에 관하여는 실제 확인된 바가 없으며 더욱이 장기간에 걸친 토압확인 작업은 현재까지 거의 없다.

이러한 토압은 지반의 강도, 굴착깊이, 시공조건, 측벽의 강성 등에 의해 영향을 많이 받는 것으로 생각된다. 따라서 이 토압에 대한 충분한 검토가 행하여져서 측벽에 작용하는 토압을 정확히 산정할 수 있는 산정식을 마련할 필요가 있다. 따라서 제7장에서는 이론식이나 경험식으로 산정된 지하구조물에 작용하는 토압과 실제 계측된 값을 비교해보고자 한다.

이를 위해 지하철 건설현장 중 4개소의 지하철구체에 토압계와 지하수위계를 설치하여 장기간에 걸친 계측을 실시하여 지하철구체에 작용하는 실제토압을 조사해보고자 한다. 특히 지하철구체 완성 후 뒤채움을 시공 시 시공과정별로 계측을 실시함으로써 토압의 변화를 조사하고자 한다.

9.2 지하구조물에 작용하는 토압설계

지하암거로는 Box 암거, Pipe 암거 등의 다양한 형태의 암거가 있으며 Box 암거의 형상은 그림 9.1에 도시된 바와 같이 다양한 형태를 적용할 수 있다.[12]

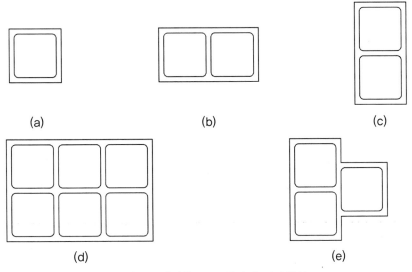

그림 9.1 다양한 Box 암거의 단면형상

9.2.1 Box 암거에 작용하는 토압

(1) 연직토압

Box 암거에 작용하는 토압으로는 일반적으로 그림 9.2에 도시한 바와 같이 노면하중, 연직토압, 수평토압 및 지반반력을 들 수 있다.[8,11] 그러나 이들 토압의 구체적 산정방법은 설계기준에 따라 다소 차이가 있다.

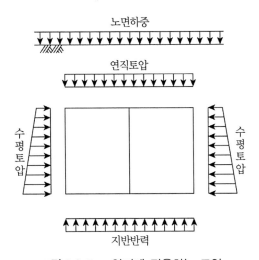

그림 9.2 Box 암거에 작용하는 토압

우선 노면하중에 의한 연직토압은 하중의 재하방법이 지하철구와는 다르기 때문에 토피가 얕을 경우에는 지하철구보다도 다소 큰 값을 적용하고 있다. 또한 토피하중에 의한 연직토압은 암거 위의 전토피중량을 적용하지만 암거가 말뚝기초 등에 의해 지지되고 있는 경우는 활증하여 적용한다. 한편 수평토압은 지하철구에서는 Rankine 토압식을 적용하는 경우가 많으나 Box 암거에서는 $K = 0.5$를 적용하는 경우가 많다.

지하철구조물을 설치하기 위한 대단면 개착터널 굴착 시에는 굴착단면을 최대한 이용하기 위하여 상자(Box)형 단면을 이용하고 있다. 구조물 외부에서 지하구조물에 작용하는 하중은 노면하중, 토피하중, 토압, 수압 등을 들 수 있다.

지하철구조물 내부의 하중으로는 내부의 주행하중, 자동차하중, 수로터널의 물중량 등을 들 수 있다. 그리고 지하구조물 저면 및 측면의 지반반력은 구조물 내·외부에서의 하중에 상응한 외력으로서 구조물에 작용하는 것이다.

개착식 터널의 설계에서는 이들 하중과 지반반력과의 관계를 충분히 검토해야 한다. 설계에서 고려할 하중은 지표면상의 하중, 토피의 하중, 토압, 수압, 양압력, 자중, 터널 내부의 하중, 온도 변화 및 건조수축의 영향, 지진의 영향, 시공 시의 하중 등을 들 수 있다.

① 노면하중에 의한 연직하중

노면교통하중, 열차하중, 건물하중, 성토하중 등에 의한 노면하중은 토층을 통해서 암거에 전달되지만 이때의 지중응력분포형태는 그림 9.3과 같다.

지중응력의 실제형상에는 (a)법이 근접하고 있지만 계산이 복잡하기 때문에 일반적으로 (c)법이 사용되고 있다. 노면교통하중 및 열차하중에는 일반적으로 충격하중도 고려한다. 토피가 있는 경우는 지반의 변형 또는 진동 등에 의해 하중이 감소하므로 토피가 3m 정도 이상인 경우에는 그 영향을 무시해도 좋다. 토피가 3m 미만의 경우에는 다음 식에 표시한 충격의 저감률을 써서 충격의 영향을 저감해도 좋다.

$$\alpha = 1 - H/3 \tag{9.1}$$

여기서, α : 충격저감률

H : 토피(m)

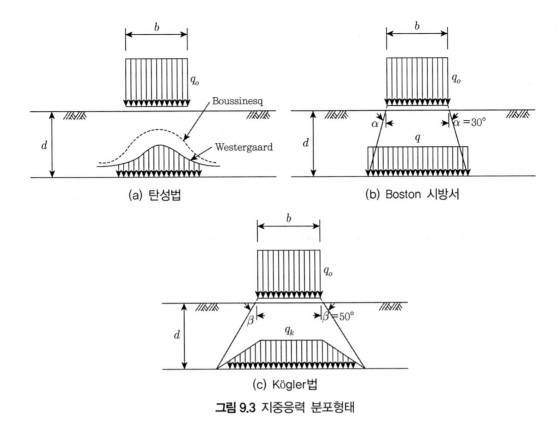

그림 9.3 지중응력 분포형태

노면하중에 의해 암거에 작용하는 연직토압은 환산활하중으로써 다음과 같다.[3]

$$P_L = \frac{7.56}{2H + 0.2} \qquad \text{T--20 하중의 경우} \tag{9.2}$$

$$P_L = \frac{5.62}{2H + 0.2} \qquad \text{TT--43 하중의 경우} \tag{9.3}$$

여기서 T-20 하중은 1등교 설계 시의 T-하중(활하중)이고 TT-43은 트레일러-하중이다.[17] 위 식은 일반적으로 $H \leq 3.5\mathrm{m}$인 경우에 사용한다. 따라서 $H > 3.5\mathrm{m}$의 경우 H가 증가함에 따라 P_L은 $1\mathrm{t/m^2}$보다 작아지는데, 이런 경우에는 일반적으로 환산활하중 $P_L = 1\mathrm{t/m^2}$로 설계한다. 노면하중에 의한 수평토압은 깊이방향에 관계없이 노면하중 $1\mathrm{t/m^2}$에 토압계수($K_a = 0.5$)를 곱하여 암거 양측면에 동시에 작용시킨다.

② 토피하중에 의한 연직토압

토피에 의한 연직토압을 산정할 때는 지표에서 암거 상면까지의 깊이, 되메운 흙의 중량, 수압, 등을 고려하여 정해야 한다.

지반침하의 위험이 있는 연약지반 중에 암거가 말뚝에 지지되는 경우, 암거가 암거바닥 접지면에 침하하지 않는 양질의 지반에 지지되어 있는 경우, 등에는 암거 직상부보다 넓은 범위의 흙이 토피하중으로 작용함으로 주의하여야 한다.

암거의 강성이나 설치상황 등에 따라 차이가 있지만 암거의 상대변위에 따라 그림 9.4와 같이 구분된다. 일반적으로 암거상부의 뒤채움 흙과 암거 양측에 있는 흙이 그림 9.4에 도시된 바와 같이 등침하할 경우 토피하중은 암거상면까지의 깊이에 흙의 단위체적중량을 곱하여 구한다. 즉, 그림 9.4에 도시된 ABCD부분의 면적에 흙의 단위체적중량을 곱하여 구한다. 이 경우 지하수위 이하의 흙에 대해서는 물의 영향을 고려하는 것으로 한다.

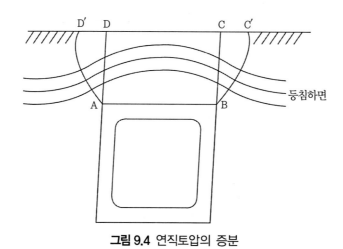

그림 9.4 연직토압의 증분

그러나 암거상부의 뒤채움 흙이 암거 양측에 있는 흙에 비하여 적게 침하할 경우 토피하중은 다음과 같이 Marson의 이론식을 적용한다.[10]

$$P_v = C_c \gamma B_c \tag{9.4}$$

$$여기서, \ C_c = \frac{e^{\pm 2\mu K(H/B_c)} - 1}{\pm 2K\mu} \tag{9.5}$$

$$\text{혹은 } C_c = \frac{e^{\pm 2\mu K(H/B_c)} - 1}{\pm 2K\mu} + \left(\frac{H}{B_c} - \frac{H_e}{B_c}\right) e^{\pm 2\mu K(H_e/B_c)} \tag{9.6}$$

위의 식 (9.5)는 $H_e \geq H$일 경우에 사용하며 식 (9.6)은 $H_e < H$일 경우에 사용한다. 여기서 H_e는 동일침하면의 높이를 나타낸다.

식 (9.5)는 완전한 상태에 대한 값이다. 음의 표시는 완전한 굴착구상태에 대한 값이고 양의 표시는 완전한 돌출상태에 대한 값이다.

한편 식 (9.6)은 불완전한 상태에 대한 값이다. 여기에서 음의 표시는 불완전한 굴착구상태에 대한 값이고 양의 표시는 불완전한 돌출상태에 대한 값이다.

③ 일본도로협회지침에 의한 연직토압

일본도로협회의 '도로토공－옹벽·암거·가설구조물지침'에서는 강성구조물의 대표적인 철근콘크리트 Box 암거, 콘크리트 파이프 암거상단에 작용하는 연직토압을 Rankine의 주동토압계수 K_a 대신에 연직토압계수 α를 사용하여 식 (9.7)로 계산하도록 제안하였다.[15,16]

$$P_v = \alpha\gamma H \tag{9.7}$$

여기서, 계수 α는 암거의 지지조건 및 H/B의 값에 따라 다음과 같이 정한다.

α값은 구조물 피복토의 두께(H)와 폭(B)과의 비로서 정해지는 값으로 고속도로 등에서는 표 9.1의 값을 사용한다. 이 값은 성토된 흙의 중량에 대한 증가비율을 표시한 것으로서 실측치와 잘 일치하고 있다.[15,16]

기초지반이 양호해서 말뚝기초 등을 이용하지 않는 경우 $\alpha = 1$를 적용한다. 반면에 연약지반 상에 암거가 구축된 경우는 다음의 두 경우로 나누어 적용한다.

ㄱ 말뚝기초 등의 강성기초로 지지되어 있지 않고 성토의 침하와 병행해서 동시에 침하하는 경우는 $\alpha = 1$을 적용한다.

ㄴ 말뚝기초로 지지되고 성토침하에 저항하는 경우의 연직토압계수 α는 표 9.1과 같이 정한다.

표 9.1 말뚝기초로 지지되는 경우의 연직토압계수 α

H/B	1 미만	1 이상 2 미만	2 이상 3 미만	3 이상 4 미만	4 이상
α	1.0	1.2	1.35	1.8	1.6

④ 미국 도로교통관리협회(AASHTO) 규정에 의한 연직토압

미국 도로교통관리협회의 규정에서는 양호한 기초지반위에 설치된 돌출형 암거의 경우 연직토압을 식 (9.8) 및 (9.9)와 같이 제안하였다.[3]

$$P_v = \gamma(1.92H - 0.87B) \qquad H \geq 1.78B \tag{9.8}$$

$$P_v = 2.59B\gamma(e^K - 1) \qquad H > 1.78B \tag{9.9}$$

여기서, $K = 0.385H/B$이다.

⑤ Bierbaumer법에 의한 연직토압

한편 암거가 흙속 깊이 매설될 경우 Bierbaumer는 암거의 연직토압을 식 (9.10)과 같이 제안하였다.

$$P_v = \gamma H \left[1 - \frac{H\tan\phi\tan^2(45° - \phi/2)}{B + H'\tan(45° - \phi/2)} \right] \tag{9.10}$$

여기서, H' : 암거의 높이

H : 암거 매설 깊이

(2) 수평토압 및 수압

암거측벽에 작용하는 토압은 주동토압이라고 여겨지기도 하지만 일반적인 경우에는 구조물의 강성이 크면 정지토압에 가까워지므로 일반적으로 연직토압에 정지토압계수를 곱해서 다음 식과 같이 구하고 있다.

$$P_o = K_o(q + \gamma H) \tag{9.11}$$

여기서, P_o : 정지토압(t/m^2)

K_o : 정지토압계수

q : 지표면상의 상재하중(t/m^2)

γ : 흙의 단위체적중량(t/m^3)

H : 지표면에서 토압을 구하는 위치까지의 깊이(m)

정지토압계수를 정확히 산정하기는 어려우나 각종 공식이나 현지에서의 지반조사 자료에 근거하여 결정할 필요가 있다. 정지토압계수는 실험적으로 구할 수 있는 상수로서 일반적으로 압밀시험 또는 측방변위를 구속한 삼축압축시험에서 압밀이 완료된 안정상태에서 측정되며 일반적으로 포화정규압밀점토에서는 K_o ≒0.5이고 느슨한 모래에서는 K_o =0.4~0.7 정도로 나타난다. 이것은 Jacky(1948)[9]의 제안식 (9.12)와 거의 일치하며 다소 과압밀된 점토 및 조밀한 모래는 K_o =0.5~1.0이고 현저히 과압밀된 점토 및 인공적으로 다져진 흙은 K_o >1이다.

$$K_o = 1 - \sin\phi' \tag{9.12}$$

여기서 ϕ' 은 유효응력으로 표시한 내부마찰각이다.

실용적인 개략치는 모든 흙에 대하여 K_o =0.5를 쓸 수 있고 지반심도가 15m 이상일 때는 측방토압에 대한 계산식은 다음과 같다.

$$P = K(q + \gamma_t H) \tag{9.13}$$

여기서, P : 토압(t/m^2)

K : 토압계수

q : 지표면상의 하중(t/m^2)

γ_t : 물의 무게를 포함한 흙의 단위체적중량(t/m^2)

H : 지표면에서 토압을 구하는 위치까지 깊이(m)

수압을 포함한 경우의 연약지반점토층의 토압계수 K_s 는 N값이 4 이하인 연약점성토층에 대하여 표 9.2와 같이 정한다.

표 9.2 연약지반점토층의 토압계수 K_s

초연약점성토층 $N \leq 2$	0.7~1.0
연약점성토층 $2 < N \leq 4$	0.6

반면에 N값이 5 이상인 점성토층의 토압계수는 식 (9.14)로 산정한다.

$$K_s = (0.5 - 0.6) \times 10^{-2} \times N \tag{9.14}$$

수압은 계획지점에서의 간극수압을 측정하여 이용하면 되지만 현재 상태뿐만 아니라 장기간 후의 변화도 고려해야 한다. 측방토압은 식 (9.13)과 같이 토압과 수압을 동시에 고려하는 방법과 식 (9.15)와 같이 토압과 수압을 분리해서 고려하는 방법의 두 가지 방법이 있다.

$$P = K(q + \gamma' H) - \gamma_w h_o \tag{9.15}$$

여기서, γ' : 흙의 수중단위체적중량

γ_w : 물의 단위체적중량

h_o : 지하수면에서의 높이

(3) 저판의 지반반력

일반적으로 지하구조물의 저판에 작용하는 지반반력은 상판 및 측벽자중이 등분포로 작용하는 것으로 간주하여 식 (9.16)과 같이 표현할 수 있어 일반적으로 저판의 지반반력을 생략한다.

$$T_e' = T_e + \text{양측벽 사이 자중}/L \tag{9.16}$$

여기서, T_e' : 저판의 지반반력

T_e : 상판의 반력

L : 암거의 폭

9.2.2 Silo 안에 작용하는 토압

높이에 비해 간격이 좁은 2개의 벽체 사이에 작용하는 토압은 옹벽의 뒤채움이 반무한인 경우의 해석방법과는 달리 취급해야 된다. [10,13,14]

그림 9.5와 같이 폭 B 사이의 AB와 CD 벽체로 되어 있는 Silo의 지표면으로부터 깊이 h에서 dh의 두께를 가지는 얇은 층의 위면에 작용하는 연직응력을 q, 아래면에 작용하는 응력을 $q+dq$, 토압계수를 k라 하면 벽면에 작용하는 수평토압의 크기는 $kqdh$이고 벽면에서의 마찰력 F는 마찰계수 μ를 곱하여 $\mu kqdh$로 나타낼 수 있다.

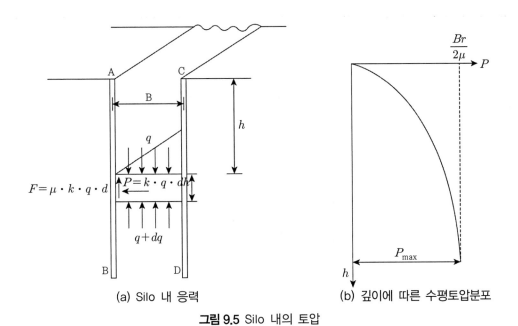

(a) Silo 내 응력 (b) 깊이에 따른 수평토압분포

그림 9.5 Silo 내의 토압

최정희(1995)는 그림 9.5에 도시된 Silo 내에 연직응력 q와 측방토압 p를 식 (9.17) 및 (9.18)과 같이 정리하였다. 즉, 그림 9.5의 dh두께를 가지는 층의 윗면에 작용하는 연직토압은 식 (9.17)과 같고 벽체에 작용하는 측방토압 p는 식 (9.18)과 같다.

$$q = \frac{B\gamma}{2\mu K}(1 - e^{-2\mu Kh/B}) \tag{9.17}$$

$$p = \frac{B\gamma}{2\mu}(1 - e^{-2\mu Kh/B}) \tag{9.18}$$

여기서, B : 흙막이벽과 구조물 사이의 간격

　　　γ : 되메움 흙의 단위중량

　　　μ : 구조물과 뒤채움흙 사이의 마찰계수($==\tan\delta$)

　　　K : 정지토압계수

　　　h : 깊이

$h=\infty$ 일 때 $q=\dfrac{B\gamma}{2\mu K}$, $p=p_{\max}=\dfrac{B\gamma}{2\mu}$ 로서 그림 9.5(b)에서 보는 바와 같이 일정치에 수렴하게 된다.

9.2.3 서울지하철 설계기준

현재 서울지하철에 사용되고 있는 Box 단면의 설계기준에서 철근콘크리트의 설계방법은 강도설계법을 적용함을 원칙으로 하고, 강재구조물, 프리스트레스트 콘크리트, 가설구조물 등 허용응력설계법이 보다 타당한 경우는 허용응력설계법에 따른다. 강도설계법에 따르는 철근콘크리트 구조물은 처짐, 균열 등을 고려한 사용성도 확보해야 한다.

서울지하철구에 작용하는 하중은 암거의 상부에 작용하는 활하중 및 사하중, 측벽에 작용하는 토압 및 수압, 암거 하부에 작용하는 양수압으로 나눌 수 있으며 지하수위의 변동성을 고려하여 각 하중의 값을 지하수가 있는 경우와 없는 경우로 구분하여 계산하고 있다.

(1) 상부하중 L 및 D_1(지하수가 있을 경우)

활하중(L) : 과재하중 D_1(DB-24)

$\qquad$ 사하중 : 아스팔트 : $\gamma \times h_a$ $\hfill$ (9.19a)

$\qquad$ 흙(지하수위 이상) : $\gamma_t \times h$ $\hfill$ (9.19b)

$\qquad$ 흙(지하수위 이하) : $\gamma_{sub} \times H$ $\hfill$ (9.19c)

$\qquad$ 지하수 무게 : $\gamma_w \times H$ $\hfill$ (9.19d)

사하중(D_1) : 식 (9.19a)＋식 (9.19b)＋식 (9.19c)＋식 (9.19d)

$$D_1 = \gamma h_a + \gamma_t h + \gamma_{sub} H + \gamma_w H \tag{9.20}$$

여기서, γ : 아스팔트의 단위체적중량

γ_t : 지하수위 이상의 흙의 단위체적중량

γ_{sub} : 지하수위 이하의 흙의 단위체적중량

γ_w : 지하수의 단위체적중량

h_a : 아스팔트 두께

h : 지표면에서 지하수위까지의 토층심도

H : 지하수위에서부터 지하철구 상단까지의 깊이

(2) 상부하중 L 및 D_2(지하수가 없을 경우)

활하중(L) : 과재하중(DB−24)

$$사하중(D_2) : 아스팔트(h_a \times \gamma) + 흙(\gamma_t \times H_t) \tag{9.21}$$

여기서, H_t : 지하철구 위 토층 두께

(3) 벽체에 작용하는 측방토압 Q_1(지하수가 있을 경우)

정지토압계수 $K_o = 1 - \sin\phi = 1 - \sin 30° = 0.5$

Box 구조물 상단(T)

$= K_o(L + 식 (9.19a) + 식 (9.19b) + 식 (9.19c) = K_o(L + \gamma h_a + \gamma_t h + \gamma_{sub} H)$ (9.22)

Box 구조물 하단(B) $= (T + K_o(H_B \times \gamma_{sub}))$ (9.23)

여기서, H_B : Box 구조물의 높이

(4) 벽체에 작용하는 측방토압 Q_2(지하수가 없을 경우)

정지토압계수 $K_o = 1 - \sin\phi = 1 - \sin 30° = 0.5$

$$\text{Box 구조물 상단}(T_1) = K_o(L + D_2) \tag{9.24}$$

$$\text{Box 구조물 하단}(B_1) = (T_1 + K_o(H_B \times \gamma_t)) \tag{9.25}$$

(5) 벽체에 작용하는 수압 F_1 및 F_2

$$\text{Box 구조물 상단}(F_1) = \gamma_w \times H \tag{9.26}$$

$$\text{Box 구조물 하단}(F_2) = F_1 + \gamma_w \times H_B \tag{9.27}$$

(6) 하부 슬래브에 작용하는 양수압 F_B

$$F_B = \gamma_w \times (H + H_B) \tag{9.28}$$

9.3 지하구조물에 작용하는 토압 측정 사례

9.3.1 현장개요

(1) 현장 주변 상황

굴착현장사례는 서울지하철 제8호선 잠실 구간의 개착식 공사 구간이다.[1-5] 현장계측은 본선 구간 2개소에 축조된 지하구조물에 토압계 및 간극수압계를 설치하여 실시하였다. 그림 9.6은 본선 구간의 계측지점 및 주변 상황을 개략적으로 나타낸 그림이다.

제1계측지점은 북쪽의 잠실로(폭 25m)에서 송파대로(폭 50m) 남쪽방향으로 45m 떨어진 지점에 축조된 폭 19m의 녹지공간에 남북방향으로 폭 12.5m, 깊이 18.7m 상당을 굴착하여 축조한 지하철 구체의 좌측 벽면이다.

제2계측지점은 제1계측지점에서 남쪽으로 100m 지점의 지하철구체 서측벽면에 있으며, 이 측점 남쪽에는 송파대로(폭 50m)와 백제고분로(도로폭 35m)의 교차로가 있고, 제2계측지점으로부터 북쪽 25m 지점에 석촌호수 동호와 서호의 관통수로가 위치하고 있다. 제1계측지점과 제2계측지점은 약 100m 정도 떨어져 있다.

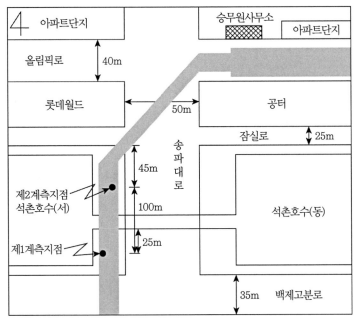

그림 9.6 사례 현장 주변 상황

(2) 지반특성

본 현장지역은 잠실동에서 석촌호수를 지나 석촌동에 이르는 구간으로 지형상 북측의 한강과 북서측의 탄천이 만나는 저지대에 위치하고 있으며 본 구간은 과거 한강과 탄천의 퇴적작용을 받아 충적층이 지하 G.L. −8.5m까지 분포하고 있는 지역이다.[4]

그림 9.7은 이 지역의 대표적 토질주상도이다. 그림 9.7에 나타낸 바와 같이 이 지역은 과거 단지조성 및 도로포장 사업에 의하여 전 구역에 걸쳐 1.0~3.0m의 두께로 매립층이 분포하고 있으며 구성성분은 실트 및 자갈 섞인 모래층이 주를 이루고 있다.

충적토층은 매립토층의 하부에서 3.0~15.0m 내외에까지 두텁고 평탄하게 분포하고 있으며 주로 상부에는 모래층이 그리고 하부에는 자갈층이 일정하게 분포하고 있으나 부분적으로 호박돌 섞인 자갈층이 분포하기도 한다. 상부의 퇴적 모래층은 대체로 모래석인 자갈층으로 구성되어 있고 N치는 50회/14cm로 매우 조밀한 상대밀도를 나타내고 있다.

하부의 모래층은 실트 및 자갈 섞인 모래로 구성되어 있으며 N치는 7~12회/30cm로 느슨한 상태를 나타내고 있으며 그 아래 자갈층은 주로 모래 섞인 자갈로 구성되어 있다. 지역에 따라 호박돌을 함유하기도 하며 N치는 대부분 50회를 상회하는 매우 조밀한 지층상태이다.

완전 풍화되어 토사화된 풍화토는 극히 일부 지역에서 출현할 뿐 충적층 하부에 이어서 풍

화암이 분포하고 있다. 풍화암의 출현 심도는 지표로부터 15.0~17.0m 정도이며, N치는 50
회/7cm 이상으로 매우 조밀한 상태이다.

또한 풍화암에서 차차 심도가 증가할수록 풍화 정도가 감소되어 연암 및 경암으로 순차적
으로 발달되어 있으며 기반암은 편마암으로 구성되어 있다. 지하수위는 지표로부터 G.L-7.1~
-8.0m 아래에 위치하고 있다.

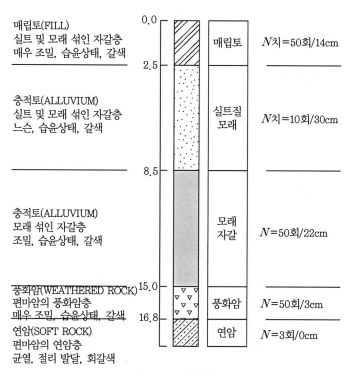

그림 9.7 토질주상도

(3) 흙막이 구조물

지하공간을 마련하기 위하여 설치된 가설흙막이 구조물은 매립층, 충적층으로 이루어진 토
사층까지는 강널말뚝(Sheet Pile)을 관입시켰으며, 그 하부 풍화암 및 연암층에서는 쇼크리
트를 타설하거나 엄지말뚝(H-Pile)을 설치하고, 그 사이에 콘크리트판을 타설하기도 하였다.
흙막이벽 지지구조는 버팀보 지지방식으로 되어 있다.

본선 구간에 설치된 흙막이벽은 그림 9.8에 나타난 바와 같이 G.L-15.5m까지는 강널말뚝
을 관입하고, 그 하부 연암층 1.7m 구간은 쇼크리트로 타설하였다. 본 굴착 구간의 서측에 석

촌호수가 위치하고 있어 흙막이벽 배면지반에 차수벽을 설치하여 굴착 현장 내로 지하수의 유입을 방지하였다. 차수벽은 고압분사주입공법(JSP)을 적용하여 직경 80cm의 현장콘크리트 말뚝을 G.L−17.0m까지 중첩 시공하였다.

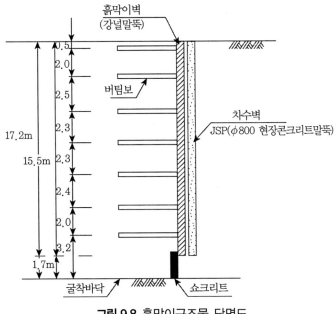

그림 9.8 흙막이구조물 단면도

(4) 계측기

토압측정은 진동현형 변환기를 사용하여 측정하였다. 원리는 강선의 장력 변화와 고유진동수의 변화가 일정한 관계에 있다는 것을 이용하는 것이다.[1] 사용된 토압계는 미국 Geokon사의 진동현형 토압계(모델 No.4800E)를 사용하였다

한편 간극수압은 미국 Geokon사의 진동현형 Piezometer(Model No.4500S−100) 간극수압계로 측정한다. 모든 작동원리는 토압계와 같으나 압력의 전달방법이 토압계는 토압이 Pressure pad에 압력을 가하면 pad 속에 충진되어 있는 기름이 튜브를 통하여 압력실(Diaphragm)을 가압함으로써 여기에 부착되어 있는 진동현에 긴장력을 발생시키도록 되어 있는 데 비하여 간극수압계는 Presssure pad가 없고 그 대신 압력실 앞에 필터 층을 부착시킴으로써 이 필터 층을통한 물이 직접 압력실을 가압하도록 되어 있다.

그림 9.9(a)는 본선 구간의 제 1, 2계측지점에 설치된 토압계 및 간극수압계의 설치단면도를 개략적으로 나타낸 그림이다. 이 그림에서 중앙의 중심선을 기준으로 우측이 제1계측지점

이고 좌측이 제2계측지점이다. 연직토압계는 구조물 상단 중앙부에 1개씩 설치하였으며, 제1
계측지점의 경우 수평토압계를 구조물 좌측 벽에 제2계측지점은 구조물의 우측 벽에 각각 4
개씩 설치하였다. 수평토압계는 연직으로 2m 간격으로 설치되었으며 최하단 수평토압계는
구조물측벽 하단부에서 0.7m 상부지점에 설치하였다.

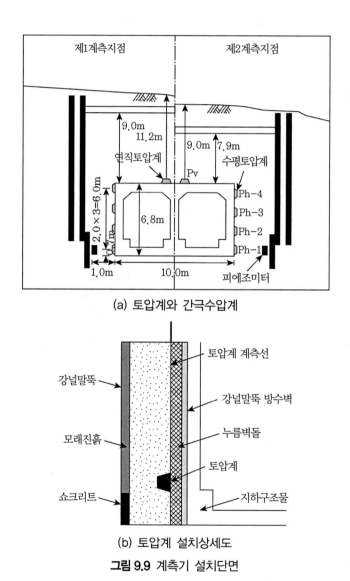

(a) 토압계와 간극수압계

(b) 토압계 설치상세도

그림 9.9 계측기 설치단면

　간극수압계는 그림 9.9(a)에 나타난 바와 같이 최하단 수평토압계로부터 약 1.0m 정도 떨
어진 지점에 설치하였다.

그림 9.9(b)는 수평토압계의 설치방법을 나타낸 것이다. 구조물의 측벽에 강널말뚝 방수처리 후 누름벽돌을 쌓고 표면을 평탄하게 고르거나 고형 점토로 고른 후 그 위에 토압계를 고정·부착시켰다. 유도선은 PVC 파이프에 삽입시켜 지상의 측정 장치에 연결시켰다. 토압계가 설치된 주변은 모래질 흙으로 천천히 다지면서 뒤채움을 실시하였다. 그 이외의 지점은 굴착된 원지반 흙을 사용하여 뒤채움을 실시하였으며 다짐은 실시하지 않았다.

(5) 시공단계 및 계측기간

굴착저면에 축조된 지하구조물에 토압계를 설치하고 굴착 공간 내에 성토(되메움)를 실시하는 단계에서부터 흙막이벽을 제거하고 시공이 완료된 단계까지의 토압의 변화를 검토하기 위하여 시공단계를 다음과 같이 5단계로 구분하였다.[1-3]

① 제1단계 : 최상단 버팀보 위치까지 되메움성토를 완료한 시기까지 기간
　　　　　　(제1계측지점 : 되메움성토고 9.0m, 제2계측지점 : 되메움성토고 7.9m)
② 제2단계 : 최상단 버팀보 제거 전까지 기간
③ 제3단계 : 성토계획고(지표면)까지 되메움성토 완료 시기까지 기간
　　　　　　(제1계측지점 : 되메움성토고 11.2m, 제2계측지점 : 되메움성토고 9.0m)
④ 제4단계 : 흙막이벽 제거 시기까지 기간
⑤ 제5단계 : 시공 완료 후 2년 후까지 기간

본 현장의 계측기간은 굴착이 완료된 상태에서 지하구조물이 시공되면서 시작되었다. 총 45개월가량 현장계측을 수행했으며 시작 시기는 1993년 10월이었고 종료 시기는 1997년 6월이었다. 계측기 설치 구간인 지하철 본선 구간의 시공 완료는 1995년 5월이었으며 지하철의 운행 시작일은 1996년 11월 말경이었다. 타 구간의 시공 미비로 본 구간의 현장은 지표면의 조경 작업 외에는 추가작업이 없었다.

계측 종료 날짜인 1997년 5월 24일 자를 기준으로(몇 개소의 단선으로 종료일은 1997년 6월 29일이었으나 모두 1997년 5월 24일자를 기준으로 삼음) 1995년 5월 24일 시공이 완료된 이후 지하철 운행이 이루어진 상태에서의 토압의 장기 변화를 알아본다.

9.3.2 연직토압 거동

(1) 현장계측 결과

그림 9.10은 지하구조물의 상단 중앙부에 설치된 토압계(그림 9.9(a) 참조)로부터 측정된 연직토압의 거동을 도시한 그림이다.[1-3]

제1계측지점에서 측정된 연직토압은 성토초기단계에서 $0.23t/m^2$ 정도로 매우 적었으나 성토가 진행되면서 $11.24t/m^2$ 정도의 값을 유지하였다. 최종버팀보를 제거함에 따라 $14.76 \sim 15.32t/m^2$ 정도의 값을 보였고 강널말뚝(sheet pile)을 제거 시에는 거의 변화가 없이 $18.35t/m^2$ 정도의 값을 유지하였다. 시공이 완료된 후 장기간(2년) 동안 토압은 $18.68t/m^2$로 거의 일정한 값을 유지하는 것으로 나타났다.

제2계측지점에 설치된 연직토압계의 경우는 초기에 $0.14t/m^2$ 정도의 값을 보이다가 성토가 진행되면서 $11.69 \sim 13.34t/m^2$ 정도의 값을 유지하였다. 최종버팀보를 제거함에 따라 $13.36 \sim 13.75t/m^2$ 정도의 값을 보였고 강널말뚝을 제거함에 따라 $14.41 \sim 14.42t/m^2$ 정도의 안정된 값을 보였다. 시공이 완료된 후 2년간의 연직토압 변화는 $0.38t/m^2$ 정도의 증가를 나타낸 $14.80t/m^2$로 계측되었다.

(2) 시공단계별 거동

그림 9.11은 제1계측지점과 제2계측지점에서의 시공단계별 연직토압의 변화를 나타낸 그림이다. 이 그림에서 최상단 버팀보 위치까지 되메움성토가 완료된 제1단계 시공 구간에서의 연직토압은 상재하중의 증가로 인하여 제1계측지점에서는 11.24, 제2계측지점에서는 11.69 정도로 측정되었다.

최상단 버팀보가 제거되기 전 상재하중이 증가되지 않은 제2단계 시공 구간에서 연직토압은 제1계측지점과 제2계측지점에서 각각 $1.67t/m^2$ 및 $3.52t/m^2$ 정도 증가하여 $13.36t/m^2$ 및 $14.76t/m^2$ 정도가 작용하였다. 이것은 성토과정에서 흙막이벽을 지지하고 있던 제2단~제6단의 버팀보가 제거됨에 따라 흙막이벽의 하부에서 흙막이벽의 변형이 굴착면 쪽으로 발생되면서 성토된 흙이 압축을 받아 흙의 상대밀도가 증가하였기 때문으로 판단된다.

최상단 버팀보를 제거하고 성토계획고(지표면)까지 되메움성토가 완료된 제3단계 시공 구간에서는 제1계측지점에서는 1.3m 제2계측지점에서는 1.1m 성토가 추가로 실시되어 연직토압은 각각 $3.58t/m^2$ 및 $1.05t/m^2$ 증가하여 $18.34t/m^2$ 및 $14.41t/m^2$ 정도가 작용하였다.

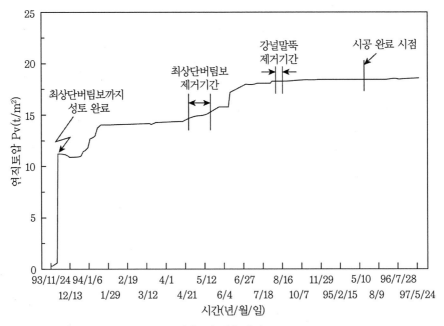

(a) 제1계측지점

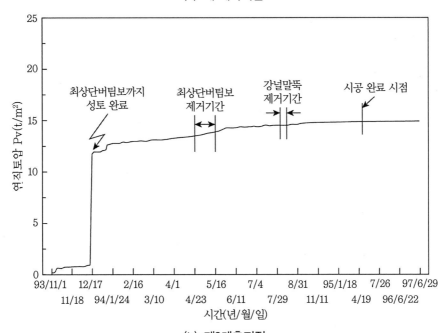

(b) 제2계측지점

그림 9.10 연직토압의 거동

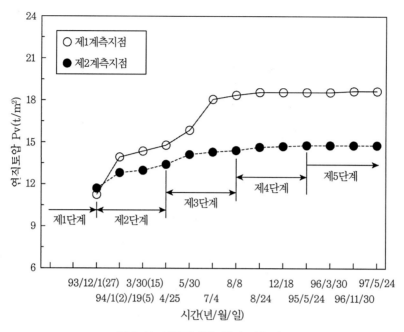

그림 9.11 시공단계별 연직토압 거동

흙막이벽이 제거된 제4단계 시공 구간 및 제5단계 시공 구간에서의 연직토압은 2년 동안 장기간 토압의 변화를 계측한 결과 $18.68t/m^2$ 및 $14.81t/m^2$로 토압의 변화는 거의 없는 것으로 나타나고 있다. 따라서 지하구조물에 작용하는 연직토압은 버팀보 제거에 따른 흙막이벽의 변형에도 영향을 받지만 주로 되메움성토고에 영향을 받고 있으며 흙막이벽의 존치 여부에는 영향을 그다지 크게 받지 않는 것을 알 수 있다. 제5단계 시공 구간 시공 완료 후 2년간의 장기토압은 별 변화가 없었다.[1]

그림 9.12는 지하구조물 상부에 작용하는 연직토압에 대하여 실측토압과 Marston의 이론, AASHTO의 이론, Bierbaumer의 이론에 의한 이론토압과 비교하여 나타낸 결과이다. 여기서 연직토압은 성토고가 다른 두 가지 경우에 대해서 비교한 것으로 최상단 버팀보까지 성토가 완료 되었을 때의 연직토압과 흙막이벽이 제거된 후 최대연직토압을 대상으로 하여 이론식과 비교하였다. 실측토압은 이들 이론식에 의하여 산정된 연직토압 가운데 Bierbaumer의 이론토압에 가장 근사하게 나타나고 있다.

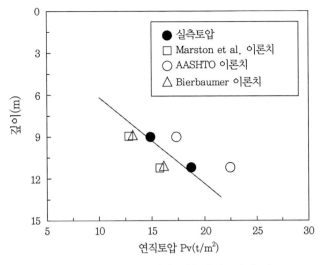

그림 9.12 이론연직토압과 실측연직토압의 비교

9.3.3 측방토압 거동

(1) 현장계측 결과

그림 9.13은 본선 구간에 축조된 지하철구조물의 측벽부에 설치된 토압계로부터 측정된 측압(측방토압＋수압)의 변화를 나타낸 것이다.

제1계측지점에 설치된 P_{h-1} 토압계의 경우 그림 9.13(a)에서 보는 바와 같이 흙막이벽이 존치된 상태에서 초기에는 1.8t/m² 정도의 일정한 값을 유지하였고 되메움성토 완료 시에는 2.9t/m² 정도의 값을 나타내었다. 이 측압은 최종버팀보를 제거함에 따라 급격히 상승하여 3.8~4.76t/m² 정도의 값을 보였다. 그리고 1994년 8월 16일 강널말뚝을 제거하자 급하게 8.54t/m²으로 증가하였다. 시공이 완료된 후 2년 동안의 토압은 8.76t/m²을 나타냈으며 그 증가량은 0.22t/m²로 나타났다.

P_{h-2} 토압계의 경우 흙막이벽이 존치된 상태에서 초기에는 0.4t/m² 정도의 일정한 값을 유지하였고 되메움성토 완료 시에는 1.1t/m² 정도의 값을 나타내었다. 이 측압은 최종버팀보를 제거함에 따라 상승하여 2.1~4.9t/m² 정도의 값을 보이다가 1994년 8월 16일 강널말뚝을 제거하자 토압이 급하게 8.34t/m²으로 증가한 후 거의 일정한 값을 유지하여 시공이 완료된 후 1997년 4월 19일 계측치는 8.46t/m²으로 나타났다.

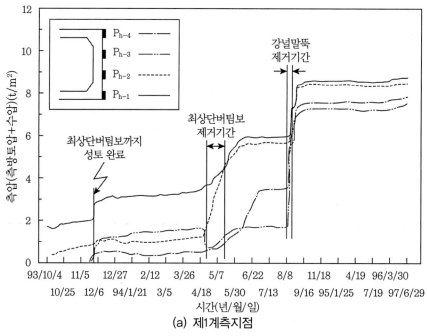

(a) 제1계측지점

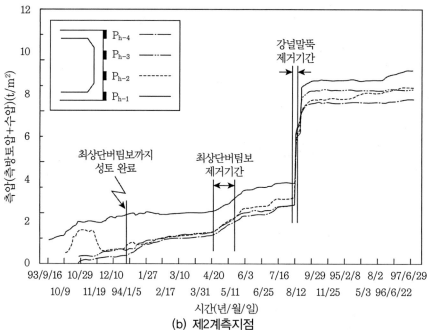

(b) 제2계측지점

그림 9.13 측압(측방토압＋수압) 거동

P_{h-3} 토압계의 경우 흙막이벽이 존치된 상태에서 초기에는 $0.12t/m^2$ 정도의 일정한 값을

유지하였고 되메움성토 완료 시에는 $0.8t/m^2$ 정도의 값을 나타내었으며 최종버팀보를 제거

함에 따라 0.8~1.4t/m² 정도의 값을 보이다가 1994년 8월 16일 강널말뚝을 제거하자 토압이 급하게 7.25t/m²으로 증가한 후 1997년 6월 29일자 계측치는 7.54t/m²으로 나타났으며 시공 완료 후 토압증가는 0.29t/m²을 보였다.

P_{h-4} 토압계의 경우 흙막이벽이 존치된 상태에서 초기에는 0.17t/m² 정도의 일정한 값을 유지하였고 되메움성토 완료 시에는 0.5t/m² 정도의 값을 나타내었으며 최종버팀보를 제거함에 따라 0.7~1.3t/m² 정도의 값을 보이다가 1994년 8월 16일 강널말뚝을 제거하자 토압이 급하게 7.57t/m²으로 증가한 후 1997년 6월 29일 계측치는 7.85t/m²으로 미세한 변위를 나타냈다.

한편 제2계측지점에서는 그림 9.13(b)에서 보는 바와 같이 P_{h-1} 토압계의 경우 흙막이벽이 존치된 상태에서 초기에는 0.84t/m² 정도의 일정한 값을 유지하였고 되메움성토 완료 시에는 1.8t/m² 정도의 값을 나타내었다. 이 측압은 최종 버팀보를 제거함에 따라 2.2~2.7t/m² 정도의 값을 보이다가 1994년 8월 16일 강널말뚝을 제거하자 토압이 급하게 7.57t/m²으로 증가한 후 시공 완료 후 2년 동안의 토압 변화는 0.05t/m²로 1997년 6월 29일 계측치는 7.62t/m²로 나타났다.

P_{h-2} 토압계의 경우 흙막이벽이 존치된 상태에서 초기에는 0.42t/m² 정도의 일정한 값을 유지하였고 되메움성토 완료 시에는 0.5t/m² 정도의 값을 나타내었으며 최종 버팀보를 제거함에 따라 1.4~1.9t/m² 정도의 값을 보이다가 1994년 8월 16일 강널말뚝을 제거하자 토압이 급하게 6.73t/m²로 증가한 후 2년여의 장기간 계측 결과 6.95t/m²로 거의 일정한 값을 유지하고 있다.

P_{h-3} 토압계의 경우 흙막이벽이 존치된 상태에서 초기에는 0.25t/m² 정도의 일정한 값을 유지하였고 되메움성토 완료 시에는 0.5t/m² 정도의 값을 나타내었으며 최종 버팀보를 제거함에 따라 1.4~1.9t/m² 정도의 값을 보이다가 1994년 8월 16일 강널말뚝을 제거하자 토압이 급하게 6.86t/m²로 증가한 후 1997년 6월 29일자 계측치는 6.98t/m²로 0.12t/m² 정도의 미세한 변위가 계측되었다.

P_{h-4} 토압계는 초기에 0.04t/m²으로부터 서서히 증가하여 0.3t/m²을 유지하다가 1994년 5월 19일경 최종 버팀보 제거 후 1.3~1.6t/m²까지 증가하였으며 1994년 8월 16일 강널말뚝을 제거하자 급격히 상승하여 6.34t/m²로 증가한 후 1997년 5월 24일자 계측치는 6.46t/m²로 계측되었다.

(2) 시공단계별 거동

그림 9.14는 시공단계별 측방토압(=측압－간극수압)의 거동을 나타낸 것이다. 그림에서 최상단 버팀보 위치까지 되메움성토가 완료된 제1단계 시공 구간에서 측방토압은 상재하중의 증가로 인하여 뒤채움 완료 시보다 제1계측지점에서는 최대 $0.94t/m^2$, 제2계측지점에서는 최대 $0.25t/m^2$이 증가하여 각각 $2.44t/m^2$ 및 $1.72t/m^2$ 정도가 작용하고 있다. 최상단 버팀보 위치까지 성토가 완료된 후부터 최상단 버팀보가 제거되기 전 상재하중이 증가되지 않은 제2단계 구간에서의 측방토압은 약간 증가하는 경향을 보이고 있다. 이는 하단의 버팀보가 제거되면서 구조물의 측벽으로 흙막이벽의 변형이 발생하여 흙막이벽과 구조물 사이의 뒤채움된 흙에 수평방향으로 압축력이 약간 증가한 것으로 판단된다.

최상단 버팀보를 제거하고 성토계획고(지표면)까지 되메움성토가 완료된 제3단계 시공 구간에서의 수평토압은 각 계측지점에서 각각 최대 $3.77t/m^2$ 및 $1.22t/m^2$ 정도 증가하여 $5.7t/m^2$ 및 $2.57t/m^2$이 작용하고 있다. 이와 같이 토압이 크게 증가한 것은 두 가지 요인으로 판단된다. 즉, 되메움성토고의 증가와 흙막이벽을 지지하고 있던 버팀보가 모두 제거되어 흙막이벽이 부담하던 측방토압의 일부가 구조물 측벽에 작용하고 있는 것으로 판단된다. 그리고 흙막이벽이 제거된 제4단계 시공 구간에서의 연직토압은 흙막이벽이 제거된 후 약 4개월 동안 매우 큰 폭으로 증가하여 제1계측지점에서는 최대 $7.47t/m^2$, 제2계측지점에서는 $6.98t/m^2$ 정도가 작용하고 있으며, 그 후 약 2년 동안의 제5단계 시공 구간의 토압은 매우 미세하게 증가하고 있다.

이와 같이 상재하중은 증가되지 않았는데도 구조물에 작용하는 측방토압이 크게 증가한 것은 흙막이벽에 작용하던 배면지반의 측방토압이 흙막이벽 제거로 인하여 지하구조물에 점진적으로 작용하였기 때문이라고 판단된다. 따라서 측방토압은 되메움성토고 및 흙막이벽의 변형에도 영향을 받지만 흙막이벽의 존치 여부에 큰 영향을 받고 있음을 알 수 있다. 흙막이벽을 제거하지 않고 지중에 그대로 방치시키는 경우에는 지하구조물에 작용하는 측방토압을 30~70% 정도, 평균 50%를 경감시킬 수 있는 효과가 있음을 알 수 있다. 한편, 흙막이벽 배면지반에 고압분사주입공법에 의하여 시공된 차수벽(JSP)이 구조물에 작용하는 측방토압을 일부 부담하여 흙막이벽 제거 후 측정된 측방토압이 실제보다는 작게 작용한 것으로 생각된다. 그리고 약 2년 동안의 장기간 계측 결과 측방토압의 추가 변화는 거의 없는 것으로 나타나고 있어 차수벽에 의한 구조물에 작용하는 측방토압의 경감효과는 거의 없는 것을 알 수 있다.

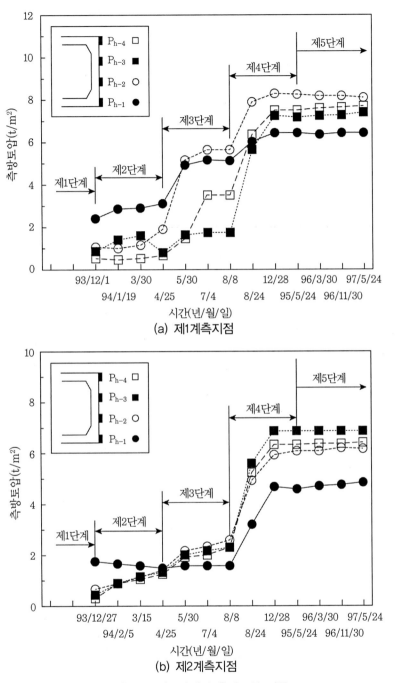

그림 9.14 시공단계별 측방토압 거동

 한편 그림 9.15는 지하구조물의 측벽에 작용하는 시공단계별로 파악된 측방토압 분포를 도시한 그림이다. 이 그림에서 보는 바와 같이 제1계측지점과 제2계측지점 모두 시공이 진행됨

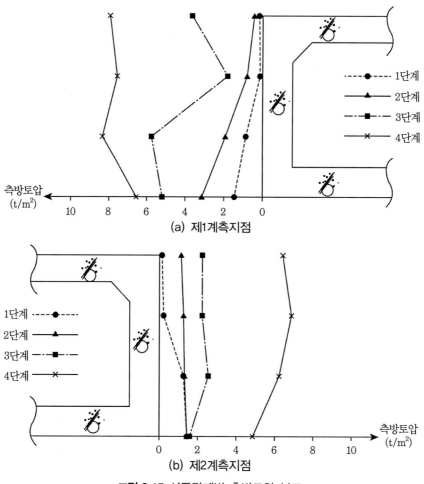

그림 9.15 시공단계별 측방토압 분포

에 따라, 즉 제1단계에서 제 4단계로 진행됨에 따라 측방토압이 증대하고 있음을 볼 수 있다.

(3) 뒤채움 완료 시 측방토압

흙막이벽과 지하구조물 사이의 폭 1.0m 공간에 뒤채움이 완료된 상태에서 구조물에 작용하는 측방토압은 폭이 좁은 Silo 내에 작용하는 측방토압과 유사할 것이다. 이러한 경우, 뒤채움한 흙은 구조물(지하구조물과 흙막이 벽의 두 벽을 의미함))과 뒤채움된 흙의 마찰력에 의해 지지되므로 구조물과 뒤채움 흙 사이의 마찰각은 정확한 측방토압을 산정하는 데 매우 중요한 파라메타가 된다.

구조물과 뒤채움 흙 사이의 마찰각(δ)은 주로 내부마찰각(ϕ)의 함수로 주어진다. 일반적으로 느슨한 모래의 경우에는 $\delta \fallingdotseq \phi$이고, 조밀한 모래의 경우에 $\delta < \phi$를 적용하고 있다. 한편, Miller-Breslau는 $\delta = (1/2 - 3/4)\phi$의 범위라고 하였으며, Terzaghi는 $\delta = \phi$, Houska $\delta = (2/3)\phi$라고 하였다.

그림 9.16은 현장에서 구조물 상단까지 뒤채움이 완료된 단계에서 측정된 측방토압과 Silo 내의 토압산정식(식 (9.18) 참조)을 이용하여 구한 측방토압과 비교하여 도시한 그림이다.

그림 9.16에 나타난 바와 같이 실측토압의 분포는 Silo 내의 토압가운데 $\delta = (3/4)\phi$인 경우

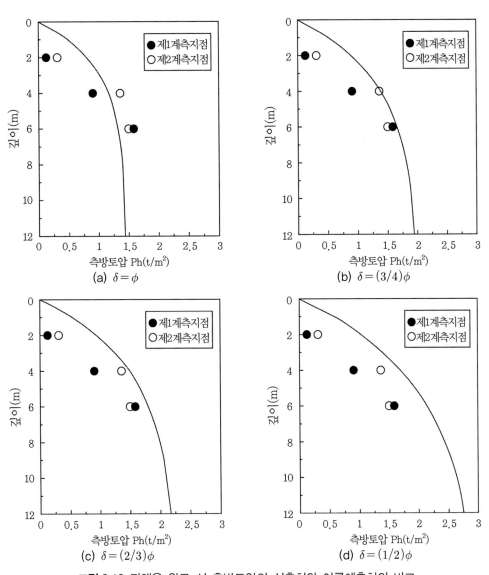

그림 9.16 뒤채움 완료 시 측방토압의 실측치와 이론예측치의 비교

와 대체적으로 잘 일치하는 것으로 나타나고 있으며 $\delta = (2/3)\phi$인 경우보다는 약간 작게 나타나고 있다. 그러나 구조물 상부에서 측정된 토압은 Silo 내에 작용하는 토압보다 작게 나타나고 있다. 이것은 뒤채움이 완료된 후 바로 측정된 토압을 이용하였기 때문에 상부의 뒤채움의 다짐이 충분히 이루어지지 않은 상태이므로 자연 상태의 지반보다는 느슨하여 실제토압보다 작게 측정된 것으로 판단된다.

(4) 주동토압 및 정지토압과의 비교

토압은 보통 3종류로 구분한다. 벽체의 변위가 전혀 없어서 뒤채움 흙이 정지되어 있을 때의 토압을 정지토압(lateral earth pressure at rest, P_o)이라 한다. 반면에 옹벽이 전방으로 이동할 때와 같이 뒤채움 흙의 압력에 의해 벽체가 흙으로부터 멀어지는 변위를 일으키는 경우에 뒤채움 흙은 수평방향으로 서서히 팽창하면서 결국 파괴가 일어나게 되는데, 이때의 토압을 주동토압(active earth pressure, P_a)이라 한다.

또한 옹벽이 배면으로 밀고 들어갈 때와 같이 뒤채움 흙 쪽으로 변위를 일으켜서 흙이 수평방향으로 서서히 압축되는 경우에도 파괴가 일어나게 되는데, 이때의 토압을 수동토압(passive earth pressure, P_p)이라 한다.

정지토압은 파괴되지 않는 탄성평형상태(state of elastic equilibrium)에 있고, 주동토압과 수동토압은 극한평형상태(state of limiting equilibrium)를 나타낸다.

그림 9.17(a)는 지하구조물에 작용하는 실측최대측방토압(제1계측지점 및 제2계측지점)과 Rankine의 주동토압 $P_a(= K_a\gamma_{avg}H)$을 비교한 결과이며 그림 9.17(b)는 실측최대측방토압과 정지토압 $P_o(= K_o\gamma_{avg}H)$을 비교한 결과이다. 여기서 단위중량 (γ)은 구조물 상면에 설치된 토압계로부터 측정된 연직토압을 이용하여 산정하였으며, 흙의 내부마찰각(ϕ)은 설계 시 통상적으로 뒤채움성토재에 적용하고 있는 30°를 적용하였다.

실측최대측방토압과 주동토압을 비교한 그림 9.17(a)에서 실측최대측방토압은 주동토압의 0.6~1.3배 사이에 분포하고 있으며 실측최대측방토압은 주동토압의 평균 109.5%로 측정되어 실측최대측방토압이 주동토압보다 약 10% 정도 크게 나타났다.

한편, 실측최대측방토압과 정지토압을 비교한 그림 9.17(b)에 나타난 바와 같이 실측최대측방토압은 정지토압의 0.4~0.9배 사이에 분포하고 있으며 평균 0.6배로 실측최대측방토압이 정지토압보다 약 40% 정도 작은 것으로 나타났다.

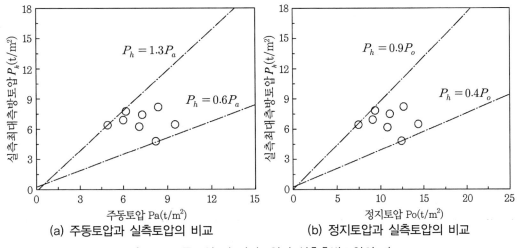

(a) 주동토압과 실측토압의 비교   (b) 정지토압과 실측토압의 비교

그림 9.17 주동토압 및 정지토압과 실측측방토압의 비교

(5) 토압계수의 변화

그림 9.18은 제1계측지점 및 제2계측지점에서 측정된 연직토압 및 측방토압을 이용하여 토압계수를 산정한 결과를 도시한 그림이다. 여기서 연직토압 및 측방토압은 흙막이벽 제거 후에 측정된 최대토압을 이용하였으므로 자연 상태의 지반과 동일하다고 판단된다.

구조물 상면에서 측정된 연직토압이 구조물 측벽의 최상단에 부착된 토압계 (P_{h-4})의 설치지점에 작용하는 연직토압과 같다고 가정하고, P_{h-3}, P_{h-2}, P_{h-1} 계측지점의 연직토압은 구조물 상면에서 측정된 연직토압에 구조물 상면에서 각 토압계의 설치위치까지의 깊이에 흙의 단위중량($\sigma = \gamma z$)을 곱한 값을 더하여 산정하였다. 흙의 단위중량(γ)을 각 측점에서 측정된 연직토압으로부터 산정한 결과 제1계측지점은 $1.67 t/m^2$ 제2계측지점은 $1.65 t/m^2$로 나타났다.

한편 성명룡(1997)의 분석에 의하면[1] 토압계수는 토사층의 경우 0.32~0.44 사이에 분포하고 있으며 평균 0.37 정도로 나타났고 연암층의 경우 0.20~0.23 사이에 분포하는 것으로 나타났다. 따라서 지하구조물의 측벽에 작용하는 토압계수는 원지반이 견고할수록 작게 나타나고 있어 뒤채움재의 종류뿐만 아니라 원지반의 종류(강도)에도 영향을 받고 있음을 알 수 있다. 한편, 토사층의 경우에는 현재 통상적으로 지하구조물의 뒤채움재(내부마찰각 $\phi = 30°$)에 적용하고 있는 정지토압계수 $K_o = 0.5$보다 작게 나타나고 주동토압계수 $K_a = 0.33$과는 매우 유사하게 나타났다.

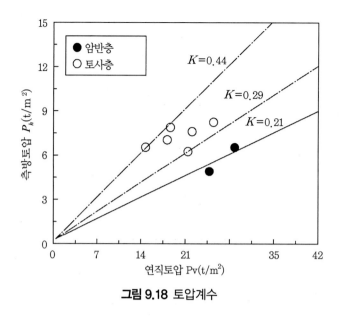

그림 9.18 토압계수

(6) 겉보기측방토압 분포

그림 9.19는 제1계측지점 및 제2계측지점에서 측정된 최대측방토압 분포를 측정 깊이별로 주동토압 및 정지토압 분포와 비교 분석하여 나타낸 결과이다. 이 그림에서 실측측방토압 분포는 구조물 상부에서는 주동토압과 정지토압 사이에 분포하고 있지만 하단에서는 주동토압보다 작게 작용하고 있다. 이와 같이 하단부의 측방토압이 주동토압보다 작게 작용하고 있는 것은 이 지점의 원지반이 연암층으로 되어 있어 앞에서 언급한 바와 같이 토사층보다 토압계수가 작기 때문이다.

한편, 그림 9.20은 최대측압(측방토압＋간극수압)분포를 주동토압분포 및 정지토압분포와 비교 분석하여 나타낸 그림이다. 실측최대측압은 구조물 측벽 상부에서는 주동토압과 정지토압 사이에 작용하고 있지만 중앙부에서 하부로 갈수록 주동토압에 가깝게 작용하고 있다.

따라서 토사층 구간에 설치된 지하구조물에 작용하는 측방토압은 정지토압보다는 주동토압과 정지토압의 평균치$\left(P_{avg} = \dfrac{(K_a + K_o)}{2}\gamma H\right)$를 적용하는 것이, 그리고 암반층 구간에 설치된 지하구조물에 작용하는 측방토압은 주동토압$(P_a = K_a\gamma H)$을 적용하는 것이 합리적이라고 판단된다.

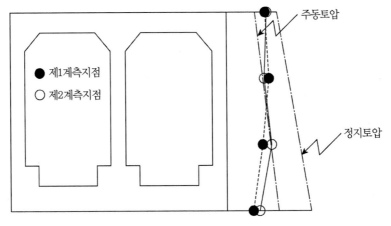

그림 9.19 측방토압 분포도

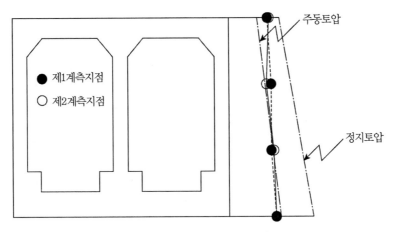

그림 9.20 측압(측방토압+간극수압) 분포도

9.3.4 간극수압 거동

그림 9.21은 본선 구간에 축조된 지하 Box 구조물 측벽의 최하단 토압계에서 1.0m 떨어진 지점에 설치된 간극수압계로부터 측정된 간극수압의 변화를 나타낸 것이다. 이 그림에서 횡축을 측정일자, 종축을 간극수압 $P_w(\text{t/m}^2)$로 표시하였다.

그림 9.21(a)에서 보는 바와 같이 제1계측지점 P_{h-1} 계측기와 1m의 거리를 두고 설치된 간극수압계 계측치는 1993년 10월에 0.02t/m^2을 유지하다가 1994년 5월부터 1994년 10월까지 점차 증가하여 시공 완료 후 계측치는 2.05t/m^2을 나타내었고 그 후 2년 동안의 장기 계측치는 1997년 5월 24일 0.19t/m^2이 증가된 2.24t/m^2으로 계측되었다.

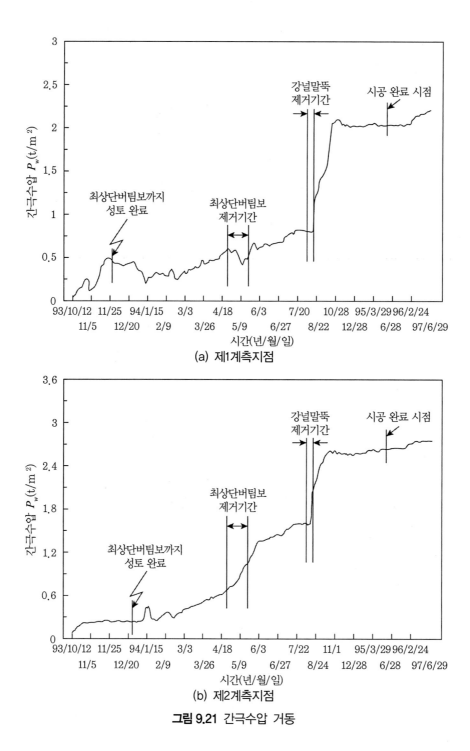

그림 9.21 간극수압 거동

제2계측지점에서 측정된 간극수압은 그림 9.21(b)에서 보는 바와 같이 제1계측지점과 동일한 시공 순서로 지하굴착과 동시에 양수작업을 실시하여 뒤채움이 실시되는 성토초기에는

$0.05t/m^2$ 정도로 거의 작용하지 않은 것으로 나타났다. 그러나 성토가 진행되면서 지하수가 유입되어 간극수압이 증가하였고 최상단 버팀보를 제거하고 성토계획고까지 성토가 완료된 단계에서는 $1.6t/m^2$ 정도로 나타났다. 강널말뚝(sheet pile) 흙막이벽이 제거된 단계에서는 흙막이벽 배면에 있던 지하수가 구조물 측벽으로 더욱 유입되면서 간극수압이 크게 증가하여 $2.66t/m^2$ 정도로 나타났다. 그러나 시공이 완료된 후 장기간(2년) 동안 간극수압은 흙막이벽 제거 시와 큰 변화가 없는 것으로 나타나고 있다. 이것은 흙막이벽 배면에 설치된 (JSP) 차수벽에 의해 지하수가 매우 작게 유입되었기 때문이라고 판단된다.

한편, 시공이 완료된 후 간극수압의 측정 결과를 토대로 하면 지하수의 위치는 G.L−12.82~15.52m로 굴착 전의 지하수위(G.L−7.1~8.0m)보다 훨씬 낮아진 것으로 나타났다.

참고문헌

1. 성명용(1997), 地下構造物에 作用하는 土壓擧動의 解釋的 研究, 중앙대학교 일반대학원 석사학위논문.

2. 최기출(1994), 地下埋設暗渠(地下鐵溝)에 作用하는 側方土壓, 중앙대학교 건설대학원 석사학위논문.

3. 최정희(1995), 地下構造物에 作用하는 土壓에 관한 연구, 중앙대학교 일반대학원 석사학위논문.

4. 한국종합기술개발공사(1991), "서울지하철 8호선 지반조사보고서".

5. 한국종합기술개발공사(1991), "서울지하철 8호선 구조계산서".

6. 홍원표(2018), 흙막이말뚝, 도서출판 씨아이알.

7. 홍원표(2020), 흙막이굴착, 도서출판 씨아이알.

8. Abhijit, D. and Brastish, S.(1991), "Large scale model test on square box culvert backfilled with sand", Jour. of Geotech Engineering, ASCE, Vol.117, No.1, pp.156~161.

9. Jaky, J.(1948), "Pressure in soils", Proc., 2nd ICSMFE, Vol.1, pp.102~107.

10. Marson, A. and Anderson, A.O.(1913), "The theory of loads on pipes in ditches and tests of cement and clay drain tile and sewer pipe", Bulletin 31, Iowa Engineering Experiment Station, Ames, Iowa.

11. NAVFAC(1982), Soil Mechanics Design Manual, pp.184~202.

12. Sinha, R.S.(1981), Underground Structure Design and Construction", Elsevier, pp.230~248.

13. Spangler, M.G.(1948), "Underground Conduits-An Appraisal of Modern Research", Trans, ASCE, Vol.113, pp.316~374.

14. Spangler, M.G.(1962), "Culverts and Conduits", Foundation Engineering, Leonards, G.A., McGraw-Hill.

15. 日本道路協會(1977), "道路土工-擁壁・カルバー・架設構造物工指針", pp.179~183.

16. 日本道路公團(1978), 設計要領, 第二案.

17. 日本道路協會(1980), "日本道路橋示方書・同解說-I 共通編, IV 下部構造編", pp.7~55.

NATM 터널의 지보형식

10 NATM 터널의 지보형식

현재 우리나라에서 지하철 건설공법으로 개착식 굴착공법과 쌍벽을 이루는 공법으로 터널식 굴착공법이며 터널식 굴착공법으로는 NATM 공법과 쉴드공법이 주로 적용되고 있다. 이에 제10장에서는 NATM 공법에 대하여 설명하고 제11장에서는 쉴드공법을 정리 설명한다. 특히 제10장에서는 NATM 터널 설계에서 가장 중요한 터널지보형식에 대하여 설명한다.

1960년대 초반 오스트리아의 Rabcewicz(1964~1965)가 터널의 굴착과 지보방법의 기본적인 개념을 체계화하여 NATM 공법(New Austrian Tunneling Method)을 소개하였다.[11]

그 이후 세계 여러 나라에서 이 공법을 적용하고 있으며, 우리나라에서도 지하철, 도로터널, 고속전철, 통신구, 전력구, 도수터널 등에 다양하게 사용되고 있다.[1-5]

통상적으로 NATM 터널 설계에 사용되고 있는 터널지보형식은 암의 단순한 분류에 의거하여 결정되고 있다. 이렇게 결정된 터널지보형식은 RMR 분류에 의거하여 결정되는 터널지보형식에 비하여 비경제적이다.

제10장에서는 RMR 등급에 의해 분류될 수 있는 3개의 사례 현장을 대상으로 지하철 표준단면과 RMR 등급에 따른 지보단면의 해석 결과를 비교·검토한다. 또한 해석 결과로부터 NATM 터널 설계에 적용될 수 있는 탄성계수의 적정치가 검토된다.

10.1 NATM의 원리

NATM은 신오스트리아터널공법(New Astrian Tunneling Method)으로 Ladislaus von Rabcewicz(1962)가 고안해낸 터널공법이다.[11] 그가 오랜 기간 터널공사현장에서의 경험에 근거하여 개발한 공법이며 1962년 잘츠부르크 국제회의에서 명명한 공법이다.

그는 오스트리아와 스웨덴의 건설현장의 기사와 이란의 국철기사로서 오랜 세월 터널공사에 종사한 후 오스트리아에 돌아와 대학교수가 되었으며 동시에 그는 컨설턴트로도 활약하였다. 그는 터널파괴사례조사에서 터널구조에서 전단파괴가 결정적인 원인이 됨을 발견하였다. 이에 두꺼운 콘크리트를 치기보다 굴착전후에 지반에 밀착시킨 비교적 얇은 콘크리트를 치는 것이 더 중요함을 제안하고 1948년 오스트리아특허를 신청하였다.

이 공법은 갑자기 태어난 공법이 아니고 여러 공사경험을 쌓으면서 오랜 세월 발전해온 공법이며 현재도 발전을 계속하고 있는 공법이다. 더욱이 이 공법은 하나의 원리 또는 고안에 의한 것이 아니고 몇몇의 암반역학적 원리와 공사경험을 근거로 복합된 개념과 실시공으로 생겨난 다수의 시공 상의 노하우, 기계와 재료, 계획방법 등으로부터 성립되었다.

10.1.1 전단파괴설

Rabcewicz는 1932년부터 1940년까지 이란 횡단철도건설공사에 주임기사로 참가하였다. 이 횡단철도건설공사 중 특히 제36호터널(루프터널)공사에서는 심한 토압으로 고생을 많이 하였다. 이 공사에서 저설도갱선진 벨기식공법(역권공법)을 적용하였으나 시공 중에 버팀목이 좌굴하여 80×40cm 크기의 철근콘크리트 기둥을 1.5m 간격으로 넣어 보강할 정도로 막대한 토압으로 고생하였다.

터널하중은 종래 상식적으로 위로부터 걸려오는 것으로 생각하였다. 그러나 전단파괴로 인한 터널파괴 사례로부터 터널에 작용하는 하중은 수평력이 상당히 강하므로 그림 10.1에 도시된 순서로 터널파괴가 진행됨을 알 수 있었다. 즉, Rabcewicz는 토압이 터널에 작용할 때 타설된 콘크리트는 휨모멘트로 파괴되는 것이 아니라 전단력에 의해 파괴됨을 알았다.

이 때문에 인버트콘크리트를 타설하는 것이 중요하다고 말하였다. 인버트콘크리트는 타설 완료 후 터널공사의 최후단계에서 시공하는 것이 아니고 될 수 있는 한 조기에 시공하는 것이 중요하다고 하였다.

전단파괴 자체는 Proctor & White도 보고한 바 있었으나 그들도 수평력이 강하게 작용한다는 사실까지는 생각하지 못하였다.

NATM 이전의 터널에서는 측벽부가 두껍고 아치부가 얇은 라이닝을 채용하는 경우가 많았으나 이는 토압이 위로부터 걸려온다고 믿었기 때문이다.

수평력에 저항하기 위해서는 인버트의 폐합이 중요함은 쉽게 이해할 수 있으나 지금도 토압이 큼에도 불구하고 조기에 인버트 폐합이 이루어지지 않는 경우가 있으므로 문제가 있다.

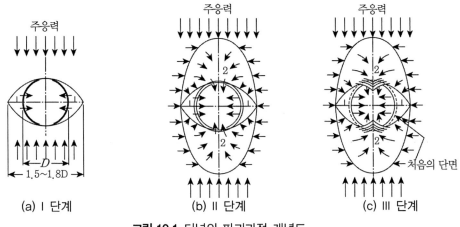

(a) Ⅰ 단계   (b) Ⅱ 단계   (c) Ⅲ 단계

그림 10.1 터널의 파괴과정 개념도

그림 10.2에서 종래 터널과 NATM 터널을 비교한 바와 같이 인버트의 존재에 따라 터널의 안전성이 다르게 나타났다. 즉, 종래 터널에서는 (a)에서 보는 바와 같이 인버트가 없어 응력 재배열에 의해 콘크리트 라이닝에 파괴변형(블록의 균열, 이음부 균열)이 발생한다.

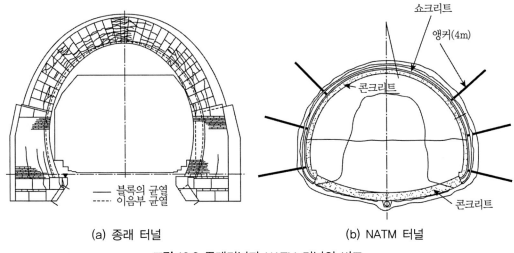

(a) 종래 터널   (b) NATM 터널

그림 10.2 종래터널과 NATM 터널의 비교

10.1.2 지보의 강성과 지반변형량

그림 10.3은 터널 주변 지반에 발달하는 지중응력을 도시한 그림이다. 1938년에 Fenner는 지보공에 작용하는 힘과 지보공의 강성 사이에는 큰 관련이 있다고 하였다. 즉, 연성 지보를 이용하여 어느 정도 변형을 허용하면 하중을 감소시킬 수 있음을 발견하였다. 이 현상은 광부들 사이에 오래전부터 알려진 사실이다.

1940년부터 Vienna 대학의 교수가 된 Rabcewicz는 이 관련성에 주목하고 이 현상을 이용한 터널공법을 생각해냈다.

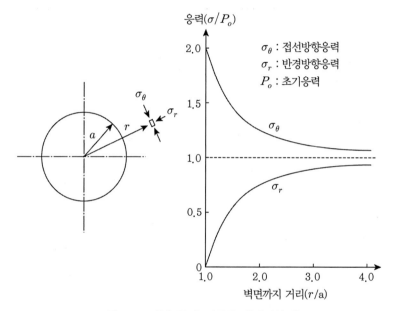

그림 10.3 터널 주변 지중응력(탄성상태)

터널을 굴착하면 공동주변의 지반은 아치(또는 링)현상에 의해 굴착 주위 지반으로부터 하중을 받게 되므로 접선방향(아치축방향)의 응력은 터널 주변 벽부분에서 매우 크고 지중으로 들어 갈수록 작아진다. 이 응력이 지반의 압축강도보다 작으면 낙석 방지 정도의 지보공만 필요하게 된다(그림 10.3 참조). 그러나 이 응력이 지반의 압축강도보다 크면 지보공이 필요하게 된다.

일반적으로 암석이나 흙, 콘크리트, 등은 단순히 압축하는 경우보다 횡방향으로의 팽창을 억제하려고 압축하면 강도가 더 크게 된다(그림 10.4 참조). 즉, 쇼크리트와 록볼트로 터널 내면을 전면적으로 지보하면 터널 주위 지반에는 응력방향(접선방향)과 직각방향의 움직임이

억제되므로 강도가 더 크게 된다.

터널측면으로부터 내부속방향의 지반은 터널측면부근 지반의 아치효과 분도 가하여져서 더욱 큰 하중에 견디도록 된다. 터널측면부근 지반이 지반의 압축강도 이상의 응력을 받는 경우에 적당한 연성지보를 적용하면 그림 10.3의 응력최대치가 지반의 내부속방향으로 그림 10.5(b)와 같은 분포가 된다. 그림 10.3과 그림 10.5(b) 둘을 비교하면 연성지보를 사용할 경우 하중이 작아짐을 알 수 있다.

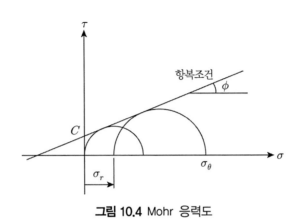

그림 10.4 Mohr 응력도

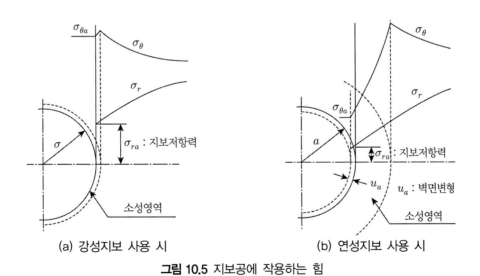

(a) 강성지보 사용 시   (b) 연성지보 사용 시

그림 10.5 지보공에 작용하는 힘

이 응력이 높은 영역을 Rabcewicz는 보호영역이라 불렀다. 이 보호영역을 발달시키기 위해서는 터널측면이 압축되어 터널이 다소 축소될 필요가 있다. 단 너무 많이 압축을 허용하게

되면 터널 주변지반이 너무 느슨해져서 보호영역의 암반강도가 떨어진다. 따라서 적당량의 변형량이 필요하다. 이 현상을 터널 측벽의 변형량과 지보공에 작용하는 하중 사이의 관계로 도시하면 그림 10.6과 같다. 여기서 최저점보다 약간 죄측 강도의 지보공을 시공함이 바람직하다.

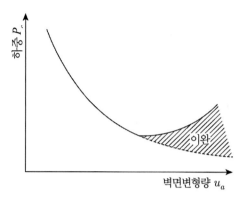

그림 10.6 터널 측벽의 변형량과 지보공에 작용하는 하중의 관계(Fenner-Pacher)

10.1.3 이중 셸

Rabcewicz는 전술한 고찰에 의거하여 '보조아치'와 '지지아치'로 구성된 '이중 셸'을 고안하였다. 여기서 '보조아치'는 비교적 얇은 콘크리트라이닝을 타설하고 인버트를 폐합시키는 단계에서의 아치이다. 이러한 라이닝을 타설함으로써 보호영역이 충분히 발달할 수 있게 된다. 그리고 '지지아치'는 충분한 안전율을 확보하기 위해 터널의 변형이 멈춘 후 조성한다.

Rabcewicz는 1942~1945년에 시공한 Loibl 터널에 이 개념을 적용하였다. 그는 '보조아치'의 변형단계에서 응력의 재분배로 인하여 보호영역이 발달함을 확인하였으므로 Loibl 터널 사례는 NATM 터널공법의 최초실시 예로 생각할 수 있다.

이와 같이 터널굴착 후 즉시 비교적 약한 콘크리트의 '보조아치'를 시공한다. 이때 터널의 인버트는 신속하게 최종적으로 필요한 강도를 갖게 시공한다. 어느 정도 시간이 경과한 후 '보조아치'의 변형을 측정하여 지반의 응력이 감소하였나 또는 평형상태에 도달하였나를 확인하고 '지지아치'를 시공한다. '보조아치'의 변형을 측정함에 따라 '지지아치'에 필요한 보강철근량을 정할 수 있다.

조건이 양호하던가 터널지반이 양호하여 보조아치의 변형을 측정할 수 없으면 철근이 필요

없든가 혹은 지지아치 자체를 제작하지 않아도 된다.

보조아치와 지지아치의 사이에 절연층을 시공한다. 경우에 따라서는 콘크리트제 보조아치와 콘크리트제 지지아치 대신 별도의 재료로 만든 아치구조를 채용하는 것도 가능하다.

Rabcewicz는 1965년 논문에서 '보조아치'를 '외측아치'로 바꿔 불렀다. 이에 따라 '지지아치'는 '내측아치'로 바꿀 수 있다.

10.1.4 록볼트

1955년경 스웨덴의 SENTAB사의 고문을 하고 있던 Rabcewicz는 당시 스웨덴에 널리 보급되기 시작한 록볼트에 주목하였다. 터널의 하중은 위에서부터 작용한다고 생각하였으므로 당시 록볼트는 터널 주변의 이완된 영역지반을 아직 이완되지 않은 신선한 지반에 연결 지어 매달 수 있다고 생각하였다. 따라서 천정볼트라고도 불렸다.

Rabcewicz는 굴착 후 즉시 볼트를 설치하면 볼트에 의해 지반에 프리스트레스가 작용되어 지반의 아치작용을 강화시키는 효과가 있다고 하였다.

더욱이 록볼트는 연약한 모래자갈층 내 터널시공에도 효과가 있다. 반원형의 틀을 제작하여 얇은 와이어 매쉬를 부치고 앵커볼트를 넣은 후 자갈을 채워 조여주어 시공하기도 한다. 앵커너트를 조임으로 지반 내의 반경방향 힘이 도입되어 내하력이 있는 지반아치가 조성되므로 강재틀을 제거할 수도 있다. 이와 같이 하여 Rabcewicz는 시스템앵커를 시공함에 의해 지반을 강화시켜 암반아치가 형성될 수 있음을 증명하였다.

10.2 RMR 분류 및 지보형식

현재 우리나라의 지하철 터널설계에 사용되고 있는 터널지보형식은 암의 단순한 분류에 의거하여 결정되고 있다. 이렇게 결정된 터널지보형식은 더 엄밀히 암반을 분류하는 RMR 분류(Bieniawski, 1973)[7]나 Q-system(Barton et al., 1974)[6]에 의거하여 결정되는 터널지보형식을 채택한 경우와 차이가 있을 것이다.

따라서 암의 단순한 분류에 의거하여 결정되는 터널지보형식을 채택한 경우의 해석 결과와 RMR 분류에 의거하여 결정되는 터널지보형식을 채택한 경우의 해석 결과를 서로 비교·검토해볼 필요가 있다.

해석 대상 지역은 서울시 지하철 8호선 구간 중 RMR 분류에 맞게 구분될 수 있는 3개의 현장으로 한다. 여기서, RMR 분류에 의한 암반등급은 II등급, III등급, IV등급의 세 가지 등급의 경우를 대상으로 한다.

한편, 지하철 터널설계에 적용되는 탄성계수는 동일한 암으로 판단되어도 구간별로 차이가 많은 것으로 나타나고 있다. 따라서 여기서는 이 탄성계수의 결정이 터널안정에 미치는 영향도 검토한다. 여기서 검토되는 탄성계수는 서울시 지하철 6, 7, 8호선 설계에 적용된 탄성계수 중 상한치와 하한치내의 값을 채택한다. 이 해석 결과를 통해 지하철 NATM 터널 설계에 적용될 수 있는 탄성계수의 적정치를 결정해보고자 한다.

10.2.1 RMR 분류

RMR 분류법은 Bieniawski(1973)[7]에 의하여 개발된 암반분류 체계로서 이는 야외조사 또는 시추조사에서 측정 가능한 다음 여섯 가지의 파라메타를 토대로 암반을 공학적으로 분류하는 방법이다.[7-10]

① 일축압축강도   ② RQD
③ 불연속면의 간격   ④ 불연속면의 조건
⑤ 지하수의 조건   ⑥ 불연속면의 방향성

RMR 분류법을 적용하기 위해서는 유사한 지질조건에 따라 터널노선에 분포하는 지반을 부류하여 지층을 여러 개의 등급으로 구분하여야 한다.

위에서 언급한 여섯 가지 파라메타들은 야외에서 조사, 측정된 결과를 표준양식에 따라 입력시킴으로써 결정된다.

RMR에서 적용하는 암반분류기준은 표 10.1과 같다. 표 10.1의 A항에서 처음 고려되는 다섯 가지 파라메타들은 각각 다른 범위의 평점을 갖는다. 암반을 전체적으로 분류할 때에는 중요도에 따라 이들 파라메타별로 다른 평점이 주어진다.

일단 암반분류체계를 구성하는 파라메타들이 결정되면 각 파라메타별로 중요도에 따른 평점의 범위 내에서 배점이 이루어진다. 이러한 과정에서는 최악의 조건보다는 전반적으로 나타나는 조건에 대한 평가가 이루어진다.

더욱이 불연속면의 간격에 대한 배점은 세 방향의 불연속면이 존재하는 암반을 대상으로 한 것으로 두 방향의 불연속면이 존재할 때에는 보다 안전 측으로 평가가 이루어진다.

각 파라메타별로 중요도에 대한 배점이 완료되면 A항의 5개 파라메타에 대한 배점을 가산하여 대상 구간에 대한 평점을 구하는데, 이것이 기본 RMR이다.

표 10.1 RMR에 의한 암반분류기준[7-10]

A. RMA분류기준 및 점수

분류기준		값의 범위						
1	신선암 강도	점하중 강도지수(MPa)	>1	4~10	2~4	1~2	일축압축시험 우선		
		일축압축 강도(MPa)	>250	100~250	50~100	25~50	5~25	1~5	<1
	점수		15	12	7	4	2	1	0
2	RQD 시추코어암질지수		90~100%	75~90%	50~75%	25~50%	<25%		
	점수		20	17	13	8	3		
3	절리면의 간격		>2m	0.6~2	200~600mm	60~200mm	<60mm		
	점수		20	15	10	8	5		
4	절리면의 상태		매우 거칠다 불연속 간격 없음 신선	다소 거칠다 간격<1mm 약간 풍화	다소 거칠다 간격<1mm 심한 풍화	매끄럽다 흠 또는 간격 1~5mm 연속	연약한 흠 >5mm 간격>5mm 연속		
	점수		30	25	20	10	0		
5	지하수	터널길이 10m당 유입량	없음	<10 (리터/분)	10~25 (리터/분)	25~125 (리터/분)	>125 (리터/분)		
		(절리수압/최대 주응력)의 비	0	0.0~0.1	0.1~0.2	0.2~0.5	>0.5		
		일반적 조건	완전 건조	습기가 있음	젖어 있음	물방울이 떨어짐	물이 흐름		
	점수		15	10	7	4	0		

B. 절리방향에 따른 점수 보정표

절리의 주향과 경사		매우 유리	유리	양호	불리	매우 불리
점수	터널	0	-2	-5	-10	-12
	기초	0	-2	-7	-15	-25
	사면	0	-5	-25	-50	-60

C. 절리방향에 따른 점수 보정표

점수	100~81	90~61	60~41	40~21	<20
등급	I	II	III	IV	V
구분	매우 우수	우수	양호	불량	매우 불량

D. 암반의 등급

등급	I	II	III	IV	V
평균유지기간	15m 경간으로 10년	8m 경간으로 6개월	5m 경간으로 일주일	2.5m 경간으로 10시간	1m 경간으로 30분
암반의 점착력	>400KPa	300~400KPa	200~300KPa	100~200KPa	<100KPa
마찰각(ϕ)	>45°	35~45°	25~35°	15~25°	<15°

B항에서는 불연속면의 주향과 경사에 따른 영향을 반영하여 기본 RMR 값을 조정한다. 이러한 조종절차는 터널, 사면, 기초지반 등 평가대상구조물에 따라 불연속면의 방향성이 미치는 효과가 다르기 때문에 별도로 이루어진다.

불연속면의 방향성의 평가는 정량적인 기준이 아닌 정성적인 개념에 의해 이루어지며 주향과 경사의 적합성 판단기준은 표 10.2와 같다.

표 10.2 굴진방향에 대한 불연속면의 주향(strike)과 경사(dip)의 효과[7-10]

주향이 터널방향과 수직인 경우				주향이 터널방향과 평행인 경우		주향과 무관한 경우
경사방향과 통일한 경우		경사방향과 반대인 경우				
경사 45~90°	경사 20~45°	경사 45~90°	경사 20~45°	경사 20~45°	경사 45~90°	경사 0~20°
매우 유리	유리	양호	불리	양호	매우 불리	양호

불연속면의 방향성을 고려한 최종적인 RMR 값이 확정되면 C항의 기준에 따라 다섯 가지의 암반등급으로 분류되는데, 각 등급은 20점 단위로 구분된다. D항은 상기의 3개항에 의해 유도된 점수들을 기준으로 실제에 가까운 암석물성치를 추론한 것이다.

RMR에서는 암반등급별로 터널지반의 장기적인 안전성 보장을 위한 지침이 제시되는데, 이에는 지하심부, 터널규격, 터널형태, 굴착공법 등의 요인이 고려되었다.

터널의 지반평가에서 RMR 적용의 중요성은 그림 10.7에 도시된 바와 같이 암반의 등급에 따라 최대안정 굴착경간과 자립기간이 도출될 수 있다는 점이다.

그림 10.7의 사용은 RMR의 적용에 매우 중요한 것으로 RMR을 나타내는 선과 굴착경간의 교점으로부터 해당 굴착단면에 대한 자립기간이 구해진다. 또한 상부 한계선은 암반등급에 따른 최대굴착경간을 나타내는 것으로 이보다 굴착경간이 커지면 천장부에서 지반붕락이 발생할 가능성이 높다. 하부경계선은 지보공의 별도설치 없이도 터널 원지반이 영구적으로 자립할 수 있는 굴착경간의 한계를 의미한다.

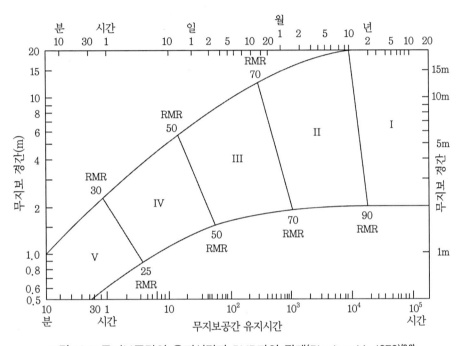

그림 10.7 무지보공간의 유지시간과 RMR과의 관계(Bieniawski, 1976)[8,9]

10.2.2 지보형식

표 10.3에 나타낸 바와 같이 RMR 등급에 의한 지보형식은 II등급일 경우는 록볼트를 spot bolting으로 천장부에 길이 3m, 간격 2.5m로 설치하고, 쇼크리트 두께는 천장부에 50mm이며 강재리브(steel rib)는 설치하지 않는다. III등급일 경우는 systematic boiting으로서 길이 4m, 간격 1.5~2.0m로 설치하고, 쇼크리트 두께는 천장부에서 50~100mm, 측벽부에서 30mm이며 강재리브는 설치하지 않는다. 그리고 IV등급일 경우는 systematic bolting으로서 길이 4~5m, 간격 1.0~1.5m로 설치하고, 쇼크리트 두께는 천장부에서 100~150mm, 측벽부에서 100mm 이며 강재리브는 1.5m 간격으로 설치한다.

표 10.3 RMR 등급에 따른 터널의 지보기준(Bieniawski, 1989)[10]

구분	RMR 값	록볼트(ϕ20mm)	쇼크리트 두께	강재리브
I	81~100	무지보공		
II	61~80	길이 : 3.0m 간격 : 2.5m	천장부 : 50mm	없음
III	41~60	길이 : 4.0m 간격 : 1.5~2.0m	천장부 : 50mm 측벽부 : 30mm	없음
IV	21~40	길이 : 4.0~5.0m 간격 : 1.0~1.5m	천장부 : 100~150mm 측벽부 : 100mm	light-medium ribs 1.5m 간격
V	<20	길이 : 5.0~6.0m 간격 : 1.0~1.5m	천장부 : 150~200mm 측벽부 : 150mm	medium-heavy ribs 0.75m 간격

그러나 서울시 지하철의 터널 지보형식은 서울시 지하철 기준에 의거하여 PD-4형식으로 되어 있다. 서울시 지하철의 지보기준의 PD-4형식은 표 10.4와 같다. 이를 RMR에 의한 기본 형식과 비교해보면 서울시 지하철의 지보기준이 RMR에 의한 지보기준보다 지나치게 안전 측으로 설계되었음을 알 수 있다.

표 10.4 지하철 복선터널 지보기준

형식		PD-2	PD-3	PD-4	PD-5
암종류		풍화토	풍화암	연암, 경암 I	경암 II
록볼트 (SD 35, ϕ25mm)	길이	3m	3m	3m	none or random
	개수	16 (상반 : 12, 하반 : 4)	17 (상반 : 13, 하반 : 4)	11 (상반 : 11)	
	위치	천장부와 측벽부	천장부와 측벽부	천장부	
쇼크리트 두께	1st	5cm	5cm	5cm	5cm
	2nd	10cm	10cm	10cm	5cm
	3rd	5cm	5cm		
와이어 메쉬	1st	ϕ3.2×50×50mm	ϕ3.2×50×50mm	ϕ4.8×100×100mm	없음
	2nd	ϕ4.8×100×100mm	ϕ4.8×100×100mm		
강재리브	종류	H-125	H-125	H-100	없음
	간격	1.0m	1.2m	1.35m	

10.3 해석 대상 지반

10.3.1 암반평가

지하철 8호선 8-7~8-10공구(약 5km) 구간에 존재하는 암의 RMR 분석 결과로 표 10.5와 같은 결과를 얻었다. 평가 결과 I 등급이 3.8%, II 등급이 24.8%, III 등급이 34.3%, IV등급이 37.0%, V등급이 0.1%로서 II, III, IV등급이 우세하게 분포한다.

따라서 전체의 4% 미만인 I 등급은 경암터널로 무지보이므로 제외하고 V등급은 토사터널 이므로 제외한다.

표 10.5 해석 대상 지반의 RMR 분석 결과

공구	자료수	RMR 등급					현지보 형식
		I	II	III	IV	V	
8-7	364(34)	41(11)	186(51)	104(29)	33(9)	–	PD-4
8-8	298(28)	–	8(2.5)	56(19)	232(78)	2(0.5)	PD-4
8-9	274(26)	–	68(25)	176(64)	30(11)	–	PD-4
8-10	133(12)	–	3(2.5)	30(23.5)	100(75)	–	PD-4
계	1069(100)	41(3.8)	265(24.8)	366(34.3)	395(37.0)	2(0.1)	

10.3.2 해석단면의 결정

RMR 등급에 의하여 결정되는 지보형식과 서울시 지하철의 지보형식을 비교·검토하기 위하여 지하철 8호선 8-7~8-10공구 구간 중 그림 10.2(a)~(c)에 도시된 세 가지 해석단면을 결정하였다. 이들 단면의 RMR 값은 각각 35, 55 및 71이며, 이를 해석단면 I, II 및 III으로 정한다.

(1) 해석단면 I

본 단면은 RMR 값이 35인 연암에 터널이 시공되는 경우이다(RMR IV등급에 해당). 지표면에서 21m 깊이에 복선터널(크기 10m)이 존재하고, 상부로부터 8m의 토사층 아래 2m 깊이의 풍화암층이 존재하며 그 하부에는 연암층이 존재한다.

(2) 해석단면 II

본 단면은 RMR 값이 55인 연암에 터널이 시공되는 경우이다(RMR III등급에 해당). 지표면
에서 13m 깊이에 복선터널(크기 10m)이 존재하고, 상부로부터 8.6m의 토사층과 13.6m의 연
암층 아래 경암층이 존재한다.

(3) 해석단면 III

본 단면은 RMR 값이 71인 경암에 터널이 시공되는 경우이다(RMR II등급에 해당). 지표면
아래 17m 깊이에 복선터널(크기 10m)이 존재하고, 상부로부터 6m의 토사층 및 5cm의 연암
층아래 경암층이 존재한다.

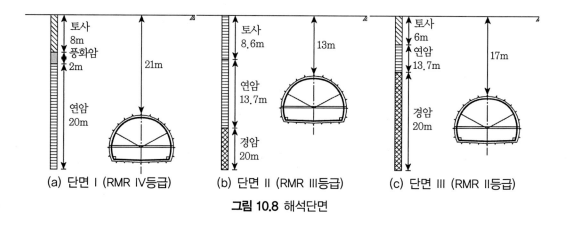

그림 10.8 해석단면

10.3.3 해석 대상 지반의 특성

해석 대상 지반의 지질 상태는 선캄브리아기의 변성퇴적암류인 호상흑운모 편마암이 폭넓
게 분포하고 있으며 부분적으로 중생대 백악기의 산성맥암류가 소량 분포되어 있거나 혹은 절
리나 단층면을 따라 암맥이 형성되어 있다.

지층구성은 상부로부터 토사층(매립토, 충적토, 풍화토 포함), 연암층, 경암층의 순으로 분
포하고 있으며, 해석 대상 단면의 지반조사 및 시험 결과는 표 10.6과 같다.

상부 토사층의 N치는 10~40 정도이고 단위중량은 1.80t/m^{3}이며 투수계수는 1.32×10^{-3}~
8.35×10^{-3}cm/sec로 높은 편이다.

토사층 아래에 존재하는 연암층의 일축압축강도는 260~351kg/cm^{2}이며, 포아송비는 0.20~

0.28의 범위를 갖는다. 그리고 단위중량은 2.40~2.65t/m^{3}이며, 투수계수는 5.38×10^{-4}~6.45×10^{-4}cm/sec 범위에 있다.

경암층의 일축압축강도는 580~760kg/cm^{2}이며, 포아송비는 0.14~0.16의 범위를 갖는다. 그리고 단위중량은 2.68~2.75t/m^{3}이며, 투수계수는 1.69×10^{-5}-3.66×10^{-6}cm/sec 범위에 있다.

표 10.6 해석단면의 지반조사 결과

구분	암종	단위중량 (t/m³)	투수계수 (cm/sec)	P/S파 속도 (km/sec)	일축압축강도 (kg/cm²)	포아송비	비고
해석단면 I	토사	1.80	8.35×10^{-3}	–	–	–	토사는 매립토, 충적토, 풍화토 포함
	풍화암	–	–	–	–	–	
	연암	2.40	6.45×10^{-4}	2810/1430	260	0.28	
	경암	2.69	5.85×10^{-5}	4180/2053	580	0.16	
해석단면 II	토사	1.80	1.37×10^{-3}	–	–	–	
	연암	2.65	6.03×10^{-4}	3160/1630	330	0.23	
	경암	2.72	3.66×10^{-6}	4843/2453	643	0.14	
해석단면 III	토사	1.80	1.32×10^{-3}	–	–	–	
	연암	2.45	5.38×10^{-4}	3420/1810	350	0.20	
	경암	2.75	1.69×10^{-5}	4250/2600	760	0.15	

본 지반의 연암층 및 경암층에는 엽리(foliation), 절리(joint), 단층(fault) 등의 구조가 불연속적으로 발달하고 있다. 엽리의 주향은 N20° -40°E, 경사는 40° - 60°SE 방향으로 단대천의 유하방향과 거의 일치하며, 절리는 주향 N20° -40°E, 경사는 40° - 60°SE의 엽리와 평행한 전단절리(shear joint)와 N20° -40°W, 50° -80°SW 방향의 인장절리(tensile joint), 그리고 이의 공액절리(conjugate joint)인 N20° -40°W, 60°~90°NE방향의 3개군의 뚜렷한 절리가 발달하고 있다.

시공 중 특히 인장절리가 심하게 발달한 경우에는 다량의 지하수(200l/min 이상)가 주수되어 지하수에 대한 대책이 필요하기도 하였다. 단층의 발달은 주로 전단절리와 거의 같은 방향성을 갖는 주향 이동성과 인장절리에 유사한 방향성을 갖는 정단층 혹은 역단층이 나타나며 발생빈도는 20m에 1개꼴로 나타나고 있다.

10.3.4 해석프로그램

(1) FLAC(Fast Lagrangian Analsis of Continua)

본 연구의 해석에서는 2차원 유한차분프로그램인 FLAC을 사용한다. 이것은 요소의 각 절점에 구성된 방정식을 미세하게 세분된 시간단계에서 구한 초기 값으로 하여 방정석의 해를 구하는 방법이며, 평형상태에 도달할 때까지 반복계산을 수행하여 최종해(불균형 힘이 0에 근접한 수렴치)를 구한다.

각 시간단계에서 행해지는 계산과정은 다음과 같다. 각 절점에서 운동방정식($F = ma$)에 대한 해가 구해지며 이때 절점에서 구해진 힘들은 물론 평형상태가 아니다. 따라서 이 힘들이 절점에서 이상화된 요소의 질량을 가속시킨다. 질량의 가속에 대한 적분이 이루어지면 절점의 시간단계에 대한 변위비율(속도)이 구해지고 여기에서 요소의 변형(strain)이 정해진다. 사용모델의 구성식에 따라 응력의 증분량이 구해지며, 일단 응력의 증분이 구해지면 mesh의 각 절점에 해당되는 불균형 힘(out-of-balance force)이 정해진다. 위와 같은 과정이 시간단계마다 반복되어 계산을 수행하게 된다. FLAC에서는 단계가 증가됨에 따라 불균형 힘이 0에 근접되도록 하는 mumerical damping 개념을 도입하고 있다.

(2) 해석방법

터널해석 시 실제에 가까운 결과를 얻기 위해서는 시공법과 시공 순서를 고려해야 하며 터널의 거동은 지중의 복잡성 및 불확실성의 요소가 많아 공식화가 곤란하다. 따라서 3차원 모델을 2차원모델화하고 터널 시공단계를 단순화한 모델을 사용 하여 해석한다.

본 해석의 굴착 단계별 하중 분담률은 다음과 같다.

① step 1(initial) : 초기응력상태를 토피하중과 측압계수를 사용하여 측압을 구한 후 초기 응력 하중으로 입력하고 원지반이 평형상태로 유지하도록 한다.

② step 2(excavation) : 굴착경계를 따라 초기응력을 0으로 하여 초기 원지반 응력을 재분배시키고 원지반 이완하중을 50% 재하한다.

③ step 3(soft shotcrete) : 초기 쇼크리트를 타설한 상태로 하중의 25%를 재하한다.

④ step 4(hard shotcrete + 록볼트) : 2차 쇼크리트와 록볼트가 시공된 상태이며 25%의 하중을 재하하여 100%의 하중을 적용시킨다.

10.3.5 해석단면의 물성치

터널해석 결과는 터널이 통과하는 지반의 물성치에 가장 큰 영향을 받는다. 이와 같이 지반의 물성치에 대한 영향을 조사하기 위하여 해석단면에 서울시 지하철 6,7,8호선 터널설계 시 연암과 경암에 적용된 물성치를 활용하기로 한다(김승렬, 1993).[11]

이를 참고하여 본 해석단면에 적용되는 기본적인 물성치는 표 10.7과 같이 결정할 수 있다. 그리고 해석에 적용된 터널이 통과되는 지반의 탄성계수 값에 따른 영향을 조사하기 위하여 연암의 탄성계수 값은 $30,000 \sim 750,000 t/m^2$ 사이 범위 값은 5단계로 나누어 적용하여 해석하고, 경암의 탄성계수 값은 $100,000 \sim 3,000,000 t/m^2$ 사이 범위 값을 5단계로 나누어 적용하여 해석한다.

표 10.7 기본해석에 적용된 물성치

구분	경암	연암	풍화암	풍화토
비중	2.6	2.4	2.2	1.8
탄성계수(t/m^2)	300,000	100,000	30,000	3,000
포아송비	0.25	0.3	0.35	0.35
점착력(t/m^2)	100	50	30	3
내부마찰각(°)	45	40	35	30
K값	1.0	1.0	1.0	1.0

10.3.6 해석단면의 지보형식

RMR 등급에 의한 지보형식은 표 10.3에서 보는 바와 같이 등급에 따라 달라진다. 즉, 등급이 올라감에 따라 쇼크리트는 천장부와 측벽부에서 두께가 증가되고, 록볼트는 길이가 길어지고 간격이 감소된다.

RMR 등급에 의한 지보형식을 비교하기 위하여 RMR II등급 단면의 경우 천장부 및 측벽부의 쇼크리트 두께를 5cm, 록볼트의 지름을 25mm, 길이를 3m, 간격을 2.5m로 한다. RMR III등급 단면의 경우 천장부 및 측벽부의 쇼크리트 두께를 5cm, 록볼트의 지름을 25mm, 길이를 3m, 간격을 1.5m로 한다. RMR IV등급 단면의 경우 천장부 및 측벽부의 쇼크리트 두께를 10cm, 록볼트의 지름을 25mm, 길이를 3m, 간격을 1.5m로 한다.

한편, 서울시 지하철 표준지보단면 중 PD-4단면의 경우 천장부 및 측벽부의 쇼크리트 두께를 15cm, 록볼트의 지름을 25mm, 길이를 3m, 간격을 1.5m로 하였다. 이는 표10.8과 같이 나타낼 수 있으며, 강재지보는 모든 단면에서 고려하지 않았다.

10.4 해석 결과 및 고찰

10.4.1 RMR 등급 지보단면별 해석 결과

터널지보형식은 표 10.8에 나타낸 바와 같이 해석단면 I(RMR IV등급), II(RMR III등급), III(RMR II등급)에 대하여 각각 RMR 등급에 의한 지보형식 IV, III, II를 적용하여 해석을 실시하였다. 그리고 각 해석 단면에서 터널이 위치해 있은 연암층 또는 경암층의 탄성계수 값을 변화시켜 해석을 실시하였다. 이러한 해석을 통하여 얻은 결과를 도시하면 그림 10.9~10.11과 같이 나타낼 수 있다.

표 10.8 해석단면의 지보형식

지보형식		II	III	IV	PD-4
록볼트		길이 3m 간격 2.5m ϕ25mm	길이 3m 간격 1.5m ϕ25mm	길이 3m 간격 1.5m ϕ25mm	길이 3m 간격 1.5m ϕ25mm
쇼크리트 두께	천장부	50mm	50mm	100mm	150mm
	측벽부	50mm	50mm	100mm	150mm

그림 10.9(a)는 RMR 등급에 따른 천단침하량을 나타낸 것이다. 그림에서 보는 바와 같이 천단침하량은 해석단면 I(RMR IV등급)이 해석단면 II(RMR III등급)에 비해 크게 나타났다. 그리고 해석단면 III(RMR II등급)의 천단침하량은 탄성계수가 $500,000\text{t/m}^2$ 이상에서 1mm 정도이며 해석단면 I, II의 천단침하량과 유사한 값을 갖는 것으로 나타났다.

그림 10.9(b)는 RMR 등급에 따른 내공변위를 나타낸 것이다. 그림에서 보는 바와 같이 해석단면 I(RMR IV등급)이 해석단면 II(RMR III등급)에 비해 탄성계수 $30,000\text{t/m}^2$에서는 7mm 정도 크게 나오고, $100,000\text{t/m}^2$에서는 2mm 정도 크게 나오며 탄성계수 값이 $250,000\text{t/m}^2$ 이상에서는 1mm 이하의 작은 차이를 보이는 것으로 나타났다. 경암 구간인 해석단면 III (RMR II등급)은 탄성계수 $100,000\text{t/m}^2$에서 해석단면 I, II에 비해 내공변위가 최대 6mm 정

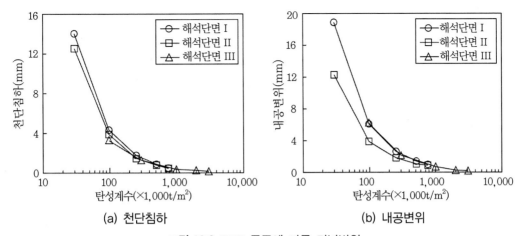

| (a) 천단침하 | (b) 내공변위 |

그림 10.9 RMR 등급에 따른 터널변위

도로 약간 크게 나타나고 있지만 전체적으로는 안정된 값을 보여주고 있다.

그림 10.10은 RMR 등급에 따른 주응력 값을 나타낸 것이다. 그림에서 보는 바와 같이 해석단면 I(RMR IV등급)이 해석단면 II(RMR III등급)에 비해 전체적으로 3~4kg/cm² 정도 크게 나타나고 있으며 탄성계수 증가에 그 차이가 커짐을 알 수 있다. 경암 구간인 해석단면 III (RMR II등급)은 탄성계수 증가에 따라 큰 차이를 보이지 않고 거의 일정한 값을 유지하고 있다. 주응력의 발생부위는 세 단면에서 모두 좌우측 측벽하단부에 집중되어 발생하는 것으로 나타났다.

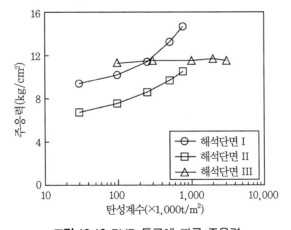

그림 10.10 RMR 등급에 따른 주응력

그림 10.11(a)는 RMR 등급에 따른 쇼크리트 응력을 나타낸 것이다. 그림에서 보는 바와 같이 해석단면 I(RMR IV 등급)이 해석단면 II(RMR III등급)에 비해 탄성계수 값이 30,000t/m²에서는 10kg/cm² 정도 크게 나타나고 있으며, 그 이상의 값에서 쇼크리트 응력차는 3kg/cm² 이하로 작게 나타나고 있다. 그리고 탄성계수 30,000t/m²에서 허용응력(80kg/cm²)을 초과하고 있으나 탄성계수 100,000t/m² 이상일 경우 두 단면에서 모두 50kg/cm² 이하의 안정된 값을 보여주고 있다. 따라서 탄성계수 30,000t/m²의 경우는 지보형식을 변경해야 한다.

또한 경암 구간인 해석단면 III(RMR II등급)은 탄성계수 값이 100,000t/m²에서 해석단면 I(RMR IV 등급), II(RMR III등급) 사이의 값을 보여주고 있으나 그 이상에서는 해석단면 I, II보다 작은 값을 나타내면서 전체적으로 안정된 값을 나타내고 있다.

그림 10.11(b)는 RMR 등급에 따른 록볼트의 축력을 나타낸 것이다. 그림에서 보는 바와 같이 해석단면 I(RMR IV등급)이 해석단면 II(RMR III등급)에 비해 록볼트 축력이 전체적으로 큰 값을 보이고 있지만 최대 3.5t으로 허용축력(10t)보다 작은 안정된 값을 보이고 있다. 또한 경암 구간인 해석단면 III(RMR II등급)은 최대 1t 미만의 작은 값을 보이고 있다.

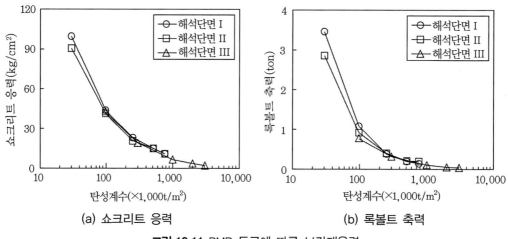

(a) 쇼크리트 응력   (b) 록볼트 축력

그림 10.11 RMR 등급에 따른 보강재응력

10.4.2 표준지보단면별 해석 결과

서울시 지하철 표준지보형식은 표 10.8에 나타낸 바와 같이 해석단면 I(RMR IV등급), II(RMR III등급), III(RMR II등급)에 대하여 지보형식 PD-4를 적용하여 해석을 실시하였다. 그리고 RMR 등급 지보단면별 해석 시와 동일하게 각 해석단면에서 터널이 위치해 있는 연암

층 또는 경암층의 탄성계수를 변화시켜 해석을 실시하였다.

그림 10.12(a)는 표준지보단면에 따른 천단침하를 나타낸 것이다. 그림에서 보는 바와 같이 해석단면 I(RMR IV등급)이 해석단면 II(RMR III등급)에 비해 천단침하가 크게 나타나고 있다. 그리고 해석단면 III(RMR II등급)은 해석단면 I, II에 비해 탄성계수가 약 500,000t/m² 이상에서 침하량이 작고, 그 이하의 탄성계수 값에 대한 천단침하는 다소 크게 나타나고 있음을 알 수 있다.

그림 10.12(b)는 표준지보단면에 따른 내공변위를 나타낸 것이다. 그림에서 보는 바와 같이 내공변위는 해석단면 I(RMR IV등급)이 해석단면 II(RMR III등급)에 비해 탄성계수 30,000t/m²에서 7mm 정도 크게 나오고, 100,000t/m²에서는 2mm 정도 크게 나오며 탄성계수 250,000t/m² 이상에서는 1mm 이하의 작은 차이를 보이고 있음을 알 수 있다. 경암 구간인 해석단면 III(RMR II등급)은 탄성계수 100,000t/m² 이상에서 III등급 단면에 비해 내공변위가 크게 나타나고 있으며 해석단면 I(RMR IV등급)과는 거의 일치하고 있다. 또한 내공변위는 최대 6mm 정도로 안정된 값을 보여주고 있다.

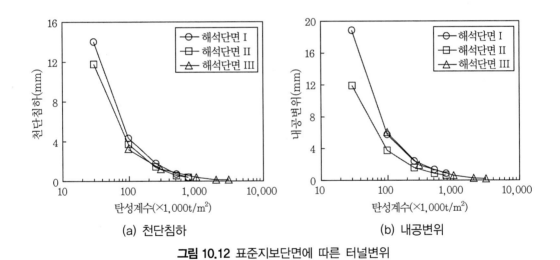

(a) 천단침하 (b) 내공변위

그림 10.12 표준지보단면에 따른 터널변위

그림 10.13은 표준지보단면에 따른 주응력 값을 나타낸 것이다. 그림에서 보는 바와 같이 해석단면 I(RMR IV등급)이 해석단면 II(RMR III등급)에 비해 전체적으로 3~4kg/cm² 정도 크게 나타나고 있다. 경암 구간인 해석단면 III(RMR II등급)은 탄성계수 증가에 따라 주응력 값도 점차 증가하고 있으나 그 차이는 극히 작아 거의 일정한 값을 보이고 있다. 그리고 주응력의 발생부위는 세 단면에서 모두 좌우측 측벽하단부에 집중되어 발생하는 것으로 나타났다.

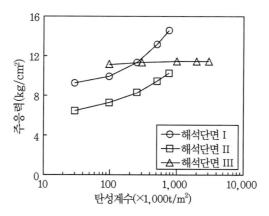

그림 10.13 표준지보단면에 따른 주응력

그림 10.14(a)는 표준지보단면에 따른 쇼크리트 응력을 나타낸 것이다. 그림에서 보는 바와 같이 해석단면 I(RMR IV등급)이 해석단면 I2I(RMR III등급)에 비해 탄성계수 $30,000t/m^2$에서는 $4.5kg/cm^2$ 정도, 탄성계수 $100,000t/m^2$ 이상에서는 $4.7kg/cm^2$ 정도 작게 나타나고 있으며, 그 이상의 값에서 쇼크리트 응력차는 매우 작아 거의 같게 나타나고 있다. 그리고 탄성계수 $30,000t/m^2$ 이상에서는 허용응력($80kg/cm^2$)을 초과하고 있으나 탄성계수 $100,000t/m^2$ 이상일 경우 두 단면에서 모두 $55kg/cm^2$ 이하의 안정된 값을 보여주고 있다. 경암 구간인 해석단면 III(RMR II등급)은 탄성계수 $100,000t/m^2$ 이상에서 모두 $50kg/cm^2$ 이하로 해석단면 I, II보다 작은 값을 나타내고 있으며 허용응력($80kg/cm^2$) 미만의 안정된 값을 보여주고 있다.

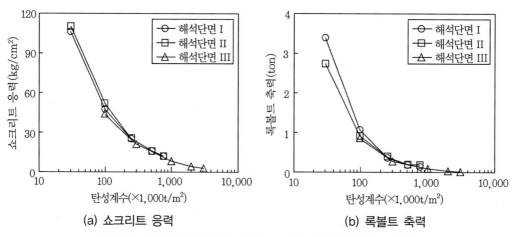

(a) 쇼크리트 응력   (b) 록볼트 축력

그림 10.14 표준지보단면에 따른 쇼크리트 응력과 록볼트 축력

그림 10.14(b)는 표준지보단면에 따른 록볼트 축력을 나타낸 것이다. 그림에서 보는 바와 같이 해석단면 I(RMR IV등급)이 해석단면 II(RMR III등급)에 비해 전체적으로 큰 값을 보이고 있지만 최대 3.4ton으로 허용축력(10ton)보다 작은 안정된 값을 보이고 있다. 또한 경암 구간인 해석단면 III(RMR II등급)은 최대 1ton 미만의 작은 값을 보이고 있다.

10.4.3 RMR 등급 및 표준지보단면의 비교

앞에서 실시한 해석 결과를 이용하여 탄성계수의 하한치를 50,000t/m²으로 결정하였다. 그리고 해석단면 I, II에 결정된 탄성계수의 하한치를 적용하여 RMR 등급 및 표준지보단면에 따른 해석을 실시하였다. 해석 결과를 통하여 그림 10.15에 나타낸 각각의 위치에서의 지표침하 및 내공변위, 주응력, 록볼트 축력, 쇼크리트 응력을 구할 수 있으며, 이는 표 10.9~10.12와 같이 나타낼 수 있다.

이들 결과로 보면 RMR 등급에 의하여 지보형식을 적용하였을 경우의 해석 결과와 표준지보형식(PD-4)을 적용하였을 경우의 해석 결과는 약간의 차이를 보이고 있으나 그 차이는 무시할 수 있을 정도로 미미함을 알 수 있다. 따라서 표준지보형식(PD-4)보다 자재비가 적게 드는 RMR 등급에 의한 지보형식을 적용하여도 터널의 안전성에는 차이가 없으므로 비교적 경제적인 설계가 가능할 것이다.

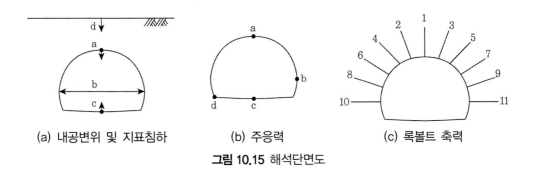

(a) 내공변위 및 지표침하   (b) 주응력   (c) 록볼트 축력

그림 10.15 해석단면도

표 10.9 지표침하 및 내공변위(단위 : mm)

구분	지보형식	a	b	c	d
해석단면 I (RMR IV등급)	RMR IV	8.650	11.797	2.310	3.793
	PD-4	8.604	11.532	2.317	3.768
해석단면 II (RMR III등급)	RMR III	7.751	7.522	1.178	3.385
	PD-4	7.376	7.263	1.164	3.192

표 10.10 주응력(단위 : kg/cm^2)

구분	지보형식	a	b	c	d
해석단면 I (RMR IV등급)	RMR IV	6.559	6.828	4.273	9.672
	PD-4	6.522	7.116	4.254	9.626
해석단면 II (RMR III등급)	RMR III	3.054	5.097	5.054	7.050
	PD-4	2.884	4.817	5.174	6.728

표 10.11 록볼트 축력(단위 : ton)

구분	지보형식	1	2	3	4	5	6	7	8	9	10	11
해석단면 I (RMR IV등급)	RMR IV	1.273	1.223	1.405	0.944	1.330	1.551	1.492	2.108	1.738	0.269	0.317
	PD-4	1.313	1.238	1.618	0.876	1.278	1.558	1.327	2.052	1.732	0.213	0.176
해석단면 II (RMR III등급)	RMR III	0.966	1.222	1.566	1.276	1.285	1.288	1.555	1.805	1.635	0.521	0.501
	PD-4	0.609	1.099	1.550	1.150	1.326	1.272	1.495	1.713	1.561	0.392	0.414

표 10.12 쇼크리트 응력(단위 : kg/cm^2)

해석단면	해석단면 I(RMR IV등급)		해석단면 II(RMR III등급)	
지보형식	RMR IV	PD-4	RMR III	PD-3
최대 쇼크리트 응력	72.158	76.81	64.239	79.027

참고문헌

1. 김승렬(1993), "서울 지하철 터널의 설계 및 시공현황과 평가", 지하공간 건설기술에 관한 서울 심포지엄 논문집, pp.51~75.

2. 서울시(1991), 서울 지하철 8호선 기본설계 보고서.

3. 서울시(1991), 서울 지하철 8호선 지질보고서.

4. 서울시(1991), 지하철 터널의 설계 및 시공 자료집 (I).

5. 서울시(1993), 지하철 터널의 설계 및 시공 자료집 (II).

6. Barton, N., Lien, R. and Lunde, J.(1974), "Engineering classification of rock masses for the design of tunnel support", Rock Mechanics, Vol.6, No.4, pp.183~236.

7. Bieniawski, Z.T.(1973), "Engineering classification of jointed rock masses", Transactions, South African Institution of Civil Engineers, Vol.15, No.12, pp.335~344.

8. Bieniawski, Z.T.(1976), "Rock mass classification in rock engineering", Proc. Symposium on Expolation for Rock Engineering, A.A. Balkema Rotterdam, pp.97~106.

9. Bieniawski, Z.T.(1976), "The geomechanics classification in rock engineering", Proc. 4th ISRM Contr., Montreux, Balkema Rotterdam, Vol.2, pp.41~48.

10. Bieniawski, Z.T.(1989), "Engineering rock mass classifications", John Wiley & Sons, New York, p.251.

11. Rabcewicz, L.V.(1964~1965), "The new Austrian tunnelling method", Water Power, Part 1(1964, 11), pp.453~457, Part II(1964. 12), pp.511~515, Part III(1965. 1), pp.19~24.

쉴드터널

11 쉴드터널

11.1 서 론

　도심지에서 지하철과 같은 지하구조물을 축조하기 위한 지하굴착을 실시할 경우의 공법은 크게 두 가지로 구분된다. 하나는 흙막이벽을 설치하고 굴착하는 개착식굴착방법이고 또 하나는 터널공법이다. 도시의 교통이 비교적 복잡하지 않고 주변건물이 고층이 아닌 경우는 개착식 굴착공법을 선택하는 경우가 많다. 그러나 도시가 점점 복잡해짐에 따라 터널공법을 선택하는 경우가 점점 많아지고 있다.

　도시터널공법으로는 침매터널공법, NATM 터널공법 및 쉴드(shield)공법을 들 수 있다.

　이 중 침매터널공법은 하천이나 바다 밑을 관통하는 터널공사에만 사용되는 공법이므로 실제는 NATM 터널공법과 쉴드터널공법이 가장 많이 선택되고 있다.

　쉴드터널공법은 쉴드라고 부르는 원통형 혹은 아치형의 강관을 재키로 굴착지반 속에 추진시켜 강제쉘로 지반을 지지하면서 굴착, 배토 및 복공(lining)을 실시하는 터널굴착방법이다. 이 쉴드공법은 현재 외국에서 도시터널을 시공하기 위한 방법 중 하나로 많이 적용되고 있다. 쉴드공법은 1818년 영국에서 M. I. Brunel이 처음으로 특허를 얻었으며 1823년 테임즈강을 가로지르는 차량소통을 위한 터널공사에 적용되었다. 최근에는 외국의 여러 지역에서 개착식 굴착공법(Cut and over method)보다는 쉴드공법에 의해 시공되는 경향이 많다.

　이 쉴드공법은 개착식 굴착공법과 비교하여 다음과 같은 이점이 있다.

① 쉴드공법은 지상도로교통에 지장을 주지 않는다.
② 흙막이말뚝의 항타에 의한 진동과 소음의 공해가 없다.

③ 인접구조물에 대한 피해가 거의 없다.

④ 지중의 각종 매설물이나 지하구조물을 피하여 지중 깊이 시공될 수 있다.

초기의 쉴드터널공법에서는 수동식 쉴드[1]를 사용하여 인력으로 굴착과 굴착토사의 운반을 실시하였다. 수동식 쉴드는 보강된 원형 철제 쉘(shell)과 유압재키로 구성되어 있다. 쉘로 지반을 지지하면서 앞면(face)부 지반흙을 인력으로 굴착하며 유압재키로 쉴드를 추진시키는 작업을 반복하여 터널을 축조하게 되어 있다. 이 초기의 쉴드를 사용할 수 있는 지반은 극히 제한되었다. 그 후 여러 가지 형태의 쉴드가 개발되면서 쉴드터널 모두 사용될 수 있게 여러 종류가 사용되고 있다.[4,5] 따라서 현재 유럽과 일본 등의 외국에서는 쉴드터널공법이 도시터널, 하수관 및 전력공급시설 건설 시 많이 사용되고 있다.[2,3]

제11장에서는 먼저 쉴드의 구조와 기능 및 쉴드의 작동에 대해 정리한 후 쉴드터널굴착 시 발생되는 지표면침하에 대하여 정리하고자 한다. 또한 최근에 많이 사용되는 쉴드터널공법을 기능상으로 분류하여 그 원리와 함께 정리해보고자 한다.

11.2 쉴드의 종류

쉴드공법은 연약지반 속에 지하철, 하수도, 통신케이블 등과 같은 시설물의 공사 시 많이 사용되고 있다. 여러 가지 종류의 쉴드가 현재까지 개발되었고 이들 쉴드를 사용함으로써 통상적인 수동식 쉴드의 사용 시 어려운 점이 많았던 나쁜 지반조건에서도 좋은 성과를 거두게 되었다.

쉴드공법에 의하여 터널 작업을 성공적으로 수행하기 위해서는 쉴드의 종류를 잘 선택해야만 한다. 쉴드를 올바르게 선택하기 위해서는 먼저 쉴드의 특성을 잘 이해해야만 한다.

쉴드는 단면의 모양, 앞면(Face)의 구조, 굴착방법 등에 따라 다음과 같이 여러 가지로 구분한다.

① 쉴드 단면모양에 따른 분류

   (a) 원형 혹은 타원형

   (b) 반원 모양

(c) 말굽 모양

(d) 상자 모양

② 앞면의 구조에 따른 분류

(a) 개방형

(b) 폐쇄형

(c) 선반형

③ 굴착방법에 따른 분류

(a) 수동식 쉴드

(b) 기계식 쉴드

(c) 밀폐식 쉴드

(d) 슬러리쉴드

(e) 토압균형쉴드

(f) 고농도 슬러리쉴드

11.3 수동식 쉴드공법

영국 테임즈강 하부점토지반에서 터널을 굴착하기 위해 고안된 최초의 쉴드는 지반을 단지 연속적으로 지지시키기 위한 장비였다. 즉, 당시의 쉴드는 굴착과 마감기능만을 가진 장비였다. 쉴드는 리브(rib)와 격판(diaphram)으로 견고하게 보강된 원통형 철제 쉘(shell)과 이 쉘을 앞으로 추진시키기 위한 수압재키로 구성되어 있다.

11.3.1 주요 구조

그림 11.1은 수동식 쉴드의 주요 구조를 보여주고 있으며 쉴드의 주요 구조를 설명하면 다음과 같다.

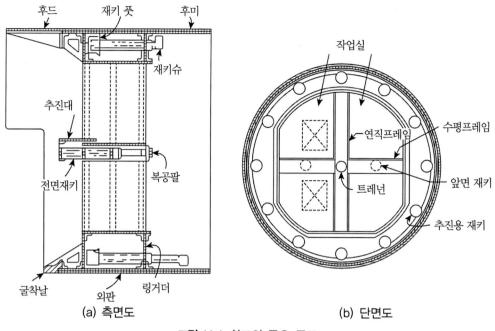

그림 11.1 쉴드의 주요 구조

(1) 외판(skin)

외판은 강판으로 만든 외부 쉘(shell)이며 터널축에 직각방향으로 연결부가 생기지 않도록 전면으로부터 뒷면까지 하나의 부재로 되어 있는 여러 개의 곡면판(plate)을 조립하여 만들었다. 따라서 바깥 면은 지반에 직접 접하고 있다. 작은 쉴드는 공장에서 조립하여 한 덩어리로 현장에 옮겨질 수 있다. 그러나 대부분의 쉴드는 크기 때문에 현장에서 조립한다. 외판은 두 개 이상의 판(plate)을 겹쳐잇기로 조립한다.

(2) 후미(tail)

뒤에 돌출되어 있는 외판의 부분으로 그 내부에서 세그먼트(segment)를 고리모양으로 조립하여 1차복공(primary lining)을 실시하는 것이 보통이다. 즉, 후미는 일차복공을 실시한 쉴드의 뒷부분이다. 후미는 내부에서 버티어지거나 지탱되지 않기 때문에 비틀림이 없이 모든 외압에 저항할 수 있게끔 설계되어야 한다.

쉴드를 추진 후 링세그먼트의 조립작업은 이 후미부 내에서 실시한다. 후미부분의 길이는 일반적으로 일차복공 세그먼트 길이의 1.5~2.5배로 한다. 즉, 한번의 쉴드 추진이 완료되고 새로운 링세크멘트를 설치하기 전 이미 설치된 링세그먼트 중 마지막으로 설치한 링세그먼트를 최소한 링 폭의 1/2 정도로 겹칠 수 있게 추진하면 된다. 그러나 추진 완료후 마지막 링길이 이상이 겹치게 되는 긴 후미를 갖는 경우는 쉴드의 추진 시 마지막링에 발생될 수 있는 파손부분을 교체할 수 있기 때문에 좋다.

그러나 후미부가 길어지면 짧은 경우보다 외판의 두께가 두꺼워지고 링세그먼트의 외경과 굴착터널 내경 사이의 공극도 증가하게 될 것이다.

또한 후미의 길이가 길어지면 쉴드를 더욱 단단하게 만들어야 하는 불리한 점이 있다. 후미부에 있는 모든 리벳은 리벳의 양끝이 돌출되지 않게끔 삽입되어야만 한다.

(3) 굴착날(cutting edge)

소형 쉴드의 굴착날은 보통 외판(skin) 그 자체로서 사용되며 이 외판은 텅스텐카바이트나 유사한 경화제로 피복하여 마모에 대한 보호를 해주며 링거더(ring girder)의 앞에 있는 knee brace로 보강되어 있다.

대형 쉴드의 굴착날은 쉴드의 앞면단부에 볼트로 부착될 수 있게 주철 세그먼트로 되어 있다. 이 형태의 굴착날의 큰 이점 중의 하나는 암석이나 다른 장애물에 의해 굴착날에 손상이 발생하면 각 세그먼트별로 제거·교체할 수 있는 이점이 있다.

(4) 후드(hood)

후드는 쉴드 본체의 앞면 상반부에 중심각 150°로 마련되어 있으며 쉴드 앞면 토사의 붕괴를 방지하고 쉴드 내부에서 굴착작업을 용이하게 실시할 수 있도록 마련된 장치이다. 후드의 길이는 굴착토질에 따라 결정되나, 굴착면의 지반이 자립될 수 있거나 상부로부터 토사붕괴가 없는 경우에는 후드를 두지 않는다. 후드의 길이를 너무 길게 하면 후드상부의 토압이 커져하방향과의 균형이 무너지게 되어 쉴드 앞면이 밑으로 기울어지는 경향이 있으며 쉴드로 곡선부 굴착 시 후드의 저항이 커지는 단점이 있다.

(5) 내부구조(inner structure)

2~3개의 링거더(그림 11.1 참조)는 비틀림에 대하여 외판을 단단히 보강하기 위해 마련된 구조부재이다. 재키의 추진력은 이 링거더를 통해 외판과 굴착날에 전달되므로 재키추진력을

감당할 수 있도록 설계해야 한다.

링거더가 부착된 내부판(Inner skin plate)은 쉴드구조를 단단하게 해주며 굴착토사를 Jack pot부와 격리시키는 역할을 한다. 각 재키의 반대편의 내부판 내 손잡이로 재키를 조정할 수 있게 되어 있다.

(6) 작업실(pocket)

대형 쉴드의 전방은 수평과 수직의 프레임(frame)과 격판(diaphram)에 의하여 여러 작업실로 분리되어 있다. 격판의 첫 번째 목적은 굴착날로부터 전달되는 하중에 의한 비틀림에 대해 쉴드구조물을 저항할 수 있게 하는 것이다. 한편 수평프레임은 작업원이 막장에 서서 작업할 수 있는 편리한 작업대를 지지하는 역할을 한다.

이따금 작업실의 작업대에 유압잭이 부착되어 후드의 아래에 작업대를 연장시켜 사용되기도 하며 이 작업대는 재키의 추진 시 전면굴착면의 지지에도 사용된다.

(7) 격벽(bulkhead)

일부토질에 대하여는 작업실을 격벽으로 막는다. 이 격벽은 쉴드 굴진 시 일부 혹은 전부의 흙이 터널에 흘러들어올 정도의 컨시스턴시를 가지는 실트나 점토지반에 사용되거나 혹은 토사가 터널 내 갑작스럽게 유입되는 위험성이 있는 지반에 사용된다. 작은 문이 각 작업실의 격벽에 설치되며 이들 문의 일부 혹은 전부는 유압 문으로 되어 있다. 이 문을 조정함으로써 쉴드를 통해 터널에 유입되는 굴착토사의 양을 조절한다. 굴착날에 장애물이 끼었을 때 작업원이 이 장애물을 제거하기 위해 이 문을 통행할 수 있어야 하기 때문에 이 문은 75×75cm보다 작게 열려서는 안 된다.

문이 닫힌 쉴드는 폐쇄식이라 하며 굴착토의 팽창이나 변위가 일어나도 손상이 없는 경우에만 사용된다. 격벽이 없는 쉴드는 개방형이라 하며 이것은 자립지반에 사용된다. 그러나 개방형 쉴드에는 나쁜 지반에서 작업 시 갑작스러운 일을 만나거나 쉴드에 갑자기 장애가 오는 비상시에 대처하기 위하여 작업실의 전면단부에 홈이 마련되어 있다.

11.3.2 유압장비

유압장비(hydraulic equipment)는 추진용 재키(propelling jack), 절단용재키(face or platform jack), 이들 재키의 공급장치와 조절밸브, 쉴드와 펌프 사이의 공급장치 및 유압펌프와 축전지 등으로 구성되어 있다. 일차복공세그먼트를 조립하는 작업을 하는 복공팔(erector arm)은 유압에 의해 작동된다.

(1) 재키

그림 11.2는 전형적인 쉴드재키의 구조도 이다. 추진용 재키는 쉴드의 내부 원주 근처 뒤 링거더에 부착되어 있다. 통상 재키는 일정한 간격으로 배치되어 있다. 일차복공의 표피 가까이에 재키 축이 위치하도록 이들 재키를 외판에 가능한 가까이 부착시킨다.

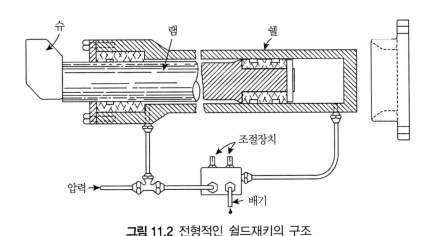

그림 11.2 전형적인 쉴드재키의 구조

재키의 수와 직경은 쉴드의 직경과 일차복공형태에 따라 결정된다. 일반적으로 재키의 전체 최대압력은 쉴드의 앞면에서 80~100t/m²의 압력을 줄 수 있도록 한다. 재키는 그림 11.2에서 보는 바와 같이 쉘, 램, 슈, 재키폿로 구성되어 있으며 복동작(Double-acting)을 할 수 있다.

재키폿은 정확한 위치에 재키의 끝을 유지할 수 있게 하며 링거더에 부착되어 있다. 램은 휨을 방지하기 위해 가능한 큰 직경으로 한다. 슈는 주철 복공의 경우는 간단한 형태로 하나 콘크리트 블록으로 복공을 할 경우 슈는 지지면적을 크게 하고 램에 연결된다. 스트로크는 복공링의 폭보다 5cm 내지 10cm 정도 길다. 재키는 램의 휨이나 누출로 인하여 종종 고장이 난다. 그러므로 항상 여분의 재키를 보유하고 있어야 한다.

(2) 펌프(pump)

대규모 공사에서 유압펌프는 동력원 부근에 설치하고 있으며 여러 개의 쉴드에 유압을 제공한다. 전기로 추진하는 펌프는 일정한 유압을 유지하기 위해 설계된 축전기를 이용한다.

소형 쉴드는 펌프가 쉴드 속이나 그 뒤 트레일러에 직접 연결되어 있다. 이러한 펌프는 주로 공기압에 의해 작동된다. 모든 펌프는 수동으로 작동되는 압력조절기를 장착해야만 한다.

(3) 유압(hydraulic pressure)

대부분의 경우 쉴드와 재키는 각 재키 당 120t에서 250t의 최대압력을 얻을 수 있도록 설계된다. 그러나 통상적으로 이렇게 큰 압력은 거의 사용되지 않는다. 일반적으로 60t에서 125t의 압력이면 쉴드를 밀기에 충분하다. 만약 쉴드가 이러한 압력에 만족스럽게 움직이지 못하거나 무언가 잘못되었다고 생각하면 작동을 멈추고 원인을 조사해야 한다. 이따금 굴착날에 호박돌이 걸려 있기도 하기 때문이다.

(4) 앞면 재키(face jack)

앞면 재키 혹은 작업대 재키는 지반과 직접 접하는 쉴드의 전면에 부착되어 있다. 작업대의 끝은 지반에 직접 닿을 수 있도록 추진된다. 작업대는 굴착토사가 떨어져 재키에 피해를 주는 것을 방지하고 동시에 작업원에게 편리한 작업발판이 된다. 앞면 재키는 일반적으로 단동작 (single acting)의 기능을 가진다.

앞면 재키는 쉴드 추진 시 굴착면을 보다 안전하고 보다 편리하게 유지하기 위해 사용된다. 쉴드 추진 시 앞면 재키는 굴착면 유지압력을 일정하게 유지하면서 수축된다.

(5) 복공팔(erector arm)

복공팔은 복공세그먼트를 수동으로 설치할 수 없을 정도로 무거울 경우 사용되는 동력팔이나 대(boom)이다. 주철세그먼트를 사용할 경우는 복공판이 쉴드프레임의 뒷면에 있는 축에 직접 부착되어 있으며 콘크리트블록복공의 경우는 상부 블록을 제 위치에 유지시키기 위해 트레일러에 복공팔을 부착한다. 복공팔은 일반적으로 유압으로 작동된다.

주철세그먼트를 복공팔로 운반할 시는 각 블록의 중앙에 있는 주철손잡이를 사용한다. 콘크리크블록도 블록 내 부착시킨 손잡이를 사용하여 운반한다.

11.4 쉴드의 작동

쉴드의 기본적인 작동은 다음과 같이 한다.

① 전면을 굴착한다. 필요에 따라 전면을 나무판으로 지지시킨다.
② 완료된 복공을 지지대로 하여 세그먼트링 폭 만큼씩 앞으로 쉴드를 추진시킨다.
③ 추진된 램을 수축·회복시키고 쉴드 뒤편 공간에 세그멘드복공을 실시한다.
④ 위 ①~③ 동작을 반복한다.

쉴드를 적절히 작동시키기 위해서는 많은 숙련과 경험을 필요로 한다. 항상 알 수 없는 힘이 쉴드에 영향을 미치게 되므로 직선 및 구배를 유지하는 데 항상 주의를 기울여야 한다.

쉴드의 조종에는 풍부한 기술과 주의가 요구된다. 우선 쉴드가 올바른 방향으로 될 때까지 한 그룹의 재키에만 압력을 가한다. 그런 후 모든 재키를 사용함으로써 쉴드는 올바른 방향으로 추진되도록 한다. 조종량을 그림 11.3과 같이 복공과 후미의 내부 사이의 공간에 따라 결정한다.

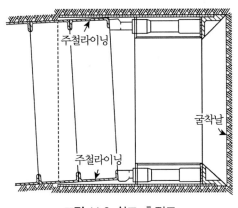

그림 11.3 쉴드 추진도

작업원은 프레임에 걸려 있는 추를 이용하여 쉴드의 상하 움직임에 따라 수직이동의 양을 결정할 수 있다. 측방조정은 터널의 각 측면에 연결된 테이프를 수평조정기준으로 사용된다. 쉴드추진 시 노선으로부터 쉴드가 벗어나는 것을 막기 위하여 이 수평조정기준을 조심스럽게 관찰해야 한다. 쉴드를 매끄러운 곡선으로 추진시키기는 매우 어렵다. 보통 쉴드터널에서 곡률반경은 200~500m로 설정된다. 곡선부의 일차복공은 뾰족한 링(Tapered ring)을 사용하여 만든다. 이따금 모든 링을 단이 지게 하기도 한다. 그러나 보편적으로는 매 2번째나 4번째 링이 뽀족하게 되게 설치한다.

지반상태에 따라 쉴드작동이 다르다. 또한 지반은 계속 변하기 때문에 굴착 시스템은 예상되는 모든 지반조건에 충분히 대처할 수 있도록 유연성이 있어야 한다. 지반의 종류에 따라 다소 표준화될 수 있는 방법을 대략적으로 기술하면 다음과 같다.

11.4.1 실트지반

그림 11.4에서 보는 바와 같이 쉴드는 실트나 점토지반을 지나가는 터널공사에 사용된다. 이러한 지반에서는 쉴드를 직접 추진시켜 굴착토사를 한 개 이상의 문(일반적으로 상부의 것)을 통하여 쉴드로 유입시킨다. 예를 들면 Hudson강 하부에서는 굴착토사량의 20~25%가 배출됐고 나머지는 옆으로 밀려났다. 이 경우 터널의 부상(浮上)을 조사하기 위하여 배출될 토사를 터널 바닥에 그대로 방치하였다.

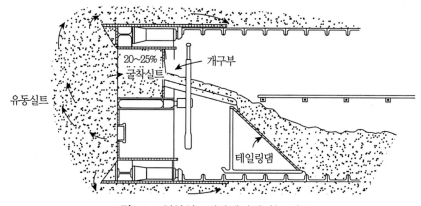

그림 11.4 연약실트지반에서의 쉴드작동

11.4.2 연약점토지반

격벽식 쉴드는 연약점토층 속 도시터널공사에 많이 사용하고 있다. 전면개구부를 통하여 점토가 유입될 수 있도록 충분한 압력을 앞면에 작용시켜야 하며 터널 내부에 유입되는 굴착점토는 차로 운송한다.

굴착부 지반의 약 99%가 굴착토량으로 굴착된 경험이 있다. 이러한 쉴드의 작동으로 인하여 지표면이 약 2cm 정도 융기된다. 그러나 이러한 융기량은 인접한 건물과 매설물에 미치는 영향 정도가 적다. 앞면에 과잉압력을 가하면 쉴드 주위 점토에 유동현상이 발생되어 후미의 공극이 자연적으로 채워지게 되므로 자갈패킹을 할 필요가 없다. 쉴드의 올바른 작동을 위해 매 추진 시마다 점토의 양을 부피나 무게에 의해 측정해야 한다.

11.4.3 건조점토지반

건조점토, 세일, 고결된 자갈 혹은 그 밖에 굴착 면이 자립될 수 있는 지반에 대하여는 쉴드를 추진하기 전에 굴착날로 쉴드에 꼭 맞게끔 다듬을 수 있을 정도로 남겨놓으면서 쉴드 전면의 굴착을 실시해야 한다. 굴착토사는 벨트컨베어로 하부 작업실을 통해 운반된다. 지반이 팽창하기 전에 후미의 고리모양 공간에 자갈패킹을 해야 한다.

쉴드로 점토지반을 굴착할 때 쉴드의 전면에 기계굴착기를 부착하여 굴착을 실시하고 굴착토사를 벨트컨베어를 통해 직접 차로 운반하도록 하여 성공한 예도 있다. 그러나 기계적 파손이 발생된 적이 있었으며, 이 외에도 이 원리의 가장 큰 약점은 아무리 짧은 터널일지라도 모든 종류의 지반에 적용될 수 없다는 것이다. 특히 호박돌은 이 공법 사용에 가장 나쁜 장애물이 된다.

11.4.4 모래나 자갈지반

어떤 종류의 모래지반에서는 선반식으로 되어 있는 쉴드 바닥과 작업대에 유입된 모래가 안식각을 가질 때까지 개방형의 쉴드를 단순히 묻어둠으로써 터널이 굴착되는 효과를 얻을 수 있다.

과잉토사를 퍼내고 작업대에 충분한 양의 토사를 남겨둔다. 대부분의 모래와 자갈층의 앞면에서는 공기를 유지시킬 필요가 있다. 때때로 공기의 손실을 막기 위해 젖은 점토로 막는다.

앞면의 하부 1/3의 지반은 자연스런 경사를 취하게끔 한다. 후미 공극의 함몰을 막기 위해 추진과 거의 동시에 그라우팅 혹은 자갈패킹을 해야 한다.

11.5 복 공

11.5.1 세그먼트(segment)

그림 11.5에는 세그먼트의 예를 도시하고 있다. 세그먼트의 재료는 일반적으로 강철, 연성

주철, 콘크리트 등이다. 강철은 소단면의 터널에서 사용되며 연성주철은 대·소형 쉴드터널에 사용된다.

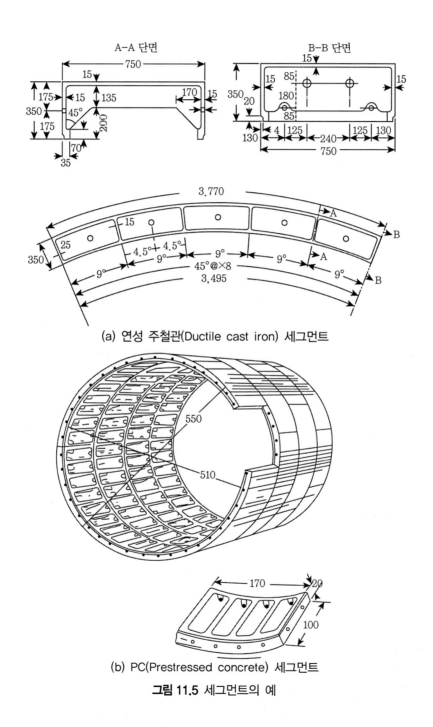

(a) 연성 주철관(Ductile cast iron) 세그먼트

(b) PC(Prestressed concrete) 세그먼트

그림 11.5 세그먼트의 예

연성 주철세그먼트는 가벼워서 쉽게 시공되고 접착과 동시에 방수가 된다. 최근에는 PC 세그먼트의 복공이 비용 절감 등의 이유로 중·대형 쉴드터널에 자주 사용된다.

11.5.2 일차복공

그림 11.6은 6개의 세그먼트로 된 쉴드터널 단면의 예를 보여주고 있다. 일차복공(Primary lining)은 그림 11.6에서 보는 바와 같이 후미에 둥근 고리모양이 되도록 여러 개의 세그먼트를 조립하여 조성한다.

일차복공은 여러 개의 요구조건이 일치하여야 한다. 그것은 다음 링을 위해 쉴드를 추진시킨 후 자연지반으로부터 작용하는 전토압에 저항할 수 있어야만 한다.

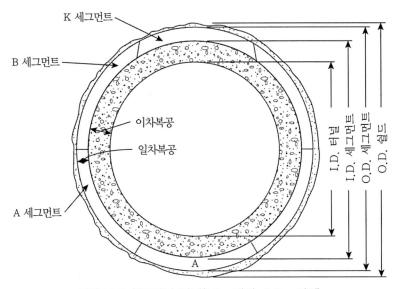

그림 11.6 쉴드터널 단면(I.O. : 내경, O.D. : 외경)

쉴드터널에서의 세그먼트는 일반터널의 버팀목(Timbering)과 같은 기능으로 이용된다. 또한 세그먼트는 다음 단계 링의 축조를 위해 쉴드를 추진할 때 추진재키의 반력지지대 역할을 하기도 한다. 그러므로 세그먼트는 충분한 강도를 가져야 한다. 또한 쉴드의 후미에 조립될 수 있게 설계되어야 한다. 또한 물을 함유하고 있는 지층에서의 일차복공 시에는 방수가 되도록 하여야 한다.

그림 11.6은 6개의 세그먼트로 된 쉴드터널 단면의 예를 보여주고 있다. 만약 모든 세그먼

트가 똑같은 모양을 가진다면 마지막 세그먼트는 복공팔로 정규위치에 넣을 수 없게 된다. 그러므로 그림 11.6에서와 같이 일차복공은 3종류의 세그먼트로 조립한다. 즉, 일반 세그먼트(A 세그먼트), 뾰족한 세그먼트(Tapered segment, B 세그먼트), 키세그먼트(Key segment, K 세그먼트)의 세 종류이다.

일반 세그먼트 A는 방샤형 조인트를 가지고 있다. 키세그먼트 K에 인접해 있는 2개의 B 세그먼트는 그림 11.6에서 보는 바와 같이 K 키세그먼트를 천정에 설치할 수 있게 각이진 모서리를 가지고 있다. 키세그먼트 K는 인접한 두 B 세그먼트들 사이에 있는 조인트를 볼트로 조립함으로써 바닥으로부터 복공팔에 의해 조립 설치할 수 있다.

11.5.3 후미공극의 그라우팅

쉴드가 전진됨에 따라 후미에는 고리모양의 공극이 발생된다. 이 공극은 후미의 두께에다 후미의 틀을 포함한 크기로 발생한다.

대부분의 지반에서 이 후미공극은 그라우팅으로 채운다. 그렇지 않으면 쉴드 굴진 시 지표면에서 아주 심각한 침하가 발생하게 된다. 그리고 일차복공에 작용하는 전방향에서의 방사형응력의 동질성을 가져오도록 후미공극은 지반침하가 발생되기 전에 채워야 한다.

여기서 그라우팅은 시멘트 혹은 벤토나이트를 사용하여 실시한다. 자갈패킹으로 후미공극을 채우는 기술도 개발되었다. 통상 이 자갈패킹에는 완두콩 크기의 자갈(pea gravel)이 사용된다. 최근에는 이따금 알갱이로 된 슬래그나 석탄 부스러기를 사용하기도 한다. 그라우팅과 자갈패킹 시에는 많은 기술숙달을 필요로 한다. 그라우팅재의 적당한 콘스턴시와 압력은 오랜 경험을 통하여만 얻어질 수 있다.

11.5.4 이차복공

이차복공(Secondary lining)은 그림 11.6의 쉴드터널 단면도에서 보는 바와 같이 일반적으로 쉴드터널의 일차복공(Primary lining)내부에 콘크리트로 설치한다. 그러나 경우에 따라 이차복공을 생략하고 일차복공만 남겨두는 경우도 있다.

또한 일차복공을 생략하고 쉴드의 후미에 이차복공만을 설치하는 공법도 많이 시도되었다. 그러나 이 일차복공을 생략하는 공법을 사용할 경우는 쉴드재키의 추진반력을 얻기가 어렵다.

11.6 최신 쉴드터널공법의 종류와 원리

최근에는 굴착효율을 개선하기 위해 지반에 따라 굴착작업에 굴착기계가 추가 사용하게 되는 반기계식 쉴드가 개발되었다. 반기계식 쉴드는 굴착작업과 굴착토의 수송을 위해 인력대신 여러 가지 동력기계를 사용하는 것을 제외하고는 수동식 쉴드와 같다.

반기계식 쉴드에는 굴착기계(bucket excavator)가 쉴드에 장착되어 있으며 이 부품은 떼어낼 수도 있게 되어 있다. 이 쉴드도 앞면이 개방되어 있으므로 굴착면 토사의 지지를 위한 방법을 모색하여야 한다. 동력기계를 사용함으로써 쉴드의 굴진속도를 증진시켰고 노동력을 많이 감소시킬 수 있었다. 그러나 굴착토의 적재와 운반을 위해 뒷면 장비와 균형을 이루도록 주의해야 한다.

11.6.1 기계식 쉴드(mechanical shield)

앞면의 전단면을 일시에 굴착하기 위해서는 전단면 기계식 쉴드를 사용하는 것이 효과적이다. 앞면에 부착된 굴착날을 회전 혹은 반복반전시킴으로써 지반을 기계적으로 굴착하여 간다. 따라서 앞면 굴착지반의 안정은 어느 정도 쉴드에 의해 자동적으로 얻어진다. 쉴드의 그밖의 주요 이점은 굴착속도를 증대시키고 노동력을 절감시키는 점이다. 그러나 이 쉴드는 제작비용이 비싸다.

(1) 회전식

회전식 굴착날이 쉴드의 앞면에 부착되어 있으며 이 굴착날은 중심축이나 Roller bearing에 연결되어 있다. 중심축에 의해 작동되기도 하지만 보통은 고리모양의 기어에 의해 작동된다.

동력에 의한 회전력은 지반의 특성, 추진력, 굴착속도, 굴착날의 모양 등에 영향을 받는 굴착저항을 고려하여 경험적으로 결정한다. 앞면지지 없이 굴착지반의 안정이 기대될 수 있는 지층에서는 개방형 기계식 쉴드를 사용하는 것이 바람직하다.

이러한 형태의 굴착날 두부에는 쉴드의 앞면에 있는 두부의 중앙에 방사형으로 보통 3~6개의 바퀴살(spoke)이 달려 있다. 이 바퀴살에는 두부를 회전시킴에 의해 작업면으로부터 흙을 분리 굴착할 수 있는 곡괭이와 같은 굴착장치가 일렬로 장착되어 있다. 바퀴살 사이 혹은 바퀴살 뒷면에 바켓츠 혹은 삽이 달려 있다. 이것은 굴착토를 위쪽으로 올려 콘베어로 기계의 뒤쪽으로 옮긴다.

바퀴살은 일반적으로 굴착면의 중심이 주위보다 조금 튀어나오게 배치되어 있다. 그러므로 굴착면은 중심을 정점으로 얕은 콘모양을 이루고 있어 터널 기계가 앞으로 추진될 때 안전성을 주며 굴착토 콘베어가 앞으로 잘 나갈 수 있게 한다. 굴착날의 직경은 외경굴착날에 의해 결정된다. 매우 연약한 지반에서는 가끔 굴착날 직경이 쉴드 굴착단부 직경보다 약간 작게 한다. 그러나 일반적으로 굴착날 직경은 쉴드 추진 시 쉴드외판과 지반 사이의 마찰을 줄이기 위해 쉴드 직경보다 약간 크게 한다.

굴착두부의 회전방향은 일반적으로 반전 가능하도록 되어 있어 쉴드 자체가 반대로 회전하는 경향이 있을 때 이를 수정하기 위하여 반대로 회전시킬 수 있다.

앞면 지지 없이는 굴착지반의 안정을 기대할 수 없는 지층에서는 디스크 절단기나 drum digger와 같은 폐쇄형 기계 쉴드를 앞면 붕괴를 보호하기 위해 사용할 수 있다. 이형태에서는 위에서 언급했던 바퀴살 사이 여백은 앞면을 평평하게 하고 흙의 유입을 감소시키기 위해 홈(가능한 한 적당한 크기)을 남겨둔다. 터널의 단위길이당 추진 시 터널상부 침하가 무시될 수 있을 정도의 흙의 양을 제거해야 한다.

실제로 균일한 지반에서만 사용가능하며 굴착면의 대부분이 견고한 점토지반이지만 좁은 홈을 통해 자유롭게 흘러내릴 수 있는 건조한 모래 혹은 연약한 점토층을 포함하고 있는 경우에는 부적합하다.

(2) 반복반전식

한 방향으로 회전하는 쉴드의 굴착두부를 반대방향으로 반전시킬 수 있게 한 형식이다. 즉, 굴착두부를 유압잭에 의해 45° 혹은 그 이상의 각도로 자동차의 와이퍼와 같이 반복 반전할 수 있게 한 쉴드기계이다.

반전두부를 위한 재키구조는 기계적으로 간단하며 회전식 여러 모터보다 훨씬 값싸고 신뢰성이 높으며 연약지반에 주로 사용해왔다. 그러나 반전식의 단점은 각 바퀴살에 굴착장치가 완전히 배열되어 있어야만 한다는 점이다. 만약 한군데만이라도 파손이 발생하면 그로 인한 지장은 회전식보다 훨씬 크다.

11.6.2 밀폐식 쉴드(blind shield)

대단히 연약한 점토나 실트 지반에서는 굴착면에서 소성유동이 발생될 수 있으므로 앞면의 안정은 기대할 수 없다. 이러한 지층에는 밀폐식 쉴드를 사용하는 것이 효과적이다. 밀폐식 쉴드의 전체 앞면은 링거더에 장착된 격벽에 의해 밀폐되어 있다. 액성상태의 흙이 수문으로 조절되는 출구을 통하여 쉴드 내부로 유입된다.

지반의 특성과 압축성에 따라 쉴드는 부분적 혹은 전체적으로 밀폐된 상태에서 굴착된다. 즉, 부분적 밀폐식 쉴드로 추진할 때 일정량의 굴착 토사가 열려 있는 문을 통해 쉴드 내부로 유입시키며 나머지양은 옆으로 밀어낸다. 그러나 전체적 밀폐식 쉴드는 액성 상태의 흙을 완전히 앞으로 밀어 붙여 굴착토사가 쉴드 내부로 들어오는 것을 차단한다. 이때 밀려난 흙은 지표면의 융기를 유발한다. 굴착되거나 변형된 흙을 적절히 조절을 하지 않는 한 이 쉴드는 취약한 지상구조물이 있는 아래 지중에서는 사용할 수 없다.

이 쉴드는 모래 함유율이 15% 이하(최대한계 25%), 점착력이 0.45kg/cm^2 이하 그리고 액성한계가 80% 이상인 지반에 효과적이다.

11.6.3 슬러리쉴드(slurry shield)

(1) 개요

1973년경까지 일본에서는 차수와 지반안정 목적으로 압축공기를 쉴드공법에 의한 터널시공에 일반적으로 사용하였다. 그러나 잘 알려진 바와 같이 압축공기는 균등한 모래나 자갈과 같은 공기가 잘 침투할 수 있는 지반에서는 부적당하다. 더욱이 터널선단지반이 압축공기로 안정되었다 할지라도 개방형 앞면은 굴착면의 붕괴나 지표면침하를 일으키는 경향이 있으므로 부근건물에 손상을 주는 일이 종종 관찰되었다. 이러한 지반침하와 인접구조물의 손상을 최소화하기 위하여 슬러리쉴드법과 토압균형쉴드법을 개발하게 되었다. 이러한 두 방법은 슬러리나 가압(加壓)장치 없이 개방형 앞면을 갖는 인력굴착이나 회전식기계굴착 방법보다 훨씬 좋다고 믿어졌다.

슬러리쉴드공법은 간단히 말하면 지반을 회전식 굴착기로 굴착하면서 앞면의 지하수압을 벤트나이트 진흙케이크 앞면에 작용하는 슬러리압으로 균형을 유지시켜주거나 조절하는 기계적인 터널공법이다. 그러므로 지반을 앞면의 붕괴 없이 굴착할 수 있다.

1979년 일본에서 100개 이상의 터널기계가 보고되었으며 이 중 슬러리쉴드 원리를 이용한 것이 35개 이상이었다.

(2) 구조와 기능

슬러리쉴드기계는 굴착판(cutter disk) 뒤에 격벽이 있고 터널 앞면과 격벽 사이에 방수실 (watertight chamber)이 있다.

지하수를 조절하고 벤트나이트의 진흙케이크 층을 형성하고 있는 앞면을 안정시키기 위하여 압력하의 벤트나이트 슬러리가 압력실을 통해 터널 앞면에 가하여지고 있다. 여기서 진흙케이크 층은 벽면 지지효과를 가진다.

그림 11.7은 슬러리 순환계통도이다. 굴착날에 의하여 굴착된 슬러리상태의 토사는 파이프를 통해 유압으로 지표면 침전지까지 운반되고 침전지에서 흙은 슬러리와 분리된다. 분리된 벤트나이트용액은 다시 재사용하기 위해 펌프로 쉴드기계에 보내진다.

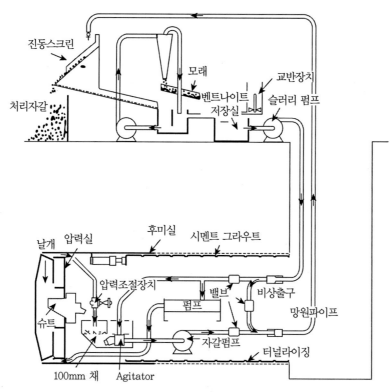

그림 11.7 슬러리 순환 계통도

통상적인 압축공기법과 비교해보면 슬러리쉴드법은 아래와 같은 이점을 가지고 있다.

① 지하수압이 깊이에 따라 변하는 것과 같이 슬러리압도 깊이에 따라 변화시킬 수 있다. 따라서 압축공기법에 의하여 수직 앞면상의 바람직하지 않은 압력분포가 배제되고 과잉압이 천정에 적용될 필요가 없다. 그러므로 위험스런 공기 분사나 산소결핍문제가 해소될 수 있다.
② 작업 인원수를 줄일 수 있다. 왜냐하면 굴착토사는 파이프 내에 밀폐되어 유압펌프로 운반되므로 레일이나 고무타이어차로 수송하는 경우보다 작업인원을 줄일 수 있다.
③ 터널 내의 소음, 진흙, 먼지 등의 배제에 의해 작업조건이 훨씬 개선되고 안전한 작업환경이 제공될 수 있다.
④ 이 공법은 원리상 작업원들이 대기압하에서 작업할 수 있게 하므로 지하수압이 높은 곳일수록 훨씬 더 안전하고 경제적이다.

그러나 이 공법은 아직 다음과 같은 문제점이 있다. 만약 기계에 이상이 생기면 전단면 앞면과 압력격벽이 존재하므로 수리가 매우 복잡하게 된다. 예를 들면 굴착날을 교체할 필요가 있거나 기초, 호박돌 등의 예기치 못했던 장애물을 제거할 필요가 생겼을 때 등이다. 그 밖에도 터널길이가 짧을 경우 비교적 고가가 되는 장비, 슬러리 처리장을 위한 넓은 공간의 필요, 하수관을 통한 액체 폐기물의 유출제한 등을 해결해야 할 문제점이다.

터널의 후미부 주위 봉합을 수선할 필요가 생겼을 때 압축공기로 터널을 압력하에 가할 수 있게 하는 설비가 필요할 수도 있다. 이러한 봉합장치가 없는 경우 지하수, 그라우트 및 슬러리는 터널 내로 유입된다. 그러나 4km 이상 굴착할 때까지 이러한 수선은 필요하지 않다.

11.6.4 토압균형쉴드(earth pressure balanced shield)

(1) 원리

앞에서 설명한 밀폐식 쉴드법은 연약점토지반에서는 효과가 있고 효율적이다. 그러나 이 공법을 적용할 수 있는 지반은 제한되어 있다. 여기서 적용범위를 폭넓게 하기 위하여 밀폐식 쉴드법을 개선하여 토압균형쉴드법을 개발하였다.

토압균형쉴드의 원리는 굴착면 붕괴로부터 터널을 보호하고 굴착토사가 쉴드기계의 압력실 내에 채워지도록 한다. 이때 앞면의 토압은 압력실 내에 채워진 굴착토사의 압력과 균형을 유지하게 한다. 굴착된 체적에 따라 압력실로부터의 굴착토사 유출량이 조정된다. 굴착토사가 압력실로부터 대기압 상태하에서 연속적으로 배출될 수 있도록 하는 방법이 요구되고 있다.

(2) 구조와 기능

토압균형쉴드의 앞면에 있는 흙은 굴착기의 회전에 의하여 굴착되면 굴착토사는 콘베어에 의해 쉴드의 앞부분에 있는 압력실을 통해 유출된다.

지반의 토압과 쉴드의 추진압력이 균형이 되도록 쉴드추진 속도와 콘베어의 회전속도를 동시에 조절하여 굴착된 체적과 유출된 체적이 균형을 이루도록 한다.

굴착된 모래가 아칭효과 때문에 견고한 상태를 형성하며 압력실 내에 과잉으로 채워질 때는 굴착토사의 유출을 부드럽게 조성하기 위해 벤트나이트 슬러리를 압력실 내에 주입한다. 큰 호박돌이 있는 지반에서는 콘베어에 의한 운반과 배출물의 조절이 어렵고 불가능하다. 그러나 최근에는 호박돌을 콘베어 앞에서 부수어서 운반하는 방법이 개발되었다. 그러므로 토압균형쉴드를 적용할 수 있는 폭이 한층 더 넓어졌다.

토압균형쉴드법은 위에서 알 수 있는 바와 같이 많은 이점이 있다.

토압균형쉴드법은 슬러리법에서와 같은 유압·수송을 위한 파이프와 펌프에 관련된 비용을 절약할 수 있고 또한 지표면에서 값비싼 슬러리 처리장의 설치를 생략할 수 있다. 토압균형쉴드법과 슬러리법은 다른 쉴드법보다 성능이 확실히 우수하다. 그러나 이들 공법이 절대적인 것은 아니다. 또한 슬러리쉴드법과 토압균형쉴드법 중 어느 것이 더 좋은 것이냐는 질문에는 명백한 답을 줄 수 없다.

현재로서 대답할 수 있는 사항은 슬러리쉴드법이 해저나 하상 아래와 같은 높은 지하수압을 받는 연약점토지반에 유리하고 토압균형쉴드의 총장비 비용이 슬러리쉴드보다 조금 적게 든다. 그러나 최근에는 위에서 언급한 두 방법을 혼합한 새로운 방법이 개발되었다.

11.6.5 고농도 슬러리쉴드(high condensed slurry shield)

고농도 슬러리쉴드는 높은 점성과 밀도를 가진 슬러리가 앞면과 격벽 사이에 있는 압력실을 채우기 때문에 어려운 지반조건하에서 앞면 붕괴와 터널 속 지하수의 유입에 저항할 수 있고 굴착토의 유출이 매우 부드러워진다. 슬러리의 밀도를 높이고 적당한 불투수성을 얻기 위하여 굴착된 토사를 압력실 내에서 반죽하여 섞는다. 반죽 결과 슬러리는 앞면에서 유실되기 어렵게 되고 높은 슬러리압은 앞면 붕괴에 저항할 수 있게 앞면에 작용할 것이다. 구속토압을 연속적으로 조절하는 상태하에서 굴착토사는 콘베어에 의해 압력실로부터 운송된다.

이 쉴드는 슬러리쉴드와 토압균형쉴드의 장점을 가지고 있으며 여러 가지 어려운 시공조건 하의 다양한 지반에서 적용될 수 있다. 특히 이 쉴드는 높은 투수성을 가진 물을 함유하고 있는 느슨한 모래층과 터널 천정부의 깊이가 얕은 지반에서의 터널작업에 효과적이다.

11.7 지표면침하

연약지반에 쉴드터널을 시공하면 지반응력의 변화와 그에 따른 변형률과 변위의 변화를 가져온다. 상부지표면의 침하는 쉴드 굴착의 불만족스러운 결과이다. 최대침하량은 수 cm에서 20cm까지 이른다. 물론 이 침하가 과잉으로 발생하면 지표면과 지표구조물에 손상을 주게 된다. 불행히도 침하를 완벽하게 피하기는 현재 불가능하다.

그러므로 이 변형을 최소화함으로써 피할 수 없는 침하를 최소화시키는 것이 가장 중요한 일이다. 침하의 방지를 위해 침하의 특성과 원인을 조사할 필요가 있다. 조사 결과 몇몇 적절한 대책이 마련되어 질 것이다.

11.7.1 지표면침하 특성

쉴드굴착에 따른 지표면침하는 터널상부 지표면에 설치한 측점의 관찰로 관측될 수 있다. 침하는 특성상 두 가지로 구분할 수 있다. 즉, 그림 11.8에서와 같이 선행침하와 후속침하(일차침하＋이차침하)이다. 선행침하는 쉴드가 측점으로부터 임의 거리에 도달하였을 때부터 쉴드가 측점 바로 아래에 도달할 때까지 계속된 침하량이다. 쉴드가 측점을 통과한 후 후속침하가 발생한다. 이 후속침하는 쉴드의 전진에 따라 증가하여 일정한 값을 유지하게 된다.

한편, 원래 터널상부 침하는 그림 11.9에서와 같이 터널의 수직축에 대하여 대칭적이다. 이 거동은 오차함수나 정규 분포곡선으로 근사되기도 한다.

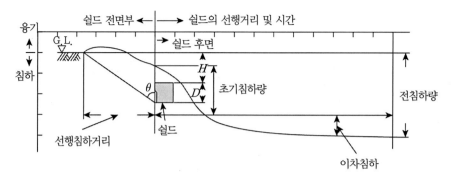

그림 11.8 지표면침하 개략도

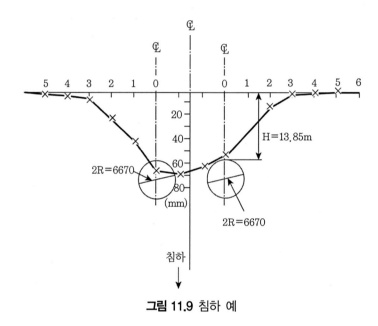

그림 11.9 침하 예

침하는 토질특성에 의존한다. 즉, 충적층에서는 크고 홍적층에서는 작다. 그리고 일반적으로 모래층에서의 침하는 심각하지 않다. 그러나 앞면의 붕괴와 지하수유입에 의한 파이핑에 대하여 특별한 주의가 필요하다.

11.7.2 지표면침하 원인

지표면의 침하 원인으로는 다음과 같은 사항을 들 수 있다.

① 앞면에서 흙의 붕괴와 유입, 이것은 일차침하의 주원인이 된다.

② 앞면과 외판부근 지반교란에 의한 지반의 체적변화

③ 후미공극의 불충분한 그라우팅채움에 의한 지반변위

④ 지반의 응력 변화, 지하수위 저하, 압축공기의 소멸 등에 의한 지반의 압축 혹은 압밀

⑤ 세그먼트 링의 변형

⑥ 곡선부 시공 시 교정

11.7.3 대책

다음의 대책은 위에서 설명한 원인들에 의한 침하를 최소화하기 위하여 필요하다.

① 앞면의 굴착을 최소화할 것 : 만약 필요하다면 앞면 재키에 의해 전면을 지지하거나 단계 굴착공법에 의해 굴착하는 것이 더 좋다.

② 압축공기공법을 함께 사용할 것 : 이 방법은 앞면지지와 지하수위저하 혹은 터널 내의 간 극수유입 방지 등에 효과가 있다.

③ 압축공기를 이용하는 경우 공기의 누출 및 소멸에 의한 전면 변위 및 지하수 누수에 주의 할 것. 그리고 이 압축공기는 점진적으로 감소한다.

참고문헌

1. 홍원표(1991), "쉴드터널공법의 구조와 기능", 한·독·오 공동터널 세미나.

2. Szechy, K.(1973), The Art of Tunnelling, 2nd English Edition, Akadediaikiado, Budapest, pp.766~895.

3. 矢野信太郎(1980), シールド工法, 鹿島出版會.

4. 大阪市交通局高速鐵道建設本部建設部(1981), 高速電氣軌道第4號線(中央線) 沈江橋 一長田間 建設槪要.

5. 上同(1982), 高速電氣軌道第1號線(御堂筋線), 我孫子-中百活島間 建設槪要(その1).

■ 찾아보기

지하구조물

초 판 인 쇄 2020년 12월 21일
초 판 발 행 2020년 12월 28일

저　　　자 홍원표
펴 낸 이 김성배
펴 낸 곳 도서출판 씨아이알

편 집 장 박영지
책 임 편 집 박영지
디 자 인 윤지환, 김민영
제 작 책 임 김문갑

등 록 번 호 제2-3285호
등 록 일 2001년 3월 19일
주　　　소 (04626) 서울특별시 중구 필동로8길 43(예장동 1-151)
전 화 번 호 02-2275-8603(대표)
팩 스 번 호 02-2265-9394
홈 페 이 지 www.circom.co.kr

I S B N 979-11-5610-797-2 (94530)
　　　　　 979-11-5610-792-7 (세트)
정　　　가 23,000원